© Edition 2025 - Nas E. Boutammina
Graphisme : Nas E. Boutammina
Édition : BoD · Books on Demand, 31 avenue Saint-Rémy,
57600 Forbach, bod@bod.fr
Impression : Libri Plureos GmbH, Friedensallee 273,
22763 Hamburg (Allemagne)
ISBN : 978-2-3225-5553-6
Dépôt légal : Janvier 2025

Dans les mêmes éditions

HISTOIRE

- NAS E. BOUTAMMINA, « Y-a-t-il eu un temple de Salomon à Jérusalem ? », Edit. BoD, Paris [France], aout 2011.
- NAS E. BOUTAMMINA, « Comprendre la Renaissance - Falsification et fabrication de l'Histoire de l'Occident », Edit. BoD, Paris [France], août 2013, 2ᵉ édition avril 2015.
- NAS E. BOUTAMMINA, « Index Historum Prohibitorum », Edit. BoD, Paris [France], juin 2015.
- NAS E. BOUTAMMINA, « Les contes des mille et un mythes - Volume I », Edit. Originale 1 vol., Saint-Etienne, août 1999, Edit. BoD, Paris [France], juillet 2011, 2ᵉ édition février 2017.
- NAS E. BOUTAMMINA, « Les contes des mille et un mythes - Volume II », Edit. Originale 1 vol. août 1999, Edit. BoD, Paris [France], novembre 2011, 2ᵉ édition février 2017.
- NAS E. BOUTAMMINA, « Sur la piste des Berbères », Edit. BoD, Paris [France], novembre 2020.
- NAS E. BOUTAMMINA, « L'Evangile selon Nas », Edit. BoD, Paris [France], mai 2022.

SOCIOLOGIE

- NAS E. BOUTAMMINA, « Sociologie du Français musulman - Perspectives d'avenir ? », Edit. BoD, Paris [France], mai 2011, 2ᵉ édition février 2017.
- NAS E. BOUTAMMINA, « Les ennemis de l'Islam - Le règne des Antésulmans - Avènement de l'Ignorance, de l'Obscurantisme et de l'Immobilisme », Edit. BoD, Paris [France], avril 2010, 2ᵉ édition février 2012.
- NAS E. BOUTAMMINA, « Le Livre bleu - I - Du discours social », Edit. BoD, Paris [France], juillet 2014.
- NAS E. BOUTAMMINA, « Le Rétablisme », Edit. BoD, Paris [France], septembre 2013, 2ᵉ édition mars 2015.
- NAS E. BOUTAMMINA, « De l'abomination de la Politique, des politiciens et des partis », Edit. BoD, Paris [France], mars 2018.
- NAS E. BOUTAMMINA, « Une société sans politicien, sans parti politique - Concours National aux Fonctions de l'Appareil Etatique CNFAE », Edit. BoD, Paris [France], mars 2018.
- NAS E. BOUTAMMINA, « Iblis, le Seigneur du monde », Edit. BoD, Paris [France], juin 2019.

Linguistique

- Nas E. Boutammina, « Le numide langue populaire de la Berbérie », Edit. BoD, Paris [France], septembre 2021.

Théologie

- Nas E. Boutammina, « Connaissez-vous l'Islam ? », Edit. BoD, Paris [France], mars 2010, 2e édition avril 2015.
- Nas E. Boutammina, « Le Malak, entité de l'Invisible », Edit. BoD, Paris [France], mai 2015.
- Nas E. Boutammina, « Jésus fils de Marie ou Hiyça ibn Maryam ? », Edit. BoD, Paris [France], janvier 2010, 2e édition juin 2015.
- Nas E. Boutammina, « Moïse ou Moūwça ? », Edit. BoD, Paris [France], janvier 2010, 2e édition juin 2015.
- Nas E. Boutammina, « Mahomet ou Moūhammad ? », Edit. BoD, Paris [France], mars 2010, 2e édition juin 2015.
- Nas E. Boutammina, « Abraham ou Ibrahiym ? », Edit. BoD, Paris [France], février 2010, 2e édition juin 2015.
- Nas E. Boutammina, « Musulmophobie - Origines ontologique et psychologique », Edit. BoD, Paris [France], décembre 2009, 2e édition juillet 2015.
- Nas E. Boutammina, « Judéo-christianisme - Le mythe des mythes ? », Edit. BoD, Paris [France], juin 2011, 2e édition mars 2017.

Sciences

- Nas E. Boutammina, « Le secret des cellules immunitaires - Théorie bouleversant l'Immunologie [The secrecy of immune cells - Theory upsetting Immunologie] », Edit. BoD, Paris [France], mars 2012.
- Nas E. Boutammina, « Les Jinn bâtisseurs de pyramides... ? », Edit. BoD, Paris [France], juin 2009, 2e édition septembre 2015.
- Nas E. Boutammina, « La Mort - Approche anthropologique et eschatologique », Edit. BoD, Paris [France], novembre 2015.
- Nas E. Boutammina, « L'Homme caractérisation ontologique - Le Complexe CRN », Edit. BoD, Paris [France], novembre 2019.

Ouvrage traduit en version anglaise

- Nas E. Boutammina, « The Retabulism », Edit. BoD, Paris [France], février 2018.

- Nas E. Boutammina, « The Kaabaean, prototype of writing systems », Edit. BoD, Paris [France], janvier 2019.

Collection Neoanthropologie

- Nas E. Boutammina, « Apparition de l'Homme - Modélisation islamique - Volume I », Edit. BoD, Paris [France], août 2010, 2e édition juillet 2015.
- Nas E. Boutammina, « L'Homme, qui est-il et d'où vient-il ? - Volume II », Edit. BoD, Paris [France], octobre 2010, 2e édition juillet 2015.
- Nas E. Boutammina, « Classification islamique de la Préhistoire - Volume III », Edit. BoD, Paris [France], novembre 2010, 2e édition juillet 2015.
- Nas E. Boutammina, « Expansion de l'Homme sur la Terre depuis son origine par mouvement ondulatoire - Volume IV », Edit. BoD, Paris [France], novembre 2010, 2e édition juillet 2015.
- Nas E. Boutammina, « Le Kaabaéen prototype des systèmes d'écriture » - Volume V », Edit. BoD, Paris [France], avril 2016, 2e édition mai 2016.
- Nas E. Boutammina, « Industries, vestiges archéologiques et préhistoriques - Action aléatoire de la nature & Action intentionnelle de l'Homme » - Volume VI », Edit. BoD, Paris [France], juillet 2016.

Collection Œuvres universelles - Sciences

- Nas E. Boutammina, « Les Fondateurs de la Chimie », Edit. BoD, Paris [France], octobre 2013.
- Nas E. Boutammina, « Les Fondateurs de la Pharmacologie », Edit. BoD, Paris [France], novembre 2014.
- Nas E. Boutammina, « Les Fondateurs de la Médecine », Edit. BoD, Paris [France], septembre 2011, 2e édition mars 2017.
- Nas E. Boutammina, « Les Fondateurs de la Botanique », Edit. BoD, Paris [France], mai 2017.
- Nas E. Boutammina, « Les Fondateurs de l'Agronomie », Edit. BoD, Paris [France], juin 2018.
- Nas E. Boutammina, « Les Fondateurs de la Zoologie et de la Médecine vétérinaire », Edit. BoD, Paris [France], décembre 2018.

Nas E. Boutammina

Jinn et Univers imperceptible

Introduction

Depuis les temps les plus reculés, les Jinn ont captivé l'imaginaire des peuples, tissant leur présence à travers les récits mythologiques, les contes populaires et les traditions religieuses. Les Jinn ont été des figures centrales mystérieuses et puissantes dans les cultures populaires faites de fascination et d'interrogation. Ce livre ambitionne de vous guider à travers une exploration profonde et détaillée de ces êtres énigmatiques, en examinant selon des perspectives scientifiques modernes leurs caractéristiques, leurs rôles et leurs interactions avec les Humains.

Nous nous aventurerons dans le monde du folklore et des croyances populaires. Les Jinn, souvent considérés comme des entités puissantes et imprévisibles, gardiens de trésors et perturbateurs, occupant une place majeure dans les légendes et les contes. Nous examinerons également le monde ésotérique, où les Jinn jouent un rôle central dans les pratiques occultes et les sociétés secrètes. Leur influence sur la magie, les rituels et les doctrines mystiques sera explorée, dévoilant une facette méconnue de ces entités ainsi que les doctrines et les croyances qui leur sont associées.

Nous ferons une immersion dans les textes de la Révélation coranique qui décrivent l'origine des Jinn, des créatures dotées du Nafs et capables d'interagir avec les Humains de manière subtile et parfois terrifiante et leur impact sur les croyances et les pratiques occultes.

Peut-on comprendre les Jinn à la lumière de la science moderne ? Nous adopterons une approche scientifique pour tenter de démystifier les Jinn. La Science nous offre des outils pour essayer de saisir ces créatures mystérieuses. En étudiant certaines hypothèses et en établissant des postulats, nous ouvrirons de nouvelles perspectives sur la manière dont ces êtres pourraient s'inscrire dans notre compréhension moderne du monde. Cette approche scientifique permettra de concilier la Révélation coranique avec les découvertes contemporaines. Cette démarche multidisciplinaire nous permettra d'aborder les Jinn sous un angle inédit, ouvrant de nouvelles perspectives sur leur existence et leur influence.

Pour les uns, mentionner les Jinn c'est ouvrir immédiatement la porte aux légendes, aux mythes, aux superstitions et aux contes populaires. Pour d'autres, cela fait surgir des visions de phénomènes paranormaux terrifiants, de sorcellerie, de magie, de possessions, de forces surnaturelles et d'arts hermétiques. Le Jinn, dans l'imaginaire collectif, est souvent perçu comme une entité mystérieuse et incompréhensible, incarnant l'ignorance primitive et les peurs ancestrales.

L'Univers des Jinn est si secret qu'il est constamment perçu comme une menace potentielle. Selon le Coran, le Jinn est l'antithèse de l'Homme. Tout comme le Jinn, l'Homme fait partie d'un vaste Univers en évolution vers une finalité inexorable. Cependant, les récits et les croyances populaires ont souvent déformé la véritable nature des Jinn, leur attribuant des caractéristiques éloignées des descriptions coraniques.

Le phénomène « *jinnien* » prend plusieurs formes dans la culture : il se diffuse dans la littérature et le folklore, se dissout dans la conscience populaire, et s'amplifie en se politisant dans les sociétés secrètes. Ces entités se métamorphosent, adoptant de nouveaux langages et s'intégrant dans les nouvelles tendances d'une société humaine en constante évolution.

L'ambivalence des insatisfactions humaines se manifeste dans la notion de l'Ordre et le Désordre, chacun s'exprimant tour à tour de manière religieuse, socio-économique ou politique. Le Jinn, au fond de chaque être et de chaque action, veille et influence ces dynamiques complexes.

Lorsque l'on parle des Jinn, c'est souvent sous un angle traditionnel et surnaturel. Pourtant, leur essence réside dans l'inconscient collectif, devenant un phénomène socioculturel persistant. L'institutionnalisation du Jinn, c'est-à-dire leur caractère conventionnel et stéréotypé, repose sur la croyance en une force sacrée et transcendante. Le mot « *Jinn* », avec son double sens de fantastique et de terrifiant, occupe un créneau sémantique inaccessible.

En questionnant le sens des Jinn, nous obtenons des résultats ambigus : tantôt une curiosité liée au désespoir, tantôt une intervention surnaturelle excluant toute explication rationnelle. Les Jinn représentent la réaction de stupeur face à ce qui va contre le cours ordinaire de la nature, des événements simultanément réels et irréels. L'homme, inspiré par la crainte du surnaturel incarné par les Jinn, place ces entités sur le piédestal de la superstition et de l'ignorance.

La réflexion sur l'entité jinnienne oppose la pensée scientifique rationnelle au comportement superstitieux et irrationnel. Là où il y a du caché, de l'obscur et du mystère, se trouve le surnaturel qui nous fait accepter l'impensable. C'est pourquoi le Coran dévoile l'*Univers rhaiybien* des entités imperceptibles au-delà des apparences et des croyances pour une exploration et des découvertes enrichissantes.

Chaque chapitre de ce livre est conçu pour vous offrir une compréhension riche et nuancée des Jinn par des analyses modernes. Notre objectif est de fournir une exploration intellectuelle et scientifique qui éclaire sur l'Univers de l'imperceptible. Que vous soyez un chercheur de vérité, un sceptique, un convaincu, un passionné de mystères ou un simple curieux, cette pérégrination vous entraîne dans le monde des Jinn.

I - Révélation coranique
-
De la clarté initiale à l'obscurcissement exégétique

A - Quelques notions préalables

Pour comprendre les Jinn de manière rationnelle, il faut aller au-delà des explications mythologiques et folkloriques qui les entourent. Cela implique de les étudier à la lumière des enseignements coraniques et de chercher leur compréhension sur une analyse critique et réfléchie.

Les Jinn sont souvent décrits dans les contes populaires, le folklore et les mythes de manière sensationnaliste. Ces récits déforment la réalité et créer des perceptions erronées. Une approche rationnelle vise à démystifier ces entités en se concentrant sur les descriptions coraniques.

Le Coran est la source première d'information sur les Jinn. Il est crucial de comprendre ce que la Révélation coranique dit réellement à leur sujet pour avoir une base solide d'analyse. La Révélation coranique caractérise la parole divine, inaltérable et pure. Elle offre des descriptions et des informations sur les Jinn qui sont considérées comme faisant partie des enseignements divins. Au fil du temps, la Révélation coranique a été interprétée et surinterprétée par différentes générations d'*érudits*. Ces surinterprétations ont ajouté des couches de complexité et de contexte culturel aux enseignements originaux. Les gens ont accueilli la Révélation de diverses manières, intégrant certains enseignements coraniques dans leurs cultures et pratiques religieuses. Cette intégration a parfois conduit à des interprétations variées et à la formation de Traditions et de coutumes spécifiques.

Les générations postérieures ont hérité des interprétations et des Traditions établies par leurs prédécesseurs. Cela signifie que les perceptions, par exemple, des Jinn ont été influencées et transformées par ces surinterprétations accumulées au fil des siècles. Bien que les enseignements originaux du Coran aient été préservés, les interprétations humaines ont déformé ou obscurci leur clarté initiale, rendant la compréhension des Jinn plus complexe et plus obscure.

Les « *érudits* » ont fourni diverses interprétations des versets coraniques concernant les Jinn, en se basant sur leur compréhension et leur contexte culturel. Ces interprétations ont tenté de rendre compte de la nature et des actions des Jinn, mais elles ont ajouté à la confusion de l'incompréhension. Les Jinn restent pour le commun des mortels des entités mystérieuses et mal comprises. Leur nature complexe et les diverses interprétations ont contribué à maintenir l'ignorance à leur sujet.

Il faut mettre en lumière la nécessité de comprendre les Jinn de manière rationnelle en se basant sur la simplicité et l'universalité de la Révélation coranique, le rôle et la mission de son transmetteur, le Raçoul Mouhammad et quel type d'auditoire il avait devant lui. Les influences historiques et culturelles dénommées *Hadiths* sur les interprétations ou *Tafsir* ou *exégèse*. La Révélation coranique a été accueillie et interprétée de diverses manières au fil du temps, par les *exégètes*, les érudits de l'époque. D'où connaissent-ils l'*exégèse* [*Tafsir*] et comment celle-ci a obscurci la clarté initiale du Message divin et maintenu l'ignorance sir divers sujets et en l'occurrence, les Jinn. Une approche critique et réfléchie de toutes ces thématiques est essentielle pour démystifier ces entités et comprendre leur véritable nature selon les enseignements coraniques à la lumière des Sciences modernes.

1 - Recueils de Traditions ou Hadiths, Tafsirs : notions

La Révélation coranique fait référence au texte du Coran, qui est considéré comme la parole directe de Dieu révélée au Raçoul Mouhammad. Cette révélation est parfaite, inaltérable et universelle. Le Coran vise à guider les humains dans leur conviction et leurs comportements dans les actions quotidiennes, en offrant des directives claires et des enseignements divins. Lors de sa révélation, le Message coranique est présenté comme clair et accessible à tous les humains, indépendamment de leur niveau d'instruction, de leur contexte culturel, de leur origine ethnique ou géographique. Les versets coraniques sont censés être compréhensibles sans nécessiter de médiation ou d'interprétation. La clarté initiale de la Révélation coranique souligne sa pureté et son authenticité. Les enseignements divins sont directement transmis aux humains sans être obscurcis par des interprétations ou des traditions culturelles.

En arabe, « *Tafsir* » signifie « *explication* » ou « *interprétation* ». Ce terme dérive du verbe « *fassara* », qui signifie expliquer ou interpréter. « *Sharh* », quant à lui, est souvent utilisé pour les commentaires sur des œuvres scientifiques et littéraires. Ainsi, le Tafsir est de l'exégèse une forme spécifique d'interprétation qui s'applique principalement aux textes religieux, en particulier le Coran.

L'exégèse, ou *Tafsir*, est l'œuvre des « *érudits* ». Selon ces derniers, cette pratique vise à éclaircir les passages difficiles et à contextualiser les enseignements coraniques pour les rendre applicables à diverses situations.

La réalité est tout autre : à la complexité croissante introduite par les multiples interprétations et commentaires des textes coraniques a conduit à leur obscurcissement exégétique. Les différentes perspectives et les contextes culturels des érudits ont rendu les enseignements coraniques plus difficiles à comprendre pour les gens ordinaires. La prolifération des interprétations exégétiques a créé une confusion, en obscurcissant la clarté initiale du Message divin et en introduisant des ambiguïtés, des non-sens.

Il existe un contraste frappant entre la simplicité et la clarté originelles du Message coranique et la complexité introduite par les interprétations exégétiques ultérieures. Alors que la Révélation coranique est censée être accessible et compréhensible pour tous, les multiples commentaires et interprétations ont souvent obscurci la clarté du Message divin, le rendant plus difficile à comprendre.

Les enseignements coraniques sous l'égide interprétative des Oulémas et des Muftis sont devenus une source de peur ou de pression constante pour les humains. Elle symbolise l'idée que les enseignements coraniques sont comme une menace omniprésente pour les individus.

La codification des enseignements coraniques à travers le Tafsir, les Hadiths, la Sharia et le Fikh a introduit une incontestable rigidité dans leur application. Cette dernière peut être perçue comme une contrainte ou une menace pour ceux qui doivent s'y conformer. Les lois religieuses codifiées, telles que la Sharia, incluent des sanctions et des punitions pour les infractions. Cela peut renforcer la perception d'une menace constante pour ceux qui craignent de ne pas respecter ces lois. Dans certains contextes, les enseignements coraniques ont été utilisés à des fins politiques ou sociaux pour exercer un contrôle sur les populations. Cette instrumentalisation peut renforcer la perception d'une menace omniprésente. Les normes sociales et culturelles basées sur des interprétations strictes des enseignements coraniques peuvent créer une pression constante sur les individus pour qu'ils se conforment aux attentes religieuses et sociales.

Le constat est qu'il existe la tension entre la nature originelle de la Révélation coranique, qui vise à guider et à inspirer, et la perception de menace qui peut émerger de son interprétation et de son application rigide. Cette perception de paranoïa et d'épée de Damoclès souligne l'importance des enseignements coraniques qui restent fidèles à leur objectif initial de guidance et de compassion.

Il y a un manque notable de recherches rigoureuses, sérieuses et systématique sur les Jinn. Les études disponibles, si elles existent, sont superficielles ou se basant davantage sur des interprétations culturelles et croyances que sur des enquêtes rigoureuses et méthodiques. Il est impératif d'insister sur la nécessité d'aborder le sujet avec rigueur et précision, scientifique dirons-nous, en s'écartant des préjugés et des croyances populaires qui ont circulé pendant des siècles pour atteindre une compréhension plus authentique et précise. Les seules données sur les Jinn sont des conceptions folkloriques et pseudo-coranique des Jinn qui ont été largement diffusées par la culture populaire. Le folklore a tendance à embellir et à exagérer les caractéristiques des Jinn, créant ainsi une image qui s'éloigne des enseignements originaux. Ces conceptions sont souvent basées sur des interprétations simplistes ou erronées de la Révélation coranique qui a été déformée.

Les interprétations des *Tafsirs* et des *Hadiths* [Tradition] ont également contribué considérablement à cette vision déformée des Jinn, qui s'éloigne des enseignements originaux et authentiques. Ces interprétations sont généralement influencées par les contextes culturels et historiques, ajoutant des couches de signification qui ne sont pas présentes dans les textes coraniques.

Les Jinn sont réduits à des caricatures de démons surnaturels, ce qui simplifie excessivement leur nature complexe. Cette vision réductrice empêche une compréhension plus profonde de la complexité et de la richesse des enseignements coraniques sur les Jinn.

En réduisant les Jinn comme de simples entités malveillantes, on perd la profondeur et la richesse théologique et scientifique des descriptions coraniques, qui présentent les Jinn d'une manière différente. L'absence de recherches sérieuses et méthodiques sur eux, soulignant la nécessité d'aborder le sujet avec une rigueur scientifique. En effet, le Jinn a subi une dénaturation par le folklore et les interprétations secondaires. Les conceptions populaires et pseudo-coranique des Jinn déforment et réduisent leur véritable nature. La simplification excessive des Jinn occulte leur complexité et leur richesse scientifique.

Cette brève mise au point met en lumière la nécessité de dépasser les idées reçues et les interprétations superficielles, les conceptions folkloriques et pseudo-coranique des Jinn pour accéder à une perspective plus éclairée, à une compréhension plus rigoureuse et authentique. Les interprétations simplistes et dénaturées qui ont été véhiculées par la culture populaire doivent être corrigées par des recherches sérieuses et rigoureuses pour dévoiler la véritable nature des Jinn. Il est essentiel d'explorer le sujet avec un regard critique et informé.

2 - Les Tafsirs

Le terme « *Tafsir* » est couramment utilisé pour désigner l'interprétation ou l'*exégèse* du Coran. Il est considéré comme synonyme de « *Recueils de Traditions* » parce qu'il s'appuie sur les *Hadiths* [paroles et actes attribués à Mouhammad] et d'autres sources traditionnelles pour expliquer les versets coraniques.

Les Hadiths jouent un rôle crucial dans le Tafsir, fournissant des contextes fondés sur des chroniques, des interprétations pour les versets du Coran. Ils sont considérés comme une source essentielle pour appréhender les intentions et les enseignements divins.

Le Tafsir ne peut pas être considéré comme un commentaire rationnel du Coran. Celui-ci n'adhère pas aux méthodes rigoureuses et précises de la logique. Le Tafsir repose davantage sur des approches traditionnelles, utilisant des récits oraux, des interprétations personnelles et des chroniques contextuelles, plutôt que des méthodologies que l'on pourrait rapprocher de scientifiques. L'interprétation des textes religieux dans le Tafsir est généralement subjective et peut varier considérablement en fonction des auteurs, de leurs contextes culturels et de leurs motivations personnelles.

L'utilisation du terme « *Ilm at-Tafsir* » [« *Science* » de l'Exégèse] est trompeur et pompeux. En appelant cela une « *science* », on cherche à conférer une aura de légitimité, d'érudition et une autorité comparable à celles des sciences exactes, bien que les méthodes utilisées ne suivent aucune procédure rigoureuse.et ne respectent pas les standards scientifiques. Le Tafsir se décrit comme un ensemble de recueils comprenant des mœurs, des légendes, des anecdotes et d'autres éléments culturels, avec en arrière plan de scène le Coran, ce qui le distingue des disciplines scientifiques fondées sur des preuves empiriques et des méthodes rigoureuses. Ces récits peuvent avoir une valeur culturelle et morale, mais ne sont pas considérés comme scientifiquement rigoureux ou vérifiables.

À l'époque du Raçoul, on suppose que les auditeurs venaient à lui pour obtenir des éclaircissements sur des points dogmatiques, des préceptes divins ou des désaccords de lecture. Ces demandes étaient souvent résolues par les réponses directes et autorisées du Raçoul, sans recourir à des interprétations formelles ou systématiques comme le Tafsir.

L'interprétation ou l'explication formelle et systématique du Coran, telle qu'on la connaît aujourd'hui sous la forme du Tafsir, n'existait pas à l'époque du Raçoul. Cela met en lumière la simplicité et la clarté des enseignements coraniques tels qu'ils étaient transmis à l'origine. En effet, les versets coraniques étaient transmis de manière claire et directe, sans nécessiter d'exégèse.

La nature et la légitimité du Tafsir en tant qu'explication du Coran est contestable. Le Tafsir, bien que prétendant expliquer les versets coraniques, ne suit pas les méthodes rigoureuses et objectives des sciences et repose plutôt sur des traditions orales, des mœurs, des interprétations personnelles et des anecdotes. Il faut mettre également en lumière la différence entre les pratiques d'éclaircissement claires et directes à l'époque du Raçoul contrastant avec les interprétations formelles, systématiques, complexes et multiples développées ultérieurement.

3 - Messager et non exégète

. *Messager divin.* Le terme « *Raçoul Allah* » signifie « *Messager de Dieu* » en arabe. Ce titre souligne le rôle fondamental de Mouhammad en tant qu'envoyé choisi par Dieu pour transmettre Ses messages aux humains.

Mouhammad est considéré non seulement comme un guide spirituel, mais également comme un intermédiaire direct entre Dieu et les humains.

. *Réception et transmission du Coran.* Mouhammad a reçu la Révélation divine, le Coran, à travers le Malak Jibril. Ces révélations ont été transmises sur une période de 23 ans et ont été consignées sous forme de versets qui composent le Coran. Le rôle principal du Raçoul était de transmettre ces révélations de manière fidèle et exacte aux gens. Il avait la responsabilité de relayer les paroles divines sans les modifier ou les interpréter, assurant ainsi que le Message de Dieu soit préservé dans sa forme pure et originale.

. *Non-interprétation des messages.* Le rôle principal de Mouhammad était de transmettre le Message divin exactement comme il lui avait été révélé, sans y ajouter sa propre interprétation ou altération. Contrairement aux interprétations postérieures, la mission de Mouhammad ne consistait pas à expliquer ou interpréter les messages divins. Son devoir était de les communiquer tels quels, sans ajout ni modification, garantissant ainsi que les populations reçoivent les messages divins dans leur forme authentique. Cela souligne l'importance de la fidélité et de l'exactitude dans la transmission des paroles de Dieu. Bien que le Raçoul fournissait parfois des éclaircissements contextuels pour aider à comprendre certains aspects des révélations, cela ne faisait pas partie de sa mission principale. Son rôle était de servir de canal pur et direct pour la parole de Dieu. Son devoir était uniquement de relayer les révélations dans leur forme la plus pure, assurant ainsi que les gens reçoivent les enseignements de Dieu sans déformation ou influence humaine. Il faut faire la distinction entre le rôle de Mouhammad en tant que Messager de Dieu et l'interprétation ultérieure des messages divins. Mouhammad, en tant que Raçoul, avait pour unique mission de recevoir la Révélation divine, le Coran, et de la transmettre fidèlement aux gens sans interprétation ou modification. Cette fidélité à la transmission assure que les gens reçoivent les enseignements divins dans leur forme la plus pure et originale, soulignant l'importance de préserver l'intégrité des messages de Dieu.

. *Canal de communication.* Mouhammad, en tant que Raçoul, était désigné pour être le moyen par lequel Dieu communiquait directement avec l'Humanité. Ce rôle de *messager* est central dans la Révélation coranique, soulignant la position unique de Mouhammad en tant qu'intermédiaire entre le divin et les Humains. Il recevait les messages qui furent consignés dans le Coran et constituaient la communication directe de la volonté de Dieu aux Humains.

. *Clarté et pureté du Message.* En délivrant le Message divin sans altération ni interprétation personnelle, Mouhammad assurait que les enseignements coraniques restaient clairs et purs. Les gens pouvaient ainsi recevoir les directives divines de manière directe et non modifiée. Cette approche met en évidence l'importance de la guidance divine directe, où les messages de Dieu sont transmis aux humains sans intermédiaire interprétatif, garantissant la transmission des paroles divines dans leur forme authentique.

. *Rôle des Messagers divins.* Les *Rouçoul* [sing. *Raçoul*] sont des Messagers fidèles de Dieu plutôt que des interprétateurs de la Révélation. Leur rôle est simplement de relayer les messages divins et de guider les populations en fonction des enseignements reçus. Bien que Mouhammad ait pu éventuellement fournir des éclaircissements contextuels pour aider à la compréhension, cela ne faisait pas partie de sa mission principale celle de transmettre fidèlement les révélations divines.

a - Clarifications et explications contextuelles

. *Réponses aux interrogations.* Le Raçoul, en tant que guide et leader spirituel, répondait souvent aux questions posées par l'auditoire sur des aspects spécifiques de la Révélation coranique. Ces questions pouvaient porter sur des points spirituels, des principes moraux ou comportementaux. Cette interaction directe entre le Raçoul et les gens permettait de clarifier certains aspects des enseignements divins et d'assurer une compréhension correcte et uniforme de la Révélation.

. *Réponses contextuelles et pratiques.* Les clarifications fournies étaient souvent destinées à répondre aux besoins immédiats et urgents de la population. Cela incluait des questions pratiques sur la manière d'appliquer les enseignements coraniques dans des situations spécifiques. Les réponses du Raçoul prenaient en compte le contexte particulier de la société de l'époque. Elles visaient à résoudre des problèmes concrets et à fournir des orientations claires et pragmatiques pour la vie quotidienne des gens.

. Résolution de questions pratiques et de désaccords. Le Raçoul répondait à des questions pratiques concernant des aspects variés de la vie spirituelle et sociale. Cela pouvait inclure des questions sur les pratiques de prière, de jeûne, les transactions commerciales, et d'autres aspects de la vie quotidienne. Parfois, il pouvait y avoir des désaccords ou des divergences d'interprétation sur la lecture des versets coraniques. Le Raçoul apportait des clarifications pour résoudre ces désaccords et assurer une compréhension cohérente des textes sacrés.

. Nature non interprétative des réponses. Les réponses de Mouhammad aux questions du public n'étaient pas des interprétations du Coran au sens propre. Elles étaient destinées à clarifier et à expliciter les enseignements divins sans les altérer ou les réinterpréter. En fournissant des éclaircissements contextuels, il veillait à rester fidèle aux enseignements originaux du Coran. Il s'agissait d'apporter quelques explications sans dénaturer le Message divin.

b - Simplicité de la Révélation coranique

. Nature des explications. Les explications données par le Raçoul étaient ancrées dans le contexte particulier de l'époque. Elles répondaient à des situations spécifiques et prenaient en compte les réalités culturelles, sociales et économiques de la société de son temps. Ces explications étaient également circonstancielles, signifiant qu'elles étaient données en réponse à des événements ou à des questions immédiates. Elles n'étaient pas prévues pour couvrir tous les aspects possibles de la vie ou toutes les situations futures.

. *Réponses aux besoins immédiats.* Les clarifications apportées par le Raçoul étaient spécifiquement adaptées aux besoins et aux défis auxquels les gens de son époque étaient confrontés. Elles visaient à offrir des solutions pratiques et immédiates aux problèmes qu'ils rencontraient. Les réponses étaient enracinées dans le contexte historique, culturel et social du VIIe siècle en Arabie, reflétant les préoccupations et les réalités de cette période particulière, de cette population particulière.

. *Portée des explications.* Les explications de Mouhammad n'avaient pas pour objectif de constituer un cadre d'exégèse systématique applicable à toutes les époques, à toutes les sociétés humaines et à toutes les situations futures. Elles étaient destinées à répondre à des questions spécifiques sans intention de créer un système interprétatif universel. Cette approche permet l'importance de l'adaptation et de la flexibilité dans la découverte des textes révélés. Les générations futures peuvent comprendre les enseignements coraniques en tenant compte de leurs propres contextes et réalités, leur permettant de répondre aux réalités changeantes tout en respectant l'essence des enseignements divins originaux.

c - Contexte historique des Révélations coraniques

. *Révélation contextuelle.* Les versets du Coran ont été révélés à différents moments de la vie du Raçoul Mouhammad et dans des contextes précis. Ces révélations répondaient souvent à des événements spécifiques, des questions posées par son entourage, ou des situations qui nécessitaient une guidance divine immédiate. Par exemple, certains versets du Coran ont été révélés en réponse à des batailles, des disputes internes au sein de la communauté, des interactions avec des tribus ennemies, ou des questions sur la jurisprudence et les conduites à tenir.

. *Rôle de clarificateur.* En tant que Raçoul, il fournissait des explications supplémentaires pour aider les gens à comprendre le contexte et l'application des versets révélés. Ces éclaircissements visaient à leur rendre les enseignements divins plus accessibles et applicables aux situations spécifiques qu'ils rencontraient. Par exemple, lorsque les versets traitaient des lois de la guerre ou des traités de paix, Mouhammad expliquait comment appliquer ces directives dans les conditions réelles de la vie de la communauté.

. *Distinction entre éclaircissements et exégèse.* Les explications fournies par le Raçoul étaient limitées à des situations spécifiques et avaient pour but d'apporter des éclaircissements immédiats et contextuels. Elles ne visaient en aucune façon à établir une interprétation systématique et exhaustive des versets du Coran. L'exégèse, ou Tafsir, est une discipline plus formelle et systématique qui s'est développée bien après la mort du Raçoul. Certains individus se sont octroyés le droit ensuite d'entreprendre de compiler des interprétations détaillées et structurées des versets coraniques, en se basant sur les Hadiths, les contextes historiques et les traditions pour formuler une *incompréhension* plus globale du texte sacré.

4 - Universalité et flexibilité du Message divin

Le Message divin, tel qu'il est révélé dans le Coran, est considéré comme universel et intemporel. Destiné à l'ensemble de l'Humanité, il transcende les barrières culturelles, linguistiques et temporelles. Cette universalité permet aux enseignements divins de rester pertinents et applicables dans divers contextes sociaux et historiques.

La flexibilité du Message divin réside dans sa capacité à s'adapter aux différentes sociétés humaines. Les principes fondamentaux du Coran - justice, compassion, intégrité et respect des droits - sont capables de s'adapter aux diverses sociétés humaines à travers les époques et les cultures. Ils peuvent être appliqués de manière variée selon les coutumes, les traditions et les besoins spécifiques de chaque société. Cette capacité d'adaptation est essentielle pour maintenir la pertinence des enseignements coraniques à travers les âges. Cette caractéristique permet aux préceptes divins de rester pertinents et applicables indépendamment du contexte spécifique. L'idée est que les enseignements divins sont suffisamment généraux et inclusifs pour s'intégrer harmonieusement dans les différents contextes sociaux et culturels, sans nécessiter que ces sociétés se conforment strictement à des interprétations figées.

Le Tafsir est l'exégèse du Coran, fournissant des interprétations détaillées et contextuelles des versets coraniques. Ces interprétations, élaborées par des *érudits*, se fondent sur des traditions orales, des contextes historiques et des opinions personnelles, introduisant ainsi des perspectives humaines dans la compréhension des textes divins. Les Hadiths, récits des paroles et des actions attribuées à Mouhammad, ont été compilés plusieurs siècles après sa mort pour compléter et expliciter les enseignements du Coran. En utilisant et en institutionnalisant ces Hadiths pour développer la Sharia, un cadre juridique détaillé a été établi, ajoutant des couches d'interprétation humaine aux enseignements divins.

Le *Fikh* [Jurisprudence] est l'application pratique de la Sharia. Les *érudits* ont interprété les textes coraniques pour développer des lois et des règlements applicables à la vie quotidienne. Cette codification rigide limite âprement la flexibilité initiale du Message divin, imposant une compréhension unilatérale qui ne tient pas compte des divers contextes culturels et historiques limitant ainsi la flexibilité et l'adaptabilité du Message divin.

Les interprétations théologiques de la Révélation coranique ont été principalement influencées par les normes et les coutumes de la société arabe tribale et patriarcale de l'époque, servant de base et de modèle pour établir une religion avec ses règles liturgiques et théologiques. Cette influence culturelle et historique a façonné la manière dont les enseignements divins ont été codifiés, appliqués et devenues des références pour les générations futures. Cela a conduit à l'orthodoxie, c'est à dire à une lecture, une compréhension et une pratique unilatérales de la Révélation coranique.

La codification du Message divin à travers le Tafsir, les Hadiths, la Sharia et le Fikh a créé un cadre rigide et systématique d'interprétation, de compréhension et d'application des enseignements coraniques. Cette rigidité a imposé à toutes les générations futures des normes et des pratiques spécifiques, indépendamment de leurs contextes culturels et sociaux distincts.

En imposant une lecture unilatérale et codifiée, les *érudits* ont créé une uniformisation des pratiques religieuses, obligeant les différentes sociétés à s'adapter à cette version figée non pas du Coran, Révélation divine, mais d'une sorte de « *Talmud musulman* », un ersatz de « *Coran oral* ». Cela limite la capacité des sociétés à intégrer les enseignements divins de manière flexible et pertinente pour leur contexte particulier.

Originellement, le Message divin était conçu pour être universel et adaptable, permettant aux diverses sociétés humaines de l'intégrer selon leurs contextes spécifiques. Cependant, la codification des enseignements coraniques à travers le Tafsir, les Hadiths, la Sharia et le Fikh a introduit une rigidité qui contraint les sociétés à se conformer à une interprétation spécifique. Cette codification figée a réduit la flexibilité d'application des enseignements coraniques, imposant une compréhension systématique qui ne tient pas compte des divers contextes culturels et historiques. Les sociétés doivent s'adapter à cette lecture rigide, ce qui peut limiter leur capacité à intégrer les enseignements divins de manière fluide et contextuelle.

L'expression « *Talmud musulman* » se réfère à l'ensemble des interprétations et des codifications religieuses basées sur les Hadiths et le Tafsir, influencées par les us et coutumes arabes tribales et patriarcales. Comme le Talmud dans le Judaïsme, ces compilations constituent la référence pour la pratique liturgique et juridique.

Les interprétations et les codifications basées sur les coutumes arabes ont été propagées et souvent présentées comme faisant partie intégrante des enseignements coraniques. Cela a conduit à une situation où la Révélation coranique originale, pure et adaptable, a été reléguée au second plan.

En mettant l'accent sur les interprétations figées et les coutumes culturelles, l'essence de la Révélation coranique, qui était censée être universelle et flexible, a été éclipsée. Les populations se retrouvent ainsi plus guidés par les Traditions codifiées que par le Message divin originel.

Cette approche codifiée de la *Tradition* [*Talmud musulman* ou « *Coran* » *oral*] pose des défis à l'évolution et à la modernisation des sociétés. Les sociétés contemporaines peuvent trouver difficile de concilier les interprétations figées avec les réalités changeantes de leur temps, ce qui peut entraîner des tensions entre tradition et modernité.

En résumé, cette analyse met en évidence une inversion du processus d'adaptation : au lieu que le Message divin s'ajuste aux différentes sociétés humaines, la codification rigide des enseignements coraniques a imposé une interprétation unilatérale et systématique. Cette codification, influencée par les us et coutumes arabes, a été propagée comme faisant partie intégrante du Coran, reléguant ainsi la Révélation coranique pure et adaptable au second plan. Cela souligne la tension entre la flexibilité originelle du Message divin et la rigidité des interprétations humaines codifiées.

5 - Collections d'écrits tafsiriens

. *Critique des Tafsirs.* Il est communément admis que les *Tafsirs* sont des interprétations exégétiques du Coran écrites par divers individus au fil des siècles. L'objectivité de ces écrits, qui s'éloigne des analyses rigoureuses des textes coraniques, s'apparentent à des récits folkloriques, à des légendes, à des traditions culturelles, à des histoires et opinions personnelles. On peut penser que les auteurs de ces Tafsirs ont été séduits par des motivations opportunistes [notoriété, pouvoir, etc.]. Une analyse approfondie des Hadiths révèle des incohérences et des aberrations mettant en doute leur fiabilité et leur exactitude.

. *Mythe de l'importance centrale des Hadiths.* Les Hadiths ont été compilés pour fournir un contexte supplémentaire et des clarifications sur les enseignements coraniques. Cependant, leur rôle dans la compréhension du Coran a été amplifié au fil du temps. La perception que les Hadiths sont essentiels pour comprendre le Coran a été développée et institutionnalisée par des générations d'*érudits* et de juristes musulmans. Cela a conduit à une dépendance accrue sur les Hadiths pour l'exégèse coranique, malgré le fait que le Coran se présente comme étant clair et explicite en lui-même.

. *Influence des érudits.* Les érudits musulmans, au fil des siècles, ont compilé, classifié et interprété les Hadiths, créant ainsi une vaste littérature qui accompagne le Coran, parfois le déclasse. Cette littérature a été utilisée pour établir le *Fikh* [jurisprudence islamique] et la *Sharia* [loi islamique], donnant aux Hadiths une place centrale dans la pratique religieuse.

. *Établissement de l'autorité.* En institutionnalisant l'importance des Hadiths, les érudits ont également établi leur propre autorité en tant qu'interprètes des textes sacrés. Cette démarche a renforcé l'idée que le Coran ne pouvait être pleinement compris sans les Hadiths, malgré les affirmations coraniques de clarté et de suffisance.

. *Implications de la centralité des Hadiths.* L'insistance sur les Hadiths a ajouté des couches de complexité à l'interprétation du Coran, créant un mythe, celui d'une dépendance sur des textes supplémentaires pour comprendre les enseignements religieux. La vaste collection de Hadiths, avec des variantes et des contradictions, a conduit à des interprétations divergentes et parfois conflictuelles du Coran. Cela a complexifié la pratique religieuse et a suscité des débats sur l'authenticité et l'autorité des Hadiths.

. *Critiques du mythe.* Un retour à une lecture directe et indépendante du Coran, en mettant l'accent sur sa clarté et sa suffisance sans la médiation des Hadiths redore le blason du Coran. Ce dernier peut être compris en lui-même, sans nécessiter une dépendance excessive sur des récits supplémentaires.

. *Réévaluation de l'autorité des Hadiths.* La remise en question de l'importance centrale des Hadiths implique une réévaluation de leur rôle et de leur autorité ce qui conduit à une approche plus directe et moins médiatisée de la compréhension des enseignements coraniques. Le constat est que les Hadiths jouent un rôle central et indispensable dans la compréhension du Coran, ce qui relève d'un mythe développé et institutionnalisé. Il faut souligner les implications et les critiques de cette centralité en faisant appel à une réévaluation de l'importance des Hadiths et à un retour potentiel à une lecture plus directe du Coran. Cette approche met en lumière la clarté et la suffisance du message coranique, tel qu'il est présenté dans le texte sacré lui-même.

. *Révélation des mentalités.* A noter que les auteurs de ces Hadiths ont été indubitablement influencés par des préjugés culturels, des intérêts personnels ou des contextes historiques particuliers. Cela remet en question leurs motivations et leur objectivité. Les traditions, coutumes et histoires populaires sont transmises oralement d'une manière intergénérationnelle. Cette transmission permet de préserver la culture et l'identité collective, mais elle entraîne également des distorsions et des embellissements.

. *Richesse mythiques et symbolique.* Bien que ces récits soient souvent riches en symbolisme et en mythes, offrant des récits captivants qui expliquent des phénomènes naturels, des événements traditionnels ou des croyances. Cependant, ils manquent de précision historique et factuelle. Le folklore, bien qu'important pour la culture et l'identité collective, il est essentiel de le distinguer des sources historiques et théologiques fiables. Il ne doit pas être pris comme une vérité historique ou factuelle. L'objectivité et la fiabilité des *Tafsirs* et des *Hadiths* se basent davantage sur des récits folkloriques et des motivations personnelles que sur des analyses rigoureuses de la Révélation coranique. En somme, une approche plus critique et éclairée de l'étude des textes coraniques est primordiale.

6 - Un érudit type musulman

Par *érudits*, on entend des individus qui ont mémorisé le Coran en partie ou dans son intégralité. Cette mémorisation est souvent le résultat d'années d'apprentissage. La capacité à réciter le Coran par cœur est considérée par les musulmans comme une réalisation remarquable et un signe de grande piété et de respect pour le texte sacré.

En plus de réciter le Coran par cœur, ces *érudits* sont également formés à la psalmodie, c'est-à-dire la récitation du Coran de manière mélodieuse. La psalmodie est une compétence hautement respectée, car elle permet de transmettre les versets coraniques de manière harmonieuse et engageante. Les érudits sont également formés pour apprendre et maîtriser les Hadiths. Ces récits sont censés fournir un contexte supplémentaire et des éclaircissements sur les enseignements coraniques.

La formation aux Hadiths implique une étude approfondie de leur chaîne de transmission [*isnad*] et de leur contenu [*matn*]. Les érudits doivent être capables de discerner le bien-fondé des Hadiths et de comprendre leur application dans divers aspects de la vie religieuse et sociale.

En tant que gardiens du savoir religieux, les érudits jouent un rôle crucial dans l'interprétation et la transmission des enseignements coraniques. Leur mémorisation du Coran et des Hadiths leur confère une autorité et une responsabilité dans l'enseignement et la guidance des communautés *musulmanes*. Les érudits sont chargés de préserver et de transmettre les connaissances religieuses à travers les générations. Leur formation rigoureuse et leur engagement envers l'étude des textes sacrés garantissent la continuité et la fidélité des *enseignements islamiques*, c'est à dire les *Hadiths*, la *mémorisation du Coran* et sa *psalmodie*.

a - Déconnexion des progrès modernes

Les érudits transmettent les *enseignements islamiques* en se concentrant sur une approche traditionnelle et conservatrice. Ils privilégient la fidélité linguistique [phonologique, syntaxique, lexicale] aux textes et aux traditions établies, sans intégrer les progrès civilisationnels, scientifiques ou technologiques. Cette approche vise à préserver la légitimité et l'intégrité des enseignements islamiques. En se concentrant sur les textes et les traditions orales, les érudits cherchent à maintenir une continuité avec les pratiques historiques de leurs pairs.

En ne tenant pas compte des avancées modernes, cette méthode peut être perçue comme limitative. Elle empêche l'intégration de nouvelles connaissances et perspectives qui pourraient enrichir la compréhension des textes coraniques et leur application dans le monde contemporain. Ainsi, un érudit chez les musulmans, c'est quelqu'un qui a un rôle celui de la transmission des enseignements islamiques de manière intégrale et uniforme et en restant déconnecté des progrès civilisationnels, scientifiques et technologiques et donc de l'intégration à des nouvelles connaissances et perspectives modernes.

b - Un érudit type moderne

De nos jours, un érudit est une personne qui possède une connaissance approfondie et spécialisée dans un ou plusieurs domaines spécifiques. Cela peut inclure des sujets académiques tels que la littérature, l'histoire, la philosophie, les sciences, mais aussi des domaines plus modernes comme l'informatique, les études culturelles ou les nouvelles technologies. Souvent, les érudits ont suivi des études avancées, obtenant des diplômes de niveau supérieur tels que des masters ou des doctorats. Leur parcours académique est marqué par des années de recherche, de rédaction de thèses et de participation à des conférences.

Les érudits contribuent régulièrement à leur domaine en publiant des articles, des livres ou des études. Ils participent à des colloques, des symposiums et des séminaires où ils partagent leurs découvertes et débattent avec leurs pairs. Les érudits modernes ne se contentent pas d'accumuler des connaissances ; ils les analysent et les synthétisent pour offrir de nouvelles perspectives et des compréhensions plus profondes. Ils utilisent des méthodologies rigoureuses pour examiner des problèmes complexes et proposer des solutions innovantes. À notre époque, les érudits ont également accès à une multitude d'outils technologiques qui facilitent leur recherche et leur communication. Ils utilisent des bases de données en ligne, des logiciels d'analyse statistique, des outils de visualisation de données et des plateformes de collaboration numérique pour enrichir leur travail.

Les érudits jouent souvent un rôle crucial dans l'éducation, en enseignant dans des universités ou des institutions de recherche. Ils servent de mentors pour les étudiants et les jeunes chercheurs, partageant leur savoir et guidant la prochaine génération de penseurs. Ils participent également aux débats publics, contribuant à éclairer les discussions sur des enjeux contemporains à partir de leur expertise. Leurs interventions peuvent influencer les politiques publiques, les pratiques sociales et les perceptions culturelles.

Les érudits modernes sont souvent interdisciplinaires, c'est à dire qu'ils intègrent des connaissances et des méthodologies de différents domaines pour aborder des problèmes complexes. Cette approche permet une compréhension plus holistique et complète des sujets qu'ils étudient.

c - Erudits dépassés

Le type d'érudition qui se concentre exclusivement sur la mémorisation des textes coraniques et la transmission des traditions orales est totalement en décalage avec une compréhension plus moderne et scientifique, par exemple la thématique des Jinn. Leur connaissance des Jinn se base principalement sur les descriptions trouvées dans ces textes, sans aucune recherche ou analyse rigoureuse. Les compréhensions traditionnelles des Jinn sont souvent influencées par les interprétations historiques et culturelles, qui peuvent inclure des éléments de folklore, des superstitions et des croyances populaires.

Une approche moderne implique une analyse critique des textes coraniques, en tenant compte des connaissances scientifiques actuelles. Par exemple, la nature des Jinn pourrait être explorée à travers des concepts nouveaux. Les chercheurs modernes peuvent utiliser des approches interdisciplinaires pour comprendre les Jinn, en combinant des connaissances en physique, en psychologie, en neurosciences, et en études culturelles. Cela permet d'élaborer des théories plus nuancées et complexes.

Les « *érudits traditionnels* » résistent aux nouvelles conceptions qui remettent en question leurs croyances établies. Ils perçoivent les approches scientifiques comme une menace pour l'authenticité et la pureté de leurs enseignements religieux. Il est clair que l'érudition traditionnelle et l'approche moderne scientifique se trouvent à des antipodes, surtout en ce qui concerne des sujets comme les Jinn, les Univers, l'ontologie humaine, la Vie, la Mort, etc. Combiner les avancées scientifiques avec la Révélation coranique, c'est offrir une compréhension plus complète et nuancée des mystères comme ceux des Jinn.

7 - Embellissement des écrits tafsiro-hadithiens

. *Nature évolutive.* Au fil des siècles, les collections d'écrits tels que les Tafsirs et les Hadiths ont été embellies par leurs auteurs, par leurs disciples ou par tous ceux qui les ont transmis. Cette transformation peut inclure l'ajout de détails dramatiques, d'éléments surnaturels ou de miracles pour rendre les histoires plus captivantes ou instructives. Les récits sont enrichis par l'inclusion de héros extraordinaires et d'événements surnaturels ou miraculeux qui servent à exalter les personnages ou à donner une dimension morale ou spirituelle plus marquée. Ces ajouts visent à renforcer l'attrait des histoires, les rendre plus mémorables et à accentuer leur impact sur l'auditoire.

. *Histoires imaginaires.* Les histoires contenues dans ces écrits ne sont pas toujours destinées à être des enregistrements historiques précis. Souvent, elles ont pour objectif de divertir, d'enseigner une morale, ou de renforcer certaines croyances religieuses ou culturelles. Cela explique pourquoi elles peuvent inclure des éléments fantastiques et des personnages extraordinaires.

. *Critique des auteurs et des écrits.* En dénonçant ces auteurs et leurs écrits de peu fiables et de manipulatoires, on appuie sur une corde très sensible. En effet, il est important de reconnaître que ce type de récits contient sans contexte des informations inexactes ou embellies. Ces derniers ne devraient pas être pris pour argent comptant, car ils ont été altérés et embellis pour diverses raisons. Les motivations des auteurs de ces écrits sont douteuses, vraisemblablement motivés par des intérêts autres que la quête de vérité ou de spiritualité authentique. Ils auraient été modifiés ou embellis pour servir des intérêts personnels, politiques ou religieux.

. *Scepticisme et vérification.* Il est crucial de ne pas accepter les enseignements et l'autorité de ces figures sans questionnement. Accepter aveuglément des récits embellis ou déformés peut conduire à des croyances erronées et à des pratiques mal fondées. Cela implique une analyse rigoureuse et objective, utilisant des méthodes de recherche fiables et des sources crédibles pour distinguer les faits des fictions. D'où l'importance de toujours questionner et vérifier la validité des connaissances et des affirmations faites par ces auteurs. Une analyse critique et rigoureuse permet de distinguer les faits des embellissements et des manipulations.

a - Leçons de l'Histoire

Les leçons d'histoire sont souvent réévaluées à la lumière de nouvelles preuves et recherches. De nombreux événements considérés comme véridiques par le passé se révèlent souvent être des faussetés ou des récits déformés. La remise en question de la légitimité des enseignements implique une exigence de rigueur. Il s'agit de ne pas accepter passivement les affirmations, mais de les analyser, de les évaluer, et de vérifier leur fondement sur des bases solides et authentiques. Adopter une approche critique et réfléchie vise à déterminer si les enseignements sont authentiques, c'est-à-dire s'ils reposent sur des preuves et des sources fiables plutôt que sur des croyances infondées ou des récits embellis.

. *Importance de la remise en question.* La réalité historique nous enseigne que de nombreux événements, longtemps acceptés comme vrais, peuvent être réévalués à la lumière de nouvelles découvertes. Cette réévaluation est souvent le résultat de nouvelles preuves, d'une meilleure compréhension des contextes historiques, ou d'une analyse critique plus rigoureuse. Il est essentiel de ne pas sanctifier les récits traditionnels ou communément admis, mais de les examiner de manière critique. Pour valider ou invalider ces récits, il est crucial de chercher des preuves solides et vérifiables. Cela inclut des documents historiques, des archives, des artefacts, des témoignages directs, et des études scientifiques.

La recherche rigoureuse et la vérification des faits sont essentielles pour établir une compréhension précise de l'histoire. Des exemples incluent des mythes historiques démentis par des découvertes archéologiques ou des récits de héros nationaux dont les exploits ont été exagérés ou inventés.

. Méfiance envers la Tradition et les figures d'autorité. La manière dont certaines figures d'autorité, qualifiées de « *savants* », peuvent exploiter la foi et la crédulité des gens pour gagner en notoriété, en pouvoir ou pour des motifs mercantiles entachent la compréhension du Message coranique. La critique reflète une méfiance envers ceux qui peuvent utiliser la Tradition ou les récits religieux pour manipuler et exploiter la foi des gens. Cette méfiance est justifiée par l'histoire et les nombreux exemples de figures qui ont abusé de leur autorité pour manipuler et contrôler les croyances des populations. Au lieu de servir la communauté, elles cherchent à servir leurs propres intérêts.

. *Crédulité et superstitions.* Les populations superstitieuses et ignorantes sont plus susceptibles d'accepter des récits embellis ou des faussetés sans les remettre en question. Cela crée un terrain fertile pour les manipulations, les aberrations et les fausses croyances. Le remède à ce poison est l'importance de renforcer l'éducation et la pensée critique pour permettre aux individus de distinguer les vérités des manipulations et d'éviter de tomber dans le piège de la crédulité.

. *Compétences intellectuelles nécessaires.* Comprendre pleinement les éléments présents dans les textes coraniques nécessite un esprit d'observation, d'analyse et de synthèse exceptionnel. Il ne suffit pas de lire les textes de manière superficielle ; il faut les examiner de manière approfondie et critique et de tirer des conclusions basées sur des preuves solides. Une vaste connaissance scientifique dans plusieurs disciplines est également essentielle. Cela permet de contextualiser les enseignements coraniques et de les comprendre de manière plus complète et nuancée. Les disciplines peuvent inclure les sciences humaines [histoire, sociologie, anthropologie, linguistique, etc.], les sciences exactes [Physiques, cosmologie, biologie, etc.].

b - Rétablisme - Concept

Le *Rétablisme*[1] désigne une démarche active visant à rétablir des faits ou des vérités occultées ou mal interprétées. Cela peut inclure la correction des erreurs historiques,

---

[1] Nas E. Boutammina, « Le Rétablisme », Edit. BoD, Paris [France], septembre 2013, 2e édition mars 2015.

l'exposition de faits négligés, ou la réévaluation de récits biaisés. Cette notion implique une approche proactive pour découvrir la vérité et rectifier les distorsions historiques. L'objectif du Rétablisme est de fournir une version plus précise et plus complète de l'histoire, en se basant sur des preuves vérifiables et en corrigeant les interprétations erronées ou biaisées. Cela permet de mieux comprendre le passé et d'en tirer des leçons pour le présent et l'avenir.

Cette notion de Rétablisme met en évidence la nécessité de réévaluer les récits historiques communément admis en cherchant des preuves solides et vérifiables. Cela implique d'adopter une approche critique et rigoureuse pour remettre en question les interprétations traditionnelles et découvrir la vérité.

La notion de Rétablisme renforce cette idée en soulignant l'importance de rectifier les distorsions historiques et de fournir une version plus précise et plus complète de l'histoire.

Le terme dérive de l'idée de « *rétablir* » quelque chose, en l'occurrence, la vérité ou les faits historiques. Il est utilisé dans un contexte où les récits historiques communément admis sont remis en question et réexaminés à la lumière de nouvelles preuves ou perspectives.

Cette approche s'inscrit dans une démarche critique de l'histoire, où l'objectif est de parvenir à une compréhension plus précise et plus nuancée du passé, souvent en opposition aux narrations simplifiées ou idéologiquement motivées.

8 - *Exégèse origine et emprunt*

Rappelant que le Tafsir ou *exégèse islamique* a pour objectif, selon leurs auteurs, de clarifier et d'expliciter les versets coraniques, permettant aux adeptes de l'Islam de mieux comprendre les messages et les enseignements divins. C'est une discipline fondamentale pour l'exégèse islamique. Répétons-le, bien que les versets coraniques soient clairs, le Tafsir vise à améliorer leur éclaircissement, à en approfondir la compréhension en s'appuyant sur diverses sources. Le Tafsir se fonde essentiellement sur la « *Tradition* », qui inclut les Hadiths et d'autres éléments de la culture arabe tribalo-patriarcale. Les Hadiths sont des récits des paroles et des actes censés provenir du Raçoul Mouhammad, transmis oralement puis écrits plusieurs siècles après sa mort. En plus des Hadiths, le Tafsir intègre des us et coutumes, des mœurs et des éléments du folklore, influençant ainsi les interprétations.

Les *mufassir*, ou auteurs de Tafsir, doivent posséder une connaissance approfondie de la Tradition orale. Cette dernière est essentielle pour assurer que les interprétations proposées sont enracinées dans une compréhension approfondie et respectueuse des sources traditionnelles. Les mufassir sont souvent comparés aux *érudits du Talmud* dans le Judaïsme, car ils jouent un rôle clé dans l'interprétation et la clarification des écritures religieuses. Cette érudition est essentielle pour assurer que les interprétations proposées sont fondées sur une compréhension profonde et respectueuse des sources traditionnelles [Hadiths]. Les mufassir doivent être capables de naviguer à travers les complexités des recueils des traditions pour offrir des explications éclairées. Les interprétations du Tafsir varient en fonction des différentes écoles de pensée [*madhhab*] au sein de l'*Islam*. Chaque école a ses propres méthodes d'interprétation et ses propres sensibilités théologiques. La sensibilité religieuse et politique de l'auteur, ainsi que son savoir et son approche méthodologique, influencent également le Tafsir. Cela conduit à une diversité d'interprétations, parfois contradictoires, reflétant les différents contextes et perspectives des *mufassir*.

a - Exégètes de l'Antiquité

- *Exemples d'interprètes dans l'Antiquité*

Dans les diverses croyances de l'Antiquité, les individus tels que les prêtres, le clergé qui *interprètent* les paroles des dieux et des déesses sont souvent appelés des *oracles*, des *prophètes* ou des *augures*, selon la tradition et la culture.

. *Oracles.* Dans la Grèce antique, les oracles étaient des intermédiaires sacrés entre les dieux et les Humains. Ils étaient généralement des prêtresses ou des prêtres consacrés à un dieu particulier. Leur rôle était de délivrer les messages des dieux, souvent en réponse à des questions posées par les fidèles. L'Oracle de Delphes, dédié à Apollon, est l'un des plus célèbres. La prêtresse Pythie entrait en transe après avoir inhalé des fumées sacrées et délivrait ses prophéties sous forme de paroles souvent énigmatiques. Les réponses étaient ensuite interprétées par des prêtres assistants. Les oracles avaient une influence considérable sur les décisions politiques et militaires. Les chefs et rois consultaient régulièrement les oracles avant de prendre des décisions majeures.

. *Prophètes.* Dans les Traditions hébraïques et mésopotamiennes, les *prophètes* étaient des individus choisis par Dieu ou les dieux pour transmettre des messages divins à la population. Ils jouaient un rôle clé en tant que guides spirituels, conseillers politiques et réformateurs sociaux. Les prophètes recevaient souvent leurs messages par des visions, des rêves ou des révélations directes. Ils étaient perçus comme ayant un lien spécial avec le divin, leur permettant d'accéder à des connaissances sacrées. Les prophètes bibliques, tels qu'Isaïe et Jérémie, ont joué un rôle crucial dans la réforme des pratiques religieuses et sociales. Leur influence s'étendait souvent au-delà du domaine religieux, affectant les politiques et les lois.

. *Augures.* Dans la Rome antique, les *augures* étaient des prêtres spécialisés dans l'interprétation des signes divins, appelés *auspices.* Ces signes étaient souvent observés dans la nature, comme le vol des oiseaux, les phénomènes météorologiques. Avant de prendre des décisions importantes, les augures observaient les signes pour déterminer la volonté des dieux. Par exemple, le vol des oiseaux [*auspicium*] ou l'examen des entrailles [*haruspicine*] étaient des méthodes courantes. Les décisions politiques et militaires importantes, y compris les élections, les déclarations de guerre et les fondations de villes, étaient souvent précédées par la consultation des augures. Leur interprétation des signes était perçue comme une validation divine des actions entreprises.

. *Flamines et pontifes.* Les *flamines* et les *pontifes* étaient des prêtres romains dédiés à des dieux spécifiques. Les flamines, par exemple, étaient assignés à des cultes particuliers comme celui de Jupiter, Mars ou Quirinus. Les pontifes avaient des responsabilités administratives et cérémonielles, incluant la supervision des rituels religieux et la gestion du calendrier sacré. Les pontifes et les flamines travaillaient souvent en concert avec les augures, intégrant leurs interprétations dans les rites et les décisions religieuses et politiques. Les interprètes des paroles des dieux et des déesses dans l'Antiquité étaient considérés comme des érudits et jouaient un rôle central dans la vie religieuse, sociale et politique de leurs sociétés. Leur capacité à accéder et interpréter les messages divins donnait aux prêtres, prophètes, oracles et augures une influence considérable sur les événements et les décisions majeures.

b - Héritage exégétique antique

Les prêtres et le clergé des croyances antiques jouent un rôle similaire à celui des exégètes des traditions juives, chrétiennes et islamiques.

- ### Interprétation des Textes sacrés

Dans le *Judaïsme*, les rabbins interprètent la Torah à travers des commentaires et des *midrashim*. Ces interprétations visent à clarifier les lois et les enseignements religieux pour les adapter aux réalités de la vie quotidienne. Dans le *Christianisme*, les théologiens et les prêtres interprètent la Bible. Les Pères de l'Église et les exégètes médiévaux ont développé des méthodes herméneutiques pour expliquer les Écritures Saintes et les rendre accessibles aux fidèles. Dans l'*Islam*, les érudits interprètent le Coran et les Hadiths. Le Tafsir est une discipline qui analyse les textes sacrés pour en tirer des enseignements applicables. Les *fuqaha* [juristes] utilisent le Fikh pour développer la jurisprudence islamique. Leur rôle à tous ces exégètes est d'éclairer les significations cachées et de rendre les enseignements divins compréhensibles pour les croyants.

- *Parallèles et similitudes*

Tout comme les prêtres de l'Antiquité, tels que les oracles et les augures, interprétaient les signes divins, tout comme les exégètes des grandes religions interprètent les paroles divines contenues dans les textes sacrés. Leur rôle est de servir de médiateurs entre le divin et les humains, en fournissant des explications et des directives. Les oracles, les augures et les exégètes détiennent une autorité spirituelle et religieuse significative. Leurs interprétations ou exégèses influencent les croyances, les pratiques religieuses et les décisions importantes au sein de leurs communautés respectives. Les prêtres antiques et les exégètes juifs, chrétiens et musulmans jouent un rôle crucial dans la transmission des Traditions religieuses. Ils préservent et interprètent les enseignements pour les adapter aux contextes contemporains et futurs.

Les prêtres et le clergé des croyances antiques [oracles et augures], peuvent effectivement être considérés comme des exégètes dans leur propre contexte. Leur rôle d'interprète des signes divins est comparable à celui des exégètes qui interprètent les textes sacrés dans les traditions juive, chrétienne et islamique. Cette continuité montre comment les fonctions d'interprétation et de guidance spirituelle ont évolué et se sont perpétuées à travers les âges et à travers diverses croyances.

- *Evolution des pratiques exégétiques*

L'exégèse est la pratique de l'interprétation et l'explication des textes sacrés. Elle vise à éclairer les significations cachées ou difficile des écrits religieux pour les rendre accessibles et compréhensibles. L'exégèse a une longue tradition dans les religions juive et chrétienne. Dans le Judaïsme, les rabbins développent des méthodes d'exégèse pour interpréter la Torah, en utilisant des techniques telles que le *Midrash*. Dans le Christianisme, les théologiens utilisent des méthodes exégétiques pour interpréter la Bible, souvent en combinant des analyses littéraires, théologiques et des chroniques.

Les pratiques d'interprétation de textes religieux sont anciennes et se retrouvent dans diverses cultures antiques. Les oracles et les augures de la Grèce et de Rome, par exemple, interprétaient les volontés des dieux à travers des signes et des prophéties. Il y a une continuité et une adaptation de ces traditions d'interprétation influençant les méthodes exégétiques développées plus tard dans les contextes juif et chrétien. L'exégèse hébraïque, par exemple, trouve ses racines dans les interprétations rabbiniques des Écritures, tandis que l'exégèse chrétienne s'inspire également des pratiques herméneutiques des philosophes grecs.

Les augures et les oracles jouaient des rôles similaires à ceux des rabbins et des prêtres dans les traditions juive et chrétienne, ils servaient de médiateurs entre les dieux et les Humains. Ils délivraient des prophéties en réponse aux questions posées par les fidèles, souvent sous forme énigmatique, nécessitant une interprétation ultérieure.

Alors que les sociétés évoluaient, ces rôles d'exégètes ont été adaptés et intégrés dans les structures religieuses judéo-chrétiennes. Les rabbins et les prêtres ont pris le relais des oracles et des augures dans leurs traditions respectives. Ils sont devenus les principaux interprètes des textes sacrés, assurant la continuité des enseignements religieux, offrant des conseils spirituels, moraux et légaux basés sur leurs interprétations. Comme les oracles et les augures, les rabbins et les prêtres possèdent une autorité spirituelle et morale considérable. Leur rôle est d'éclairer les significations profondes des Écritures et de guider les croyants dans leur foi et leurs actions.

Dans l'Islam, les muftis et les imams jouent des rôles d'interprètes religieux similaires à ceux des rabbins et des prêtres dont leurs influences sont manifestes. Ils expliquent les significations des versets coraniques à travers principalement des Hadiths pour guider les croyants dans leur vie quotidienne. Comme leurs prédécesseurs antiques et judéo-chrétiens, les érudits musulmans [muftis, alim, imams] assurent la transmission de la tradition religieuse à travers des méthodes d'interprétation et d'enseignement, créant une continuité historique dans la pratique de l'exégèse. L'exégèse, qu'elle soit juive, chrétienne ou islamique, partage des racines communes avec les pratiques interprétatives des croyances antiques. Les rôles des oracles et des augures ont évolué pour devenir ceux des rabbins, des prêtres, puis des muftis et des imams. Cette continuité montre comment les méthodes d'interprétation et d'enseignement religieux ont été adaptées et transmises à travers les âges, tout en ménageant des contextes culturels et historiques de chaque époque.

9 - *Révélation coranique et Islam - Notions*

La « *Révélation coranique* » se réfère aux textes consignés dans le Coran, qui a été révélée directement par Dieu au Raçoul Mouhammad. Ce texte est considéré comme la parole inaltérable de Dieu, servant de guide ultime et complet pour la conviction et les actions des humains.

La Révélation coranique est purement transcendante, elle ne se réfère pas à une institution religieuse humaine. Cette Révélation est considérée comme parfaite et complète, ne nécessitant pas de médiation humaine pour être comprise !

En contraste, le terme « *Islam* » désigne la religion impliquant une organisation humaine qui a été essentiellement formée autour de la *Tradition* [Hadiths] avec en arrière plan certains textes coraniques interprétés. Cette religion inclut l'apprentissage par cœur des versets coraniques, leur psalmodie, mais aussi les us et coutumes, les pratiques rituelles, les structures sociales et les doctrines développées et formalisées par l'*intelligentsia* au fil du temps pour guider les croyants.

Aux environs du IVe siècle de l'hégire [environ le 10e siècle], soit environ trois siècles après la mort du Raçoul, les diverses croyances et pratiques, ainsi que les interprétations du Coran ont été consolidées et codifiées pour former une religion structurée qui fut appelée *Islam*. Ce processus a impliqué la codification des enseignements et l'établissement de rites et de doctrines dans un cadre religieux cohérent pour guider les populations.

Le Judaïsme et le Christianisme sont deux des grandes religions qui ont précédé l'Islam. Elles avaient une présence significative dans certaines régions d'Arabie et ont influencé les interactions et les relations avec les différentes communautés religieuses de l'époque. Les érudits musulmans reconnaissent l'importance de ces traditions religieuses et leur impact sur la culture et la pensée religieuse de l'époque.

Les érudits musulmans ont étudié les textes judaïques et chrétiens pour comprendre les précédents religieux ce qui leur a fourni des modèles théologiques, éthiques et scripturaires. Ils ont ensuite synthétisé ces connaissances avec les Hadiths pour former une religion complète et cohérente. Tout en s'inspirant de ces traditions, l'Islam a introduit des innovations et des enseignements spécifiques pour se forger une identité propre et complète [*Sharia, Fiqh,* etc.]. Cette démarche a permis de concevoir et d'institutionnaliser l'Islam au IVe siècle de l'hégire tel qu'on le connaît actuellement. Cette nouvelle religion s'inscrit dans une perspective unique et novatrice.

L'avènement de l'Islam correspond à une période de consolidation politique où les divers enseignements et pratiques ont été unifiés sous une même bannière. En effet, les Califes ont cherché à uniformiser les pratiques et les doctrines afin de créer une identité religieuse cohérente.

Cette dénomination « *Islam* » a été choisie pour représenter la nouvelle religion qui se distinguait des autres traditions religieuses présentes à l'époque, comme le Judaïsme et le Christianisme. Coraniquement, le mot *Islam* provient de la racine arabe « *aslama* » qui signifie « *faire confiance à* ». Dans ce contexte, cela se traduit par « *faire confiance à Dieu* ». Le terme « *Islam* » est également associé à « *silm* » qui signifie « *paix* ». Ainsi, la confiance à Dieu définit une voie vers la paix intérieure et extérieure, par la confiance en la guidance divine. Faire confiance à Dieu implique une conviction en Ses préceptes.

Après la mort du Raçoul, les premiers Califes se sont attribués le titre de leaders spirituels et politiques. En effet, sous leur règne, les textes coraniques se sont étendus au-delà de l'Arabie, consolidant à la fois le pouvoir religieux et la gouvernance politique. Le Califat a évolué en dynasties héréditaires, où le Calife détient un pouvoir quasi absolu. Ce dernier représente non seulement le pouvoir spirituel, mais est aussi le chef politique suprême, contrôlant les lois, l'administration et l'armée. Il est vu comme le représentant de Dieu sur Terre, unissant ainsi le pouvoir spirituel et temporel.

La soumission à Dieu [tout comme le terme Califat et Calife] a été *interprétée* comme une soumission aux lois et décisions du Calife, renforçant ainsi son autorité. Les lois [Sharia] sont basées sur les Hadiths, interprétées et appliquées par les juristes sous l'autorité du Calife. La soumission politique au Calife a permis de maintenir l'ordre et l'unité dans l'empire, tout en consolidant le pouvoir central.

La soumission telle qu'elle a été interprétée et la manière dont elle a été pratiquée et enseignée, limite le libre arbitre et notamment en ce qui concerne la pensée critique et les droits individuels ce qui va à l'encontre des préceptes divins. Les Califes, les Sultans [et les gouvernements modernes] utilisent la religion pour justifier leur autorité, souvent en invoquant la soumission aux lois islamiques comme un devoir religieux. Finalement, la notion de « *soumission* » a été à la fois un concept religieux et un outil politique puissant dans l'histoire de l'Islam.

L'un des objectifs de la formalisation de l'Islam en tant que religion distincte visait à homogénéiser les croyants en fournissant un ensemble de pratiques, de doctrines et de rites communs. Cette homogénéisation permettait d'établir une identité religieuse claire et unifiée, de créer une cohésion sociale et religieuse qui rassemblerait les croyants sous une bannière commune facilitant ainsi coordination et la solidarité communautaire. En créant des rites spécifiques, des dogmes et un nom pour les adeptes [« *musulmans* »], l'Islam s'instrumentalisait et se distinguait des autres grandes religions, comme le Judaïsme et le Christianisme. Cette différenciation était cruciale pour établir une identité religieuse claire et unique, renforçant le sentiment d'appartenance des croyants et leur particularité par rapport aux autres traditions religieuses.

La formalisation de l'Islam incluait l'établissement de pratiques religieuses spécifiques, de rites, de dogmes, de festivals, de règles de conduite et de doctrines théologiques offrant ainsi une structure claire et uniforme répondant aux besoins spirituels et sociaux des croyants. Cela incluait, par exemple, la prière [« *Çalat* »], le jeûne [« *Cyam* »], l'aumône [« *Zakat* »], et le pèlerinage [« *Hajj* »], qui sont devenus les piliers fondamentaux de la pratique religieuse islamique. La création d'une religion unifiée et structurée avait également des implications politiques. Elle permettait de renforcer l'autorité des dirigeants musulmans, de consolider le pouvoir politique autour d'une religion commune, et de favoriser la stabilité et l'unité de l'empire islamique en expansion.

La *Révélation coranique* et l'*Islam* sont distincts. Tandis que la Révélation coranique est d'*origine divine* et se présente comme une *Voie à suivre*, une guidance spirituelle complète et autonome ; l'Islam est d'*origine humaine* et se présente en tant que religion établissant des devoirs et des obligations sous formes de rites, de dogmes, d'une législation et d'une identité religieuse spécifique.

a - La Voie de Dieu

« Nulle contrainte à suivre la Voie de Dieu ! Car le bon chemin se distingue clairement du dévoiement. Aussi, celui qui renie les fausses divinités et croît en Dieu alors il saisit l'anse la

plus solide, qui ne peut se briser. Et Dieu est Audient et Omniscient. » (Coran, 2-256)

Contrairement à une religion, la Révélation coranique en elle-même ne propose pas un ensemble de rituels, de dogmes, ou de lois religieuses avec des châtiments. Elle est plutôt une série de conseils divins et de recommandations spirituelles.

En revanche, une religion structurée comprend un ensemble de pratiques rituelles, de dogmes, de codes de conduite, de lois religieuses et de sanctions. Elle crée une identité collective et organise la vie des croyants autour de ces éléments.

La Révélation coranique est décrite comme une « *Voie* » [*Dine*] qui est conseillée afin de se rapprocher de Dieu. Ce concept de *Voie* [Dine] est destiné à orienter les Humains vers des comportements et des actions conformes à l'*Ordre divin*. Elle inclut des principes éthiques, des valeurs de compassion, de justice, et d'intégrité.

Dieu respecte le libre arbitre des êtres humains, il est un concept central dans la Révélation coranique. Dieu propose des recommandations ou des conseils plutôt que des obligations imposées. En aucune façon, Dieu ne contraint les Humains à les suivre. Chaque individu a la liberté de choisir sa voie. L'idée de la « *Voie* » divine est proposée comme une invitation à suivre des préceptes de justice, de bonté, et de moralité. Les Humains sont encouragés à suivre cette Voie par conviction personnelle et non par obligation.

Dieu respecte la liberté individuelle des humains, et cette approche souligne que la conviction doit être basée sur une acceptation volontaire et sincère des enseignements divins. Contrairement à des systèmes religieux structurés qui imposent des obligations et des punitions, la *Voie* divine est proposée sans coercition. Les humains sont invités à suivre cette voie par leur propre volonté et compréhension, ce qui met en avant la nature non contraignante des enseignements coraniques. Cela reflète l'idée que la conviction et les actions doivent être le fruit d'un choix et non d'une contrainte externe comme celle de la religion.

En suivant cette Voie, les humains développent une relation personnelle et directe avec Dieu sans aucun intermédiaire. Cette approche met l'accent sur un *Ordre intérieur* et une conviction basée sur le libre engagement personnel.

Il existe une différence fondamentale entre la *Révélation coranique* et une religion structurée [*Islam*]. Tandis que la Révélation coranique est présentée comme une *Voie* [« *Dine* »] destinée à orienter les humains vers une vie de piété, elle ne se confond pas avec une religion imposant des rituels, des dogmes, des lois religieuses et des répressions. La direction recommandée par Dieu est proposée comme un choix libre, respectant le libre arbitre des Humains et soulignant que Dieu n'oblige jamais personne à suivre Ses enseignements par coercition. Cette approche souligne l'importance de la liberté individuelle et de la conviction personnelle dans la pratique religieuse.

« Et dis : La vérité émane de votre Seigneur. Quiconque le veut, qu'il croie, et quiconque le veut, qu'il dénie. » (Coran, 18-29)

b - Clarté et limpidité du Coran

Le Coran se présente comme un texte où la parole de Dieu est transmise de manière claire et accessible à tous les Humains. C'est un texte dont la clarté et la limpidité sont des caractéristiques fondamentales et par conséquent, il est conçu pour éviter toute ambiguïté et permettre une compréhension directe et immédiate du message divin par les Humains quelle que soit leur éducation ou leur contexte culturel. Il n'est pas entouré d'obscurité ou de complexité qui nécessiterait d'amples interprétations. Le but premier de cette clarté est de permettre aux Humains de comprendre directement les préceptes divins et de les guider dans leur conviction et leurs actions quotidiennes, en leur fournissant des préceptes et des conseils qui sont directement applicables à leur vie. Le Coran, dans sa forme révélée, ne nécessite donc pas d'interprétation et encore moins d'exégèse complexe pour être compris.

Mouhammad est qualifié de *Raçoul,* ce qui signifie « Messager » en arabe. En tant que Raçoul, il a été spécifiquement choisi par Dieu pour transmettre Ses révélations aux humains en leur offrant des directives claires sur leur conduite et les actions à entreprendre. Ce rôle de Messager implique une mission de haute importance, celle de relayer fidèlement les messages divins sans y ajouter ou modifier quoi que ce soit.

La mission principale du Raçoul était donc de communiquer les paroles de Dieu exactement telles qu'elles lui avaient été révélées. Cela excluait toute forme d'altération, d'interprétation personnelle ou d'exégèse. Il ne faisait simplement que relayer les messages divins tels qu'ils lui étaient révélés. Son autorité spirituelle dérivait directement de sa capacité à transmettre la parole divine avec exactitude.

Mouhammad n'était pas un érudit ou un académicien au sens moderne du terme. Il n'avait pas de diplômes ou de qualifications dans des domaines variés du savoir. Sa mission n'était pas de transmettre des connaissances académiques ou scientifiques. Cette distinction est cruciale car elle souligne que sa mission n'était pas de fournir une éducation académique, mais de transmettre un message spirituel et moral essentiel pour la guidance des Humains.

La sagesse et l'autorité du Raçoul provenaient directement de la Révélation divine et non d'une éducation formelle. Cette dernière était la source ultime de son savoir et de son autorité spirituelle. Sa mission divine était de guider les Humains sur une Voie comportementale droite et de leur inculquer des valeurs morales et éthiques basées sur les enseignements coraniques. Cela distingue clairement son rôle de celui d'un érudit, d'un *mufti*, d'un *alim* [plur. *Uléma*] ou d'un académicien.

En tant que Raçoul, Mouhammad guidait les gens en se basant sur les directives divines plutôt que sur une éducation formelle. Cette guidance divine était perçue comme plus pure et plus directe, car elle provenait directement de Dieu.

Le Coran se distingue par la pureté et la simplicité de son message. Cette simplicité permet à tous les Humains, indépendamment de leur niveau d'instruction, de comprendre et de suivre les enseignements divins.

Le Raçoul avait pour unique mission de transmettre fidèlement les révélations divines, sans les altérer, ni les complexifier. Cette mission sacrée soulignait l'importance de maintenir la pureté et la clarté du message divin.

c - Auditoire : limitation éducative et intellectuelle

À l'époque du Raçoul, la majeure partie de la population arabe était analphabète. L'éducation formelle n'existait pas, et la plupart des connaissances étaient transmises oralement. Les compétences en lecture et en écriture étaient rares et souvent réservées à une petite minorité instruite [religieux, poète].

Dans ce contexte, les connaissances et les traditions étaient principalement transmises par voie orale. Les récits, les poèmes et les systèmes religieux étaient mémorisés et partagés de bouche à oreille, soulignant l'importance de l'oralité dans la culture de l'époque. Cette tradition orale était essentielle pour préserver et diffuser les enseignements dans une société où peu de gens savaient lire et écrire. Les conteurs, poètes et sages jouaient un rôle crucial dans la préservation et la transmission des savoirs, des récits et des enseignements religieux. Les récits étaient mémorisés et transmis de génération en génération, renforçant l'importance de l'oralité.

Le savoir était basé sur des traditions locales, des pratiques tribales et se se limitait souvent à des connaissances pratiques, nécessaires pour la survie quotidienne et transmises au sein des familles ou des tribus, telles que les techniques agricoles, le commerce, les savoir-faire artisanaux et les traditions tribales.

Cette base culturelle et religieuse influençait beaucoup la manière dont les nouveaux enseignements, y compris ceux du Coran, étaient reçus et compris. La religion pré-coranique comprenait une multitude de croyances polythéistes et animistes. Le passage au monothéisme avec de nouveaux enseignements représentait un changement radical, nécessitant une adaptation intellectuelle et spirituelle considérable.

Le Coran, face aux limitations éducatives de la population arabe, devait s'adapter pour qu'il soit compréhensible par tous. Cela impliquait l'utilisation de métaphores, d'exemples tirés de la vie quotidienne, et de répétitions pour assurer la compréhension et la mémorisation des enseignements.

Avec le temps, certains habitants de l'époque, sont devenus les médiateurs entre le texte sacré et la population : les *exégètes* [*mufassir*]. Ces derniers, utilisaient leur propre contexte culturel et historique pour interpréter et comprendre les versets coraniques et de ce fait, ils ont joué un rôle clé. Cette approche contextuelle permettait de rendre les enseignements accessibles, mais limitait également la portée de la compréhension.

Le Coran traite de sujets variés et complexes comme les lois de la physique, de la chimie et aux phénomènes naturels exigeant des savoirs en biologie et en écologie ; aux temps géologiques et aux périodes préhistoriques et protohistoriques de l'Humanité nécessitent des notions en sciences de la terre et en histoire ancienne. Tous ces domaines requièrent une compréhension scientifique avancée pour être pleinement compris.

Pour une population majoritairement analphabète qui n'avait pas les outils intellectuels ou éducatifs nécessaires pour saisir pleinement ces concepts ardus, ce type de notions complexes est tout simplement incompréhensible. En effet, l'absence de connaissances, de compétences [raisonnement logique], de formation intellectuelle et de ressources nécessaires ne leur auraient jamais permis d'appréhender ces types de concepts avancés.

d - Exploration scientifique du Coran

Le Coran est une feuille de route complète destinée à guider l'Humanité afin qu'elle suive la Voie de Dieu et mène une existence juste et éthique. Les messages centraux sont : l'unicité de Dieu, le but divin de la Création, la guidance morale et éthique, le respect du libre arbitre et l'établissement d'un code de conduite conforme à l'Ordre divin, la notion de destinée eschatologique et la Rencontre universelle.

Pour les humains qui veulent pousser leur réflexion au-delà de leur conviction et cherchent à comprendre les merveilles des Univers, ces versets sont une véritable invitation à sonder l'interconnexion entre la conviction et la raison. Des versets inspirent à explorer les sciences à découvrir les lois [*divines*] qui régissent et maintiennent l'harmonie créationnelle. Pour les intellectuels en quête de vérité, ces versets démontrent que Dieu encourage l'exploration intellectuelle et la découverte scientifique. Ils offrent une base pour la réconciliation entre la Révélation coranique et la Science.

Les découvertes scientifiques inspirées par le Coran caractérisent des preuves de la grandeur et de la sagesse divine. Les intellectuels voient dans la nature complexe et organisée de l'Univers perceptible une manifestation de l'Intelligence suprême de Dieu. Pour ceux qui cherchent à comprendre les merveilles des Univers, le Coran offre des pistes de réflexion et de recherche, soulignant la conformité entre la Révélation et la Science.

Des versets ont souvent conduit à des découvertes majeures et démontrent la complexité et la beauté de notre Univers perceptible. Voici quelques exemples :

- *Embryologie*. Développement embryonnaire : étapes précises du développement embryonnaire [*Coran, 21-30*].

- *Hydrologie*. Cycle de l'eau : phénomènes de précipitation, d'infiltration et d'évaporation [*Coran, 23-18*].

- *Géologie*. Montagnes et stabilité terrestre : rôle dans la stabilisation des plaques tectoniques terrestres [*Coran, 21-31*].

. *Sophistication du Coran et compréhension de l'auditoire.* Le Coran contient des connaissances sophistiquées sur divers sujets, y compris des principes scientifiques et philosophiques avancés. Cependant, le niveau de compréhension de la population de l'époque, majoritairement analphabète et peu éduquée n'avait pas les outils intellectuels nécessaires pour comprendre ces enseignements sophistiqués. Cette disparité crée un décalage significatif entre la profondeur de certains enseignements coraniques et la capacité de l'auditoire à les saisir pleinement. Ce décalage implique que certaines connaissances du Coran ont été transmises mais n'ont jamais été comprises par le public de l'époque, nécessitant un savoir supérieur ultérieur pour être correctement appréhendé.

. *Temporalité des compréhensions.* Certains versets coraniques contiennent des informations qui semblent dépasser les connaissances de l'époque et s'adressent aux générations futures, qui seraient mieux équipées pour comprendre ces concepts grâce aux progrès scientifiques. Le Coran contient des informations qui dépassent le cadre des connaissances de l'époque et qui trouvent leur pleine signification à la lumière des découvertes scientifiques modernes.

. *Progrès et Révélation.* Le Coran, dans sa sagesse divine, a anticipé les avancées scientifiques futures, offrant des révélations qui prendraient tout leur sens avec le temps, une fois que l'Humanité aurait développé les outils intellectuels pour les comprendre. À mesure que les connaissances scientifiques progressent, les générations futures sont mieux équipées pour saisir certains versets coraniques, révélant ainsi des dimensions plus profondes des textes.

. *Compréhension moderne du Coran.* Les avancées scientifiques du XXIe siècle offrent de nouvelles perspectives pour appréhender le Coran. Les connaissances en physique, biologie, géologie et autres disciplines permettent de déchiffrer certains versets à la lumière de découvertes récentes. Ces progrès offrent des clés de lecture supplémentaires pour comprendre les messages divins de manière plus précise révélant des significations inconnues et des connexions auparavant incomprises. En intégrant des connaissances scientifiques modernes, les versets coraniques peuvent être revisités et approfondis, révélant des dimensions du texte qui n'étaient pas accessibles aux générations précédentes.

. *Critique des exégèses traditionnelles.* La qualité des exégèses traditionnelles du Coran laisse à désirée : elles sont composées de mythes, légendes, contes et écrits anti-scientifiques. Ces interprétations auraient été influencées par des croyances populaires et des traditions culturelles, plutôt que par des analyses rigoureuses. Les exégèses traditionnelles sont décrites comme étant rocambolesques, mêlant des éléments fantastiques et peu crédibles, ce qui dénature la compréhension rationnelle et scientifique des versets coraniques.

. *Origine des exégèses primitives.* Les exégètes des IIe et IIIe siècles de l'Hégire [VIIIe-IXe siècles] ont élaboré leurs travaux à partir de sources orales et de traditions primitives.

À cette époque, les connaissances étaient principalement transmises oralement, rendant la tâche d'interprétation complexe et parfois inextricable, ajoutant des couches de confusion et d'ambiguïté.

Les sources et les matériaux utilisés pour construire les premières exégèses étaient souvent primitifs, composés de récits oraux et de traditions culturelles, influencés par les croyances et les connaissances très limitées de l'époque.

. *Influence des prêcheurs et conteurs.* Des éléments supplémentaires, souvent confus, ont été introduits par les *prêcheurs* [*wouaz*, sg. *waiz*] et les *conteurs* [*qouçaç*, sg. *qaçaç*]. Ces figures jouaient un rôle crucial dans la transmission orale des connaissances, mais leurs récits étaient embellis ou déformés au fil du temps.

Ces ajouts ont amplifié la complexité et la confusion débouchant sur des *surinterprétations*[2]. L'ajout de ces éléments extérieurs a rendu les exégèses encore plus complexes et confuses, s'éloignant des intentions originales des versets coraniques.

. *Rôle des Traditionnistes.* Les Traditionnistes avaient pour mission de regrouper sous forme de compilation les informations nécessaires pour créer des recueils de Tradition. Les travaux des Traditionnistes incluaient également la

---

[2] *Surinterprétations.* Interprétations excessives ou exagérées. Cela se produit lorsque quelqu'un attribue plus de signification à un texte, une parole, ou un événement qu'il n'en a réellement. En d'autres termes, c'est aller au-delà de ce qui est raisonnable ou justifiable dans l'interprétation d'un contenu.

création de chroniques primitives, documentant les fondements de la jurisprudence islamique et les enseignements des fondateurs de l'Ordre des Traditionnistes.

e - Exégèses traditionnelles et honnêteté intellectuelle

L'honnêteté intellectuelle inclut la capacité d'admettre ses limites. Les exégètes qui ne saisissent pas certains versets auraient dû admettre honnêtement leur manque de compréhension lorsqu'ils rencontraient des versets difficiles et de reconnaître cette limite plutôt que de risquer des interprétations erronées. Cette reconnaissance aurait été une preuve de leur intégrité intellectuelle, et aurait permis de traiter ces versets avec la prudence et la réflexion nécessaire. Cette humilité est essentielle pour étudier les textes divins avec le respect et la réflexion nécessaires.

Admettre son ignorance face à des versets complexes serait une attitude sage et respectueuse envers la profondeur et la complexité des textes coraniques. Être honnête quant à son niveau de compréhension est une forme de respect envers le Coran et les humains. Cela évite de propager des idées fausses basées sur des suppositions, des interprétations contestables ou erronées.

Lorsque des exégètes interprètent des versets qu'ils ne comprennent pas, ils propagent des erreurs intellectuellement catastrophiques. Ces interprétations incorrectes ont été acceptées par de nombreuses générations comme étant des vérités, menant à une compréhension déformée des enseignements coraniques. Celles-ci se transmettent de génération en génération, ancrant des malentendus profonds dans les sociétés humaines. Les interprétations erronées, surtout si elles sont institutionnalisées [enseignement] ont des conséquences profondes et durables, créant des incompréhensions et des pratiques basées sur des fondements incorrects. Les gens ont été conduits sur des chemins de pensée basés sur des interprétations mal fondées. Ces dernières les ont détournés des véritables enseignements et intentions du Coran.

Les interprétations fournies par les exégètes qui ne comprenaient pas certaines sourates et versets sont devenues aberrantes et parfois même illogiques par rapport aux véritables enseignements du Coran. Les interprétations fausses ou exagérées dénaturent le Message original. Cela conduit à des croyances et des pratiques qui ne sont pas alignées avec l'intention divine, créant des conceptions erronées de certains thèmes coraniques.

Les Jinn, par exemple, des créatures mentionnées dans le Coran, ont souvent été sujets à des interprétations exagérées et fantastiques créant des concepts éloignés de la Révélation. Ces surinterprétations ont transformé des concepts tangibles en mythes populaires, créant des malentendus sur la nature et le rôle des Jinn dans le cadre coranique.

Cette observation est une critique envers les exégètes traditionnels pour leur manque d'honnêteté intellectuelle en ne reconnaissant pas leur ignorance face à des versets complexes du Coran. En interprétant ces versets sans compréhension complète, ils ont produit des explications erronées qui ont égaré de nombreuses générations, conduisant à des incompréhensions aberrantes et illogiques sur certains thèmes, notamment les Jinn. Cela souligne l'importance de l'humilité, de l'honnêteté et de la prudence dans l'étude des textes coraniques pour éviter la propagation d'erreurs et préserver la pureté du Message divin.

10 - Quelques Tafsiristes

Parmi les Tafsiristes [spécialistes ou professionnels du Tafsir] de la période du VIIIe siècle, citons M.S. Ibn Bashir al-Azdi [m. 767], A.M. Ibn Abi Shayba [775-859] et W. Ibn al-Jarrah [m. 812]. Lorsque M. Jarir At-Tabari [839-923] écrit son obscure et fantaisiste interprétation du Coran, il considère chaque verset du Coran et propose, sans aucune explication, ni aucune réserve, l'opinion de certains auteurs anciens et contemporains sur plusieurs aspects tels que la vocalisation, la grammaire, la lexicographie, l'avis éthique et moral, ou encore le rapport entre le texte et la vie ordinaire du Raçoul.

Le procédé présenté par At-Tabari sera adopté les siècles suivants par tous les « *Exégètes* » [*Tafsiristes*]. Cependant, le matériel sera plus réduit, en particulier pour les explications philologiques et théologiques. Nombre de versets se limitent à un ou deux commentaires succincts. Puis certains exégètes vont se spécialiser dans un domaine particulier comme celui du vocabulaire du Coran.

Si les interventions personnelles du *Tafsiriste* sont rares car ils doivent suivre la ligne de l'*Ordre des Traditionnistes*, cela ne signifie pas que son exégèse ne soit totalement neutre. En effet, en faisant un choix de méthode, le *Tafsiriste* donne ainsi une orientation personnelle à ses écrits, une direction à ses opinions. Citons quelques exemples de Tafsir et de méthodes illustrant ce fait.

Le « *Tafsir* » du Traditionniste malikite andalou Al-Qourtoubi [m. 1273], qui contient à la fois les indications ordinaires sur les variantes, la grammaire et les traditions commentées des anciens, et également les doctrines des diverses autres écoles. Rien de nouveau suscitant un quelconque intérêt intellectuel !

Celui du Traditionnaliste Al-Khazin [m. 1340] qui, ne se préoccupant aucunement de ses sources, rapporte pêle-mêle et copieusement mythes et textes irrationnels.

Le Tafsir des érudits traditionnalistes Ibn-Katir [m. 1373] et d'As-Souyouti [m. 1505] pour leur manque de créativité. Leurs interprétations ne proposent pas de nouvelles perspectives, mais se contentent de suivre une vision unifiée de la Tradition. Ces recueils de traditions mettent l'accent sur la Tradition [Hadiths et pratiques des prédécesseurs], au détriment du contenu original du Coran. Cela diminue l'importance des enseignements coraniques eux-mêmes en les subordonnant aux interprétations traditionnelles.

Malgré leur manque de créativité, les Tafsir d'Ibn-Kathir et d'As-Suyuti demeurent des références cruciales pour une grande partie des musulmans sunnites. Cela est en partie dû à leur alignement avec la Tradition et à leur acceptation généralisée au sein de la communauté.

Les musulmans sunnites suivent aveuglément ces interprétations, sans remettre en question leur contenu ou leur pertinence. Cela peut être lié à une éducation dogmatique qui valorise la fidélité à la Tradition.

L'exégèse traditionnelle, en juxtaposant de nombreux Hadiths avec les versets du Coran, rend ce dernier plus confus. Les Hadiths, compliquent grandement la compréhension directe des versets coraniques. Cette approche peut également subordonner le Coran aux Hadiths, faisant passer les versets coraniques en second plan par rapport aux interprétations et aux traditions.

a - Procédé tafsiriste

L'exégèse traditionnelle utilise souvent l'extrapolation des versets pour tirer des significations supplémentaires. Ainsi, elle essaie d'expliquer et d'élargir le sens des versets en ajoutant des interprétations basées sur des traditions et des contextes non présents dans le texte original. Cette méthode complique la compréhension du texte coranique en introduisant des éléments qui ne sont pas explicitement mentionnés dans le Coran. Cela rend le message original du texte plus confus et difficile à suivre.

En introduisant des interprétations supplémentaires, les traductions du Coran peuvent devenir difficiles à comprendre voire contradictoires. Les versets deviennent plus confus et moins accessibles. L'ajout d'interprétations externes génère des contradictions apparentes entre différents versets ou entre les versets et les interprétations elles-mêmes. Cela mène à une lecture incohérente du texte.

Le Coran est un texte clair et compréhensible par lui-même. Ses enseignements sont faits de telle manière qu'ils sont suffisamment explicites pour guider les Humains sans nécessiter des explications complexes ou des interpolations.

Il est essentiel d'adopter une approche directe de la lecture du Coran, en se concentrant sur le texte lui-même et en évitant de dépendre des Hadiths ou des extrapolations. Cela permet de saisir le message principal de manière plus pure et fidèle.

Dans ce contexte le *scripturalisme* est une approche qui met l'accent sur le texte sacré lui-même, en insistant sur une lecture littérale et directe, sans recourir à des interprétations extérieures ou des traditions supplémentaires comme les Hadiths. Cette méthode valorise le texte original et cherche à comprendre son message de manière claire et immédiate. Elle peut être vue comme une manière de revenir aux sources et de se concentrer sur le contenu pur du texte sacré.

Ce procédé est désapprouvé par les rationalistes *mouhtazilites* et déconsidéré par divers auteurs comme F.D. Ar-Razi [m. 1209]. Chaque génération cuisine sa propre « *exégèse* ». Ainsi, les mystiques fabriquèrent leur système exégétique exclusif basé sur une explication symbolique et occulte des versets. Les sectes hérétiques et les *Qarmates* avouèrent l'ésotérisme, alors que les *Chiites* prospectaient dans le texte du Coran afin de trouver un support à leurs thèses relatives aux attributions et aux droits de Ali et de sa descendance à la succession du Raçoul.

Le procédé littéraire se concentre principalement sur l'interprétation des textes religieux, en examinant la structure, le langage, et les significations des mots et des phrases. Elle s'intéresse à la façon dont les textes sont écrits et à leur contenu narratif et poétique. Cette méthode prend souvent en compte le contexte historique, culturel et des croyances dans lequel les textes ont été écrits. Elle utilise des traditions interprétatives [Hadiths, Tafsir] pour éclairer les significations des textes.

b - Tafsirs témoins d'une époque

L'approche rigoureux ou *scientifique*, dirons-nous, s'attend à une analyse des textes basée sur des faits tangibles et des méthodes rigoureuses. Elle cherche à comprendre les textes à travers des disciplines telles que la linguistique, les sciences [histoire, archéologie, etc.]. Cette méthodologie vérifie les indications et les hypothèses, en s'appuyant sur des recherches empiriques et des preuves concrètes.

Un Tafsiriste se décrit comme un simple littéraire, spécialisé dans l'interprétation des textes religieux [Tafsir]. Il s'appuie essentiellement sur ses compétences en grammaire, en lexicographie, sur le contexte culturel et historique et sur la compilation de traditions pour expliquer le sens des versets coraniques. Le Tafsiriste compile et utilise les Hadiths et autres traditions religieuses pour éclairer le texte coranique. L'objectif est de comprendre les nuances et les significations des mots et des phrases. Son travail est principalement littéraire et s'appuie sur la transmission des connaissances traditionnelles.

Contrairement à une approche scientifique, les interprétations littéraires ne s'appuient pas sur des preuves empiriques ou des méthodes rigoureuses. Elles sont basées sur la tradition, les connaissances linguistiques et les croyances culturelles.

L'approche critique offre une perspective complémentaire en fournissant une analyse objective et rigoureuse des textes. Elle permet de vérifier les interprétations littéraires à travers des méthodes empiriques et des recherches approfondies. En intégrant des faits et des preuves scientifiques, cette approche peut enrichir la compréhension des textes coraniques en les plaçant dans un contexte plus large et en explorant des aspects moins visibles à travers un simple discernement littéraire.

Le caractère personnel et subjectif du Tafsiriste est un trait distinctif de son travail : sa *marque de fabrique*. Les interprétations sont souvent influencées par les sentiments, les croyances et les expériences personnelles de l'exégète.

Le travail du Tafsiriste peut être affectif, c'est-à-dire empreint d'émotions et de perspectives personnelles. Cela peut inclure des éléments imaginaires ou mythiques qui ajoutent une dimension personnelle à l'interprétation. En raison de cette subjectivité, les interprétations peuvent varier d'un exégète à l'autre, reflétant leurs propres visions du monde et leurs convictions.

Une approche scientifique de la compréhension des textes se base sur des preuves empiriques, des méthodes rigoureuses et une analyse objective. Elle cherche à vérifier les hypothèses à travers des recherches et des données factuelles. L'objectif est de minimiser la subjectivité et de fournir des compréhensions basées sur des faits vérifiables et des preuves concrètes.

L'approche littéraire est plus subjective, influencée par les sentiments, les croyances et les contextes culturels de l'exégète. Elle met l'accent sur l'analyse du langage et du contexte historique et culturel. Cette approche valable pour une œuvre littéraire [conte, roman, poésie, etc.] peut offrir une interprétation riche et complexe du contenu des textes, mais dans une Révélation divine, elle introduit des éléments personnels et culturels qui dénaturent et compliquent la compréhension objective du message original.

Les écrits du Tafsir, sont relatifs à leur époque. Ils reflètent le niveau de connaissance et la compréhension des auteurs à ce moment-là, influencés par leur milieu social et historique. Le savoir humain évolue constamment. Ce qui était considéré comme une vérité ou une interprétation correcte à une époque peut être remis en question ou dépassé par les découvertes et les compréhensions ultérieures.

Les Tafsirs datant du Xe au XIVe siècle sont le témoignage d'une époque et d'une société où règnent la culture tafsiriste. Il faut s'attendre à ceux que celle-ci renferme des aberrations. Cela est dû au fait que les connaissances scientifiques et les compréhensions théologiques de l'époque étaient très limitées par rapport aux connaissances actuelles. Ces Tafsirs contiennent des erreurs ou des compréhensions qui semblent aberrantes aujourd'hui.

c - Tafsirs anciens et connaissances modernes

Les interprétations anciennes reflètent le savoir et la compréhension de leur époque. Étant donné que ces exégèses datent de plusieurs siècles, elles ne tiennent pas compte des découvertes et des avancées scientifiques et intellectuelles modernes. L'écart entre les connaissances anciennes et modernes devient de plus en plus apparent avec les progrès réalisés dans divers domaines [sciences naturelles, linguistique, archéologie, etc.]. Les interprétations qui étaient considérées comme pertinentes à l'époque sont à présent dépassées ou fausses.

Les institutions religieuses et les érudits continuent d'honorer, d'enseigner et de diffuser ces Tafsir sans les remettre en question. Cette attitude reflète un respect profond pour les Traditions, mais empêche aussi l'acceptation de nouvelles idées et découvertes.

En n'examinant pas ces interprétations avec un regard critique et en les présentant comme complémentaires et infaillibles à la Révélation coranique, on perpétue des conceptions qui sont en décalage total avec la réalité contemporaine.

En traitant les Tafsir anciens comme s'ils étaient complémentaires et aussi essentiels que le texte coranique lui-même, les érudits brouillent la clarté et la simplicité originelles du Message coranique. Cela entraîne une dépendance excessive aux interprétations traditionnelles au détriment d'une compréhension directe et actualisée du Coran.

Il est crucial de reconnaître que les connaissances humaines évoluent et que les interprétations religieuses doivent également évoluer pour rester pertinentes et éclairantes pour les croyants contemporains.

La considération à la limite ce la vénération non critique des interprétations anciennes ou Tafsir par les instances religieuses et les érudits est effrayante à l'aube du XXIe siècle. En ne remettant pas en question ces exégèses dépassées, on maintient des compréhensions obsolètes et surtout fausses qui ne tiennent pas compte des découvertes modernes. Cette attitude obscurcit la clarté du Message coranique et limite la capacité des Humains à intégrer de nouvelles connaissances dans leur compréhension du divin. Une approche plus critique et actualisée est nécessaire pour harmoniser la conviction avec les réalités contemporaines.

d - Fausses impressions sur la Révélation divine

Dans le contexte actuel, la Révélation divine semble contenir des inexactitudes par rapport aux connaissances scientifiques modernes. Les interprétations anciennes des textes du Coran ou Tafsir sont en décalage avec les connaissances scientifiques contemporaines et semblent créer une impression d'inexactitude dans la Révélation divine elle-même.

En comparant les interprétations traditionnelles aux faits scientifiques actuels, certains peuvent penser que la Révélation divine est en décalage, donnant l'impression que Dieu ne comprendrait pas Sa propre Création. Le conflit apparent entre certaines descriptions ou allusions contenues dans les textes coraniques [interprétés par les Tafsir et les Hadiths] et les découvertes scientifiques modernes laissent supposer que ces textes sont dénués de précision ou de connaissance.

Les Tafsir et les Hadiths sont des œuvres humaines qui paraissent interpréter et expliquer le Coran. Ces interprétations reflètent les connaissances et les contextes socio-culturels des érudits du Moyen-Age qui les ont écrits.

Les connaissances évoluant, les interprétations anciennes sont dépassées ou incorrectes avec l'avancement des sciences, des connaissances et des découvertes modernes. Les interprétations produites à une certaine époque étaient basées sur le savoir et les croyances de cette époque. Cela peut donner l'impression que les textes coraniques eux-mêmes sont imprécis, alors qu'il s'agit en réalité des limites des interprétations humaines.

Dieu est omniscient et infaillible est un fait fondamental impliquant par-là que la Révélation divine est parfaite et sans erreur. Toutefois, l'impression d'ignorance peut survenir lorsque les interprétations humaines [effectuées par les tafsiristes et les *érudits* musulmans] de cette Révélation semblent incohérentes avec les faits scientifiques connus aujourd'hui.

La juxtaposition d'interprétations humaines très limitées et imparfaites avec des découvertes modernes peut créer un sentiment de doute quant à la véracité ou à la compréhension de la Révélation divine ce qui peut injustement être perçu comme une ignorance de Dieu. Cela souligne la nécessité d'une réévaluation critique et actualisée des interprétations traditionnelles. Pour aligner les compréhensions coraniques avec les connaissances actuelles, il est crucial de réévaluer les interprétations anciennes de manière critique.

En intégrant les découvertes scientifiques dans la compréhension des textes coraniques, il est possible de réconcilier la conviction et la science. Cette approche permet de maintenir la pertinence et la clarté des enseignements divins tout en respectant les avancées scientifiques.

Une approche directe et réfléchie du Coran, en s'émancipant des interprétations humaines, permet de comprendre le Message divin de manière plus pure et claire. Cela évite les extrapolations et les complexités inutiles qui obscurcissent le Message originel.

Le Coran est incontestablement révélé comme étant clair et compréhensible par lui-même. En se concentrant sur ses enseignements explicites, on peut éviter les malentendus et les interprétations erronées qui ont pu s'accumuler au fil des siècles.

En résumé, l'écart perçu entre la Révélation divine et les connaissances scientifiques modernes peut faire croire que Dieu ne comprend pas Sa propre création. Cela est due essentiellement aux limitations des interprétations humaines contenues dans les Tafsir et les Hadiths. Pour éviter ces impressions erronées, il est crucial de distinguer entre la perfection assurément de la Révélation divine et l'imperfection des interprétations humaines.

Pour maintenir la pertinence et la clarté des enseignements divins, une réévaluation critique et actualisée des interprétations traditionnelles est nécessaire à la lumière des connaissances modernes, ainsi qu'un retour à la clarté du Message coranique, sont primordiaux pour harmoniser la conviction divine et la science et maintenir la pertinence des enseignements coraniques. Il ne s'agit pas seulement d'une déconnection dans les domaines scientifiques qui sont affectés, mais aussi à ceux relatifs au dogme, aux pratiques cultuelles et à l'eschatologie. Les interprétations traditionnelles dans ces domaines sont dépassées ou incorrectes à la lumière des connaissances actuelles.

Les croyances concernant la fin des temps [eschatologie], les rituels religieux, et les principes dogmatiques peuvent tous être influencés par les interprétations anciennes qui ne tiennent pas compte des évolutions sociologiques et scientifiques récentes. L'importance est de réévaluer les interprétations anciennes à la lumière des connaissances et des compréhensions modernes pour éviter les erreurs et les malentendus.

Le Coran, en tant que Révélation divine, offre un message simple et logique. Il encourage les individus à utiliser leur raison pour comprendre et appliquer ses enseignements, favorisant ainsi le progrès et l'amélioration de la civilisation humaine. L'accent est mis sur l'importance de la liberté individuelle dans l'acceptation ou le refus de l'application des enseignements coraniques. Chaque individu est encouragé à réfléchir de manière autonome et à utiliser son raisonnement personnel pour appréhender le Message divin.

Les Traditionnistes ont transformé le message originel du Coran en une religion ritualiste et complexe. Ils ont élaboré une série de rituels et de pratiques qui, selon l'état actuel des choses, sont extravagantes et éloignées de la simplicité initiale du Message divin. L'individu est désormais perçu comme se soumettant au contenu de la Tradition [Hadiths], plutôt qu'au Message direct du Coran. Les Hadiths, qui reflètent la culture tribale et patriarcale des Arabes, prennent une place prépondérante dans la pratique religieuse que l'on nomme *Islam*.

Les Hadiths, un type de *Talmud*, sont enracinés dans la culture tribale et patriarcale des Arabes de l'époque. Cette culture a influencé la manière dont les enseignements religieux ont été interprétés et appliqués. Cette culture a été codifiée et transformée en dogmes religieux, imposant des pratiques et des croyances spécifiques aux musulmans. Ce processus a été accentué par les extrapolations de certains versets coraniques, ajoutant des interprétations complexes et éloignées du texte original. Cette observation concise constate la transformation du Message simple et logique du Coran, une Voie divine à suivre librement en une religion ritualiste et complexe, le chemin des Traditionnistes. En se focalisant sur la Tradition [Tafsir, Hadiths] et en extrapolant certains versets coraniques, ils ont imposé une culture tribalo-patriarcale et dogmatique qui éloigne les individus de la liberté de raisonnement et de la clarté initiale du Message divin. Cette transformation a conduit à une pratique religieuse perçue comme extravagante et complexe, subordonnant le Message originel du Coran à la Tradition.

II - Jinn - Conceptions erronées et vérités coraniques

A - *Jinn, Génie, mythe, réalité ?*

1 - *Pas de mythologie dans le Coran*

Les spécialistes des religions considèrent souvent les Jinn[50] comme des esprits ou des démons, des créatures inférieures aux anges. Cette vision est influencée par les traditions orales et les mythes qui entourent les Jinn dans diverses cultures. Cette conception s'appuie sur des récits populaires, des légendes et des fables, souvent transmis oralement, qui incluent des éléments fantastiques ou surnaturels.

Le folklore est riche en récits sur les Jinn, empreints de détails fantastiques et mythologiques. Ces récits incluent des histoires de possession, de magie, d'interactions avec des Humains et de pouvoirs surnaturels attribués aux Jinn. Ces récits transmis par tradition orale peuvent varier considérablement selon les cultures et les époques.

Les récits folkloriques sur les Jinn contiennent des éléments surnaturels et fantastiques, qui peuvent inclure des légendes. Ces récits sont souvent embellis pour divertir ou transmettre des leçons morales à travers des histoires captivantes. Une chose est sûre, ces récits ne doivent pas être confondus avec les enseignements coraniques.

---

[50] *Jinn* est un mot invariable en genre et en nombre. Ce terme englobe aussi la notion de collectif, que l'on pourrait traduire par *le genre jinnien* à l'instar du *genre humain* [*al-ins*].

Le Coran est une source de vérités divines, distincte des récits folkloriques ou mythologiques. Les Jinn, bien que souvent interprétés à travers le prisme du folklore et des légendes, sont présentés dans le Coran de manière authentique et théologiquement significative sans ajout d'éléments fantastiques ou non vérifiables.

Cette distinction est cruciale pour préserver l'objectivité et l'authenticité des enseignements coraniques, en évitant les amalgames avec des traditions orales et des récits populaires.

Contrairement aux récits folkloriques, la Révélation coranique présente les Jinn dans un cadre cognitif strict. Elle aborde la thématique des Jinn de manière structurée et claire, en fournissant des informations spécifiques sur leur nature, leur rôle et leur relation avec Dieu. Les Jinn, en tant que créations de Dieu, sont soumis à Ses lois et à Son jugement et bien qu'imperceptibles et mystérieux, ils sont intégrés dans l'Ordre divin de la Création.

De nombreuses traditions religieuses ou culturelles utilisent des mythes et des légendes pour expliquer des phénomènes naturels ou des événements historiques. Ces récits incluent des éléments fantastiques ou surnaturels, généralement sans base réelle.

Les récits historiques et les figures de style métaphorique dans le Coran ne sont pas là pour être pris comme des fables ou des mythes. Ils sont utilisés pour illustrer des leçons morales et spirituelles qui ont une signification profonde et une base réelle. Cela signifie qu'ils sont ancrés dans une réalité et non dans des croyances superstitieuses.

Avant la révélation du Coran, les sociétés arabes, à l'instar de toutes les autres sociétés humaines, avaient de nombreuses superstitions et croyances infondées, véhiculées par la tradition orale. Le Coran rejette ces superstitions et encourage plutôt la réflexion, la raison et la recherche de la vérité. Cela signifie que les Humains sont incités à utiliser leur intellect pour comprendre les enseignements divins révélant l'Univers qui les entoure.

Le Coran est exempt de récits folkloriques ou mythologiques, signifiant par là qu'il ne contient pas d'histoires fantastiques ou sans fondement réel. Au contraire, les enseignements du Coran sont là pour inculquer des leçons essentielles, profondes et significatives, ancrées dans une réalité intellectuelle. Ils sont destinés à être compris, réfléchis et adaptés de manière rationnelle et raisonnée par les Humains.

Le folklore arabo-persan est riche en histoires et légendes sur les Jinn, souvent transmises oralement à travers les générations. Ces récits sont remplis d'éléments fantastiques et imaginaires. Ils ont évolué avec le temps, incorporant divers éléments culturels et mythologiques, et sont souvent utilisés pour expliquer des phénomènes inexplicables ou pour divertir. Le folklore s'inspire des informations sur les Jinn tirées essentiellement de la tradition, y compris des hadiths et des interprétations culturelles. Les récits folkloriques mélangent souvent des éléments traditionnels avec des ajouts imaginaires, créant un riche tissu de contes qui ne sont pas basés sur les textes coraniques.

Le Coran fournit une description des Jinn qui est centrée sur leur nature en tant qu'êtres créées par Dieu, possédant le libre arbitre et étant soumises au jugement divin. Selon la Révélation coranique, les récits sur les Jinn sont ancrés dans une vérité divine, contrairement aux récits folkloriques qui sont souvent des fabrications imaginaires.

Les Jinn, dans la Révélation coranique, sont des créatures imperceptibles créées par Dieu à partir d'un « *feu sans fumée* ». Dotés d'un *Nafs*, ils possèdent des caractéristiques humaines telles que le libre arbitre, la conscience, la religiosité, les émotions, etc., mais ils vivent dans un des *Univers rhaiybiens* [de *Rhaiyb*] ou *imperceptibles*.

Le folklore arabo-persan a enrichi ces récits avec des histoires et des légendes qui sont basées sur des traditions orales et des imaginaires populaires. Dans cet imaginaire populaire et traditionniste, les Jinn, constitués d'air ou de feu, se transforment en homme ou en animal et sont bons ou méchants. Les Jinn vivent dans l'air, les flammes, sous la terre et dans des objets inanimés comme les rochers et les arbres. Ils ressemblent par certains côtés, aux humains, ayant les mêmes exigences corporelles, -ils se nourrissent, se reproduisent et meurent, bien que vivant plus longtemps.

E. Royston Pike[3], dans son ouvrage, mentionne les Jinn. Il les analyse comme étant, dans la mythologie musulmane, des êtres surnaturels, qui auraient la faculté de se faire voir sous des formes animales [serpents, chiens, chats, etc.] ou

---

[3] E. ROYSTON PIKE, « Dictionnaire des Religions », Edit. PUF, Paris, 1954.

sous une forme humaine. Les uns sont favorables et ils sont alors d'une grande beauté, les autres mauvais et ils sont d'une laideur effrayante. Ils ont des corps éthérés, mangent et boivent, ont des relations sexuelles et peuvent engendrer. Ils peuvent même s'accoupler avec des femmes humaines et les enfants qui en résultent ont un caractère double.

Les Jinn sont des esprits taquins châtiant les hommes qui leur font du mal, même involontairement. De ce fait, les accidents et les maladies leur sont imputés. Les plus puissants Jinn maléfiques sont les *Marids*, les *Ifrit* n'étant pas aussi diaboliques. Néanmoins, en les connaissant bien, les hommes peuvent les contrôler à leur avantage. Populaires dans ce folklore arabo-persan, les Jinn sont plus connus en Occident sous le nom de *génies*, comme par exemple dans les Contes des *Mille et Une Nuits* [*Aladin et le Génie de la lampe merveilleuse*].

2 - Le génie des Romains

Dans la mythologie romaine, le *génie* désigne l'esprit qui réside en l'homme et auquel l'individu doit sa virilité, son pouvoir génésique exercé dans le lit nuptial. Le génie est le protecteur ou le gardien. Chaque individu, chaque famille et chaque cité a son propre génie auquel est consacré un culte particulier parmi les dieux du foyer.

On pensait alors, qu'il procurait succès et puissance intellectuelle à ceux qui l'honoraient. C'est pourquoi ce terme en est venu à définir une personne aux capacités intellectuelles inhabituelles. En art, le génie d'une personne est généralement symbolisé par un jeune homme ailé, alors que celui d'un lieu, l'est par un serpent. Les Jinn, qui sont des êtres rhaiybiens décrits dans le Coran, n'ont pas d'équivalent dans la pensée, la littérature et la théologie judéo-chrétiennes. Bien que les traditions judéo-chrétiennes parlent d'esprits, de démons et d'autres créatures surnaturelles, ces entités diffèrent des Jinn révélés par le Coran. Il arrive qu'on compare les Jinn à des esprits ou des démons dans d'autres traditions religieuses, mais cette comparaison est inexacte. Les Jinn ont une nature, une origine et des caractéristiques distinctes dans le cadre de la Révélation coranique, différentes des entités surnaturelles trouvées dans les traditions judéo-chrétiennes ou dans d'autres croyances.

Pour beaucoup d'Occidentaux, le Coran et ses enseignements ne font pas partie intégrante de leur culture. Ces textes sont généralement perçus comme des objets de curiosité intellectuelle plutôt que comme des guides spirituels ou religieux. En raison de cette distance culturelle, les Occidentaux peuvent avoir des difficultés à saisir le sens profond et les nuances des enseignements coraniques.

De même les adeptes de l'Islam [musulmans] usurpent la Révélation coranique et prétendent comprendre et mettre en valeur les enseignements coraniques, mais leur compréhension est considérée comme superficielle ou erronée. Ces personnes revendiquent une autorité sur l'interprétation du Coran sans en saisir la signification réelle, ce qui peut conduire à des déformations et à des aberrations des enseignements originaux.

B - Fonction des Jinn

Par l'entremise de la Révélation coranique, Dieu décide de lever quelques voiles sur certains mystères de Sa Création comme ceux des Univers qu'ils soient perceptibles ou imperceptibles [*Univers rhaiybiens*], et notamment sur la création du *Jinn,* cette créature tangible et intelligente. Il donne un peu plus d'éléments que pour le Malak, une autre entité rhaiybienne. Avant la révélation du Coran, il n'y avait pas de connaissances structurées ou de données précises sur les Jinn. Les récits sur leur présence, leurs relations avec les humains et leur impact étaient absents ou fausses.

Si des réflexions approfondies avaient été menées avant la Révélation coranique, elles auraient pu permettre une meilleure compréhension de l'existence des Jinn et de leur intégration dans le cadre intellectuel, philosophique et scientifique. L'absence de telles réflexions a conduit à une perception erronée et linéaire des Jinn, principalement influencée par des récits folkloriques souvent basés sur l'ignorance et colportés par la Tradition. La conception linéaire du folklore sur les Jinn démontre que les histoires et les légendes à leur sujet étaient simples et souvent basées sur des superstitions et des croyances infondées. Cette perception est considérée comme le résultat d'une ignorance générale de la véritable nature des Jinn.

La Révélation coranique introduit des informations précises et détaillées sur les Jinn, créant une rupture avec les conceptions précédentes. Le Coran fournit un cadre intellectuel clair, permettant de changer la perception humaine des Jinn. Les informations coraniques remettent en question et corrigent les idées fausses véhiculées par le folklore, offrant une compréhension plus profonde et nuancée des Jinn.

Le Coran, en tant que texte révélé et source de savoir divin, contribue significativement à la compréhension des Jinn. Il fournit des enseignements *spirituels*[4] et intellectuels qui aident les Humains à appréhender ces entités de manière plus éclairée et rationnelle. Le Coran devient ainsi une source importante de savoir qui enrichit la compréhension humaine de ces créatures.

Le règne de *Soulayman* fut marqué par la présence et l'activité des Jinn ; et pourtant aucun écrit ni chronique sérieuse n'y font allusion. Apparemment, Soulayman a régné en vase clos, c'est-à-dire sans contact avec l'extérieur. En effet, l'absence d'informations sur ces êtres qui pourtant ont joué un rôle déterminant dans son royaume [programme architectural, industrie, technologie, etc.] démontre un élément important : rien n'a filtré ; et personne ne pouvait se faire une idée de ce qui se passait dans le territoire de Soulayman. Il faut aussi souligner l'importance de cette absence de documentations à propos des Jinn, car il faut attendre l'avènement du Coran pour que l'on puisse se faire une idée authentique de ces entités. En effet, l'importance qu'accorde le Coran aux Jinn démontre leur puissance, leurs

---

[4] Enseignements qui visent à enrichir et à élever l'esprit humain, à fournir des directives morales et éthiques, à établir une connexion avec le divin, et à apporter paix et compréhension dans la vie de l'individu.

actions qui permettent de s'interroger sur leurs rôles et leurs impacts sur l'Homme. Le Coran révèle que les Jinn possèdent des caractéristiques uniques qui les distinguent des humains. Ils sont imperceptibles, possèdent une puissance prodigieuse et ont la capacité de se déplacer très rapidement ; occasionnellement de prendre forme humaine. A l'instar des humains, il y a des Jinn qui sont considérés comme bienveillants, tandis que d'autres peuvent être malveillants ou *Shayatin* [sing. *Shaytan* : « *Celui qui sème le Désordre* »]

L'analyse des textes coraniques révèle que certains Jinn ont des intentions caractérisées de malveillance et cherchent à semer le Désordre comme *Iblis* et ses acolytes. Leur nature leur confère une position de force dans cette « *compétition* » pour créer le chaos, car ils possèdent des capacités qui leur donnent un avantage certain sur les humains. En collaborant avec certains d'entre eux, ces Jinn shayatin peuvent amplifier le Désordre [chaos, trouble, égarement, etc.] sur Terre.

« Je Dieu n'ai créé les Jinn et les Humains que pour qu'ils M'adorent » (Coran, 51-56)

Le verset indique clairement que la raison d'être des Jinn et des Humains est d'adorer Dieu. Toutes leurs actions et intentions devraient être orientées vers la reconnaissance de la souveraineté divine. Cela renforce l'idée que la vie sur terre est une épreuve et une préparation pour l'au-delà. L'adoration de Dieu est donc le moyen par lequel les créatures établissent et renforcent cette relation essentielle et peuvent atteindre l'agrément divin.

L'adoration ne se limite pas aux actes ritualistes tels que les prières [*Çalat*] et le jeûne [*Cyam*]. Elle inclut également des aspects plus larges de la vie quotidienne, comme le travail, les relations sociales, et même les activités ordinaires, à condition qu'elles soient faites avec l'intention d'être en conformité avec l'Ordre divin.

Le verset souligne la profondeur de la relation entre les créatures et leur Créateur. En adorant Dieu, les Jinn et les Humains renforcent ce lien spirituel essentiel. Cette relation donne un sens à leur vie. Ils trouvent une direction, une paix intérieure et la résilience face aux épreuves de la vie.

Une société où les membres vivent selon les principes divins d'adoration est plus susceptible de connaître la justice, la paix et l'harmonie. L'adoration inclut également le service à l'humanité, aidant les autres et contribuant positivement à la société. Au final, ce verset rappelle aux croyants que leur existence a un objectif divin et que l'adoration de Dieu est au cœur de ce but.

Dine[5] exprime la Voie à suivre pour atteindre les préceptes divins et sur la relation à un Être Suprême. Le terme désigne des enseignements pour le le Jinn et l'Homme. La relation entre ces deux créatures et la divinité demande

---

[5] Le terme *Dine* est souvent traduit par *religion*. Mais en réalité, le concept qu'il renferme ne désigne en aucun cas une *religion* comme le Judaïsme, le Christianisme et la dernière arrivée l'Islam. En réalité, il s'agit d'une *Voie* à suivre, d'une *Voie* ou *Direction à suivre*, un *Passage à emprunter* selon des préceptes divins, qui englobe un *Mode de vie sociale* : comportement, relations sociales au quotidien, ou encore mode de pensée, approche esthétique ou scientifique.

confiance, respect et espoir avec cette dernière. En effet la Révélation joue un rôle prépondérant, car elle mise sur la participation cognitive de à la communauté humaine ou *jinnienne*. La relation est complexe entre Jinn et Humains. Tous deux ont été créés dans le même but, à savoir : l'adoration divine. Cela signifie que, malgré leurs différences, ils partagent une mission spirituelle commune.

Les Univers des Jinn et des Humains sont distincts. Cette distinction implique normalement qu'il n'y aurait pas de contact entre eux. Cependant, il est mentionné que ce n'est pas toujours le cas. Parfois, certains humains cherchent à entrer en contact avec les Jinn, souvent à travers des pratiques occultes [*Sihr*]. D'autres fois, ils subissent l'influence des Jinn sans le vouloir.

Les Jinn et les Humains existent sur des plans de réalité différents au sein de la Création. Malgré leurs différences, les Jinn et les Humains peuvent interagir de diverses manières. Les premiers ont la capacité d'influencer les seconds de manière discrète, sans que ces derniers s'en rendent compte. Cette influence est souvent perçue comme une forme de tentation, où les Jinn incitent les Humains à agir contre leurs propres intérêts ou contre les commandements divins se traduisant par des perturbations dans leur vie quotidienne [troubles émotionnels, mentaux ou comportementaux], créant des obstacles ou des difficultés. En raison de leurs différences fondamentales, cette dynamique met en évidence la complexité des relations entre ces deux types d'êtres et la nécessité de comprendre et de gérer ces influences de manière éclairée.

« Et le jour où Il [Dieu] les rassemblera tous ensemble : « Ô communauté de l'espèce jinnienne, Certes vous avez été plus excessifs que l'espèce humaine ». Et leurs proches voisins parmi l'espèce humaine diront : « Ô notre Seigneur, nous avons profité les uns et les autres et voilà que nous avons atteint le terme que tu nous avais fixé. » (Coran, 6-128)

Le verset fait référence à la Rencontre universelle, le Jour du Jugement, un événement eschatologique où toutes les créatures nafsiques, dont les Jinn et les Humains, seront rassemblées pour être jugées. Ce moment est marqué par la Justice divine, où chaque être sera confronté à ses actes et tenu responsable. Dieu s'adresse directement aux Jinn, les accusant d'avoir été plus excessifs que les humains. Ils ont commis des transgressions plus graves ou plus nombreuses, dépassant les limites de la désobéissance et de la rébellion contre l'Ordre divin. Les excès mentionnés se réfèrent aux transgressions et aux mauvaises actions des Jinn, qui incluent notamment leur rôle dans la tentation des Humains et la création de troubles et de désordres. Ces actions caractérisent des abus de leur libre arbitre.

Les Jinn, comme les Humains, possèdent le libre arbitre, ce qui signifie qu'ils sont responsables de leurs choix. Leur comportement excessif est une démonstration de leur désobéissance volontaire aux commandements divins.

En comparant les Jinn aux Humains, Dieu souligne la gravité des actions des premiers. Cette comparaison met en lumière la responsabilité accrue des Jinn, qui ont utilisé leur aptitude et leur influence de manière plus destructrice.

Les Humains, qualifiés de « *proches voisins* » des Jinn, reconnaissent leur interaction avec ces êtres d'un autre Univers. Cela suggère une proximité et une interconnexion entre les deux types d'êtres, souvent marquée par des interactions mutuelles.

L'expression « *nous avons profité les uns et les autres* » indique que ces deux entités ont tiré profit mutuellement de leurs interactions. Ce profit est considéré de manière négative, impliquant des tentations, des manipulations, et des actes répréhensibles.

Les Humains reconnaissent que le moment du Jugement qu'ils avaient été avertis est enfin arrivé : le *terminus divin*. Ce terme fixé par Dieu représente la fin de leur temps sur Terre et le commencement de la rétribution ou de la punition basée sur leurs actions.

Les Jinn ont la capacité d'influencer les Humains de manière subtile et négative, créant le Désordre [troubles, tentations, perturbations, etc.] sans que les Humains en soient toujours conscients. La relation entre Jinn et Humains est complexe en raison de leurs différences de nature et de réalité. Les Jinn, en tant qu'êtres imperceptibles, interagissent avec les Humains sur un plan subtil.

L'adoration de Dieu est le but ultime de l'existence des Jinn et des Humains. En accomplissant ce but, ils renforcent leur relation avec le Créateur et trouvent un sens à leur vie et une échappatoire eschatologique.

III - Constitution des Jinn

Nous allons confronter les données coraniques et les connaissances scientifiques en notre possession, afin de nous faire une idée plus précise de ce que sont ces entités, les Jinn.

A - Les Jinn, créés d'un feu sans fumée

« … « *Je [Iblis] suis meilleur que lui : Tu m'as créé de feu, alors que Tu l'as créé d'argile* » » (Coran, 7-12)

« *Et quant au Jinn, Nous l'avions auparavant créé d'un feu d'une chaleur ardente* » (Coran, 15-27)

« … *et Il a créé les Jinn d'après un modèle de feu sans fumée* » (Coran, 55-15)

1 - La combustion d'un corps.

La physique démontre que le *feu* est un dégagement de chaleur et de lumière consécutif à une combustion rapide et constante. La *flamme* qui en résulte est composée des particules incandescentes de la matière qui brûle, ainsi que de divers éléments gazeux lumineux. Les modalités indispensables à l'existence d'un feu sont : un combustible, une température convenablement élevée pour animer une combustion [*température d'ignition*] et une quantité suffisante d'oxygène, fournie par l'air, pour entretenir la combustion. Physiquement, la *combustion* est l'oxydation rapide d'un composé [le *combustible*] par un oxydant [le *comburant*[6]], qui entraîne un dégagement d'énergie calorifique [*chaleur*] et, selon la nature du combustible en jeu. La définition du terme *combustion* répond à deux notions distinctes : celle de la *combustion vive* et celle de la *combustion lente*[7]. Une autre expression qui s'est largement précisée est *l'oxydation* : c'est un processus qui oxyde un corps en lui retirant des *électrons*[8]. Cette définition s'étend à toutes les oxydations et à toutes les combustions lentes. La tendance générale garde le terme de *combustion* seulement aux seules combustions vives qui s'opèrent à l'aide d'une flamme. Il s'agit de la *déflagration*[9] et de la *détonation*[10].

a - Combustibles et comburants

Il existe beaucoup de *combustibles* tels que les composés hydrocarbonés de la chimie organique. La majorité des produits organiques naturels [bois, graisses, etc.] sont des combustibles. En effet, tous ces corps contiennent pour l'essentiel de l'hydrogène. Les *comburants* forment une catégorie nettement plus restreinte de composés. Outre l'oxygène, d'autres atomes électronégatifs se trouvent à l'état

---

[6] Le *comburant* est la substance qui permet d'entretenir la combustion du combustible. Le plus généralement il s'agit de l'oxygène de l'air.

[7] Beaucoup de réactions chimiques et biochimiques mettent en jeu l'oxygène. Ce sont les combustions lentes, comme la combustion de l'air au niveau pulmonaire et celle de l'hydrogène dans une pile à combustibles.

[8] Les chimistes ont démontré qu'il existe des éléments autres que l'oxygène qui sont capables d'accomplir l'oxydation d'un corps.

[9] Explosion violente mais moins puissante qu'une détonation.
Explosion : phénomène au cours duquel des gaz sous pression sont brusquement libérés.

[10] Bruit très violent et soudain, provoqué par une explosion.

élémentaire ou combiné [fluor, chlore, brome, iode ou halogènes], l'ozone, les acides très oxygénés [acides nitrique et perchlorique], ainsi que l'anhydride carbonique et la vapeur d'eau. D'autres métaux tels que le magnésium brûlent dans la vapeur d'eau ou l'*anhydride carbonique*[11]. Lors de la combustion, la proportion du combustible et du comburant est un facteur déterminant.

- *La flamme froide*

C'est une combustion acquise en chauffant avec de l'oxygène, à une température variant entre 250 et 350° C, la plupart des composés hydrocarbonés. Bien que la quantité d'oxygène soit importante, ce type de combustion aboutit à des produits non totalement oxydés [aldéhydes, cétones, alcools, peroxydes]. En absence de comburant, il existe divers corps [ozone, acétylène] qui brûlent spontanément. Les *recombinaisons* d'atomes sont généralement assez énergétiques pour produire des flammes *atomiques*[12].

- *La fumée*

Lorsqu'une substance brûle, elle dégage des gaz résultant de la décomposition chimique. Ces gaz peuvent inclure des oxydes de carbone, des composés soufrés, et d'autres produits volatils. En plus des gaz, la combustion libère de fines

---

[11] Sur les planètes où l'atmosphère est pourvue d'anhydride carbonique, il peut être un moyen de production d'énergie.

[12] Le *chalumeau à hydrogène atomique* en est un exemple, où l'énergie électrique employée pour acquérir les atomes d'hydrogène est récupérée dans la flamme où se constitue la réaction, très exothermique, de recombinaison de la molécule H_2.

particules solides, appelées suies ou cendres, qui sont les résidus non brûlés de la matière.

. *Corps en combustion*. La fumée se forme principalement lorsque des matériaux brûlent. Les matériaux peuvent inclure du bois, des combustibles fossiles [charbon, pétrole], et des matières organiques [feuilles, déchets].

. *Haute température*. La fumée peut également se former lorsque des substances sont chauffées à haute température, même sans flamme apparente, comme dans les cas de décomposition thermique.

. *Combustion complète*. Dans une combustion idéale ou complète, tout le combustible est entièrement converti en dioxyde de carbone [CO2] et en eau [H2O], produisant une flamme claire et peu de fumée.

. *Combustion incomplète*. Lorsque la combustion est incomplète, une partie du combustible ne brûle pas complètement. Cela peut se produire en raison d'un manque d'oxygène, de températures insuffisantes, ou d'une mauvaise dispersion du combustible. Cette combustion incomplète génère plus de particules solides et de composés carbonés, rendant la fumée opaque et dense.

2 - Le plasma.

Le *plasma* est un état agité de la matière où les noyaux des atomes, portés à très haute température, se séparent de leur cortège d'électrons. Ils sont donc très réactifs et se recombinent entre eux en restituant leur énergie d'excitation sous forme de lumière et de chaleur, ce qui donne une flamme plus ou moins lumineuse. Pour aboutir à cet état, il faut généralement un apport initial d'énergie ou de chaleur. L'énergie libérée par la combustion encourage un accroissement de la température des réactifs et maintient ensuite la constitution du plasma, tant que comburants et combustibles demeurent présents. L'*air* est la source principale *d'oxygène*. Il contient environ 21% d'O^2, le reste se composant habituellement d'azote [qui ne joue aucun rôle dans la combustion]. Pour qu'une combustion soit totale, cela nécessite un rapport théorique minimum des quantités d'air et de combustible.

Le *plasma* est, du point de vue de la physique, une matière [un gaz généralement] partiellement ou totalement *ionisée*[13]. Les plasmas sont composés d'un mélange de particules neutres, d'ions positifs [atomes ou molécules ayant perdu un ou plusieurs électrons] et d'électrons négatifs. Un *plasma* est électriquement neutre et ses particules interagissent les unes avec les autres. Cette dernière spécificité distingue les plasmas des gaz. Un plasma est conducteur d'électricité [sauf si ses dimensions sont supérieures à ce que l'on nomme la *longueur de Debye*]. Sur terre, les plasmas ne se créent pas naturellement, excepté dans les *éclairs*.

a - Les éclairs

Les *éclairs*[14] sont un phénomène optique visualisant les mécanismes des décharges brusques d'électricité

---

[13] *Ionisation* : transformation d'atomes ou de molécules [neutres] en particules chargées électriquement ou ions.
[14] Il existe trois types d'éclairs :

atmosphérique, se manifestant par une lueur brève et intense. La structure des éclairs a été déduite des observations pratiquées à l'aide de la chambre photographique tournante de Boys et grâce aux enregistrements synchrones des valeurs du champ électrique. La durée totale d'un éclair est de l'ordre du quart de seconde [0,25 seconde], mais son mécanisme demeure relativement complexe. D'abord, de brèves décharges à peine visibles quittent le nuage par bonds successifs de quelques dizaines de mètres, en se subdivisant, puis elles retournent par une des branches pour redescendre à une vitesse de l'ordre de 100 km/s. Entre chaque étape de ces *prédécharges* pilotes, dont chacune dure à peu près 1ms et parcourent de 10 à 200 m, se placent des phases apparentes de repos de 30 à 200 ms avant le bond suivant. Lorsque la décharge pilote, par bonds successifs, parvient aux derniers décamètres qui la séparent de la Terre, une décharge issue d'un point privilégié du sol [arbre, bâtiment, aspérité de rocher] chemine à la rencontre de la décharge pilote provenant du nuage, et constitue un *détroit ionisé* qui raccorde ainsi une petite zone de la charge du nuage au sol. À ce moment précis s'établit la véritable décharge, dont la vitesse est supérieure à 100 000 km/s et la durée proche de

---

- Les *décharges au sol* ou foudre. Elles éclatent entre un nuage et le sol, selon une trajectoire sinueuse et montrent, orientées vers le bas, des ramifications prenant naissance à partir d'un chenal principal bien délimité [éclair en trait ou en bande].

- Les *décharges internes* ou *éclairs en nappe.* Elles se constituent à l'intérieur d'un nuage orageux, sous forme d'une illumination diffuse.

- Les *décharges atmosphériques.* Elles prennent l'aspect de décharges sinueuses, généralement ramifiées à partir d'un chenal principal. Elles apparaissant d'un nuage orageux mais sans rejoindre le sol.

100 ms. Les charges négatives du nuage s'écoulent alors vers la Terre à une intensité de l'ordre de 10 000 et parfois 50 000 A[15]. Quelques centièmes de seconde après, une seconde décharge principale, se servant de la même trajectoire ionisée après répétition des processus de prédécharges pilotes, heurte la Terre en provoquant quelques *coulombs*[16] complémentaires de charges négatives.

Dans l'espace par contre, les astrophysiciens évaluent que 99% de la matière est composée de plasmas. L'ionisation des atomes est produite soit par de *très hautes températures*, comme dans le Soleil et les étoiles ; soit par *radiation*, comme dans les gaz interstellaires ou les couches atmosphériques supérieures, à l'origine des *aurores*. Les astrophysiciens pensent à l'existence quelque part dans l'Univers d'un plasma de *quarks* et de *gluons*. Les étoiles âgées, devenues étoiles à neutrons, disposent d'un cœur extrêmement dense où, à un certain moment de leur histoire, pression et température dépassent les valeurs critiques, permettant l'apparition de la nouvelle phase déconfinée.

b - *Plasma de quarks[17] et de gluons[18]*

Selon la théorie des interactions nucléaires fortes, le plasma de quarks et gluons [nouvelle phase de la matière, où

---

[15] *Ampère* : unité de mesure d'intensité électrique [symbole : A].

[16] *Coulomb* : unité de mesure de charge électrique équivalent à l'électricité transportée en une seconde par un courant d'un ampère [symbole : C].

[17] *Quarks* : particule qui serait constitutive des *hadrons*.
   Hadrons : particule élémentaire en physique nucléaire.

[18] *Gluons* : particule élémentaire jouant un rôle d'interaction entre les *quarks* [particules constitutives des hadrons].

quarks et gluons ne sont pas rassemblés en protons, neutrons et autres hadrons] aurait primé quand l'Univers était extrêmement dense et chaud, moins d'une microseconde [1 millionième de seconde] après l'explosion originelle d'après la *théorie du big bang*[19]. Les expériences sur des collisions de noyaux de plomb, ont conduit les physiciens à mettre en évidence une signature de l'apparition momentanée de cet état quand la densité de matière dépasse un seuil critique.

B - Cycles de la matière élémentaire

1 - Chromodynamique quantique

Cette théorie évalue diverses observations et mesures expérimentales. Elle est actuellement vue comme un élément important du modèle standard qu'est le puzzle de l'Univers, où elle présente une particularité singulière. Ses champs fondamentaux [quarks et gluons] ont l'étrange propriété de ne pas pouvoir être isolés. En effet, ils restent enfermés dans les protons, neutrons et autres hadrons. À l'instar d'un solide constitué à partir de structures symétriquement ordonnées qui se modifie en liquide quand la température s'élève, des études théoriques ont dévoilé qu'un ensemble de quarks et de gluons enfermés en hadrons se modifierait en une phase

---

[19] Théorie selon laquelle l'Univers était alors arrosé de rayonnement énergétique imposant sa dynamique, intimement uni à la matière. Aucune structure n'existait [galaxie, étoile ou planète], ni la moindre molécule ou le moindre atome. Les atomes ne sont nés qu'à la recombinaison. De fait, en allant plus loin encore dans le passé, les structures de plus en plus élémentaires [noyaux d'atomes] ou même les particules qui les composent n'existaient même pas. La fabrication des noyaux d'atomes les plus légers [nucléosynthèse primordiale] est une étape des plus importantes.

déconfinée si la densité d'énergie se trouvait au-delà d'une valeur critique [approximativement dix fois supérieure à celle qui subsiste dans un noyau]. Ainsi, à une certaine température, une transformation qualitative apparaît. Il s'agit d'un *plasma,* où quarks et gluons interagissent individuellement modifiant l'ensemble de protons, neutrons et autres hadrons. Toutefois, ce type de transition de phase demeure encore énigmatique[20].

2 - Ionisation

Un *plasma* peut être produit et pour cela il faut chauffer un gaz neutre à de très hautes températures. Mais en général, les températures nécessaires sont trop élevées pour pouvoir être appliquées. Tout gaz contenant des ions est un plasma. L'atmosphère des étoiles, le gaz des tubes au néon et les gaz de la haute atmosphère terrestre en sont des exemples. L'énergie cinétique des particules de gaz est à l'origine de collisions, qui provoquent alors une ionisation rapide en chaîne, donnant naissance au plasma. Dans les plasmas très chauds, les particules ont suffisamment d'énergie pour engendrer des réactions nucléaires lorsqu'elles entrent en *collision*. Ces réactions de fusion nucléaire sont les sources de la chaleur au cœur du Soleil. Si c'est la chaleur qui apporte

---

[20] On a essayé par la vérification expérimentale de mettre en évidence l'existence de cette phase si distincte de la forme habituelle de la matière. Pour cela, de puissants accélérateurs de particules ont permis de se faire une idée des interactions fondamentales en produisant les collisions les plus élémentaires, mais également les plus violentes. Ces *chocs élémentaires* permettent d'accéder à une telle physique à condition qu'une densité phénoménale d'énergie soit réunie dans un petit volume d'interaction.

l'énergie nécessaire à l'ionisation, les températures minimales vont de 50 000 à 100 000 K[21] et les températures qui maintiennent un gaz à l'état de plasma s'élèvent à des centaines de millions de degrés. On peut ioniser un gaz en le faisant traverser par des électrons de haute énergie. Selon certains physiciens, un plasma emprisonné dans un champ magnétique fermé permettrait de maîtriser *l'énorme énergie* de la fusion thermonucléaire. La *molécule* est la plus petite particule possible d'un composé à l'état libre. Elle se compose d'atomes. Par exemple, la molécule d'eau [H_2O] est constituée de deux atomes d'hydrogène [H] et d'un atome d'oxygène [O]. La notion de molécule est donc distincte de celle d'atome. Les *masses* des atomes élémentaires peuvent être déterminées. La masse molaire peut être calculée si la composition de la molécule est connue. Par exemple, l'eau, dont la molécule [H_2O] possède deux atomes d'hydrogène de masse atomique égale à 1, et un atome d'oxygène de masse atomique égale à 16, voit sa masse molaire être égale à 18 g/mol. Des substances aux molécules complexes peuvent disposer de masses molaires de plusieurs centaines de millions de g/mol.

3 - *Les gaz*

Le *gaz* est l'état de la matière dans lequel les molécules, peu liées, sont animées de mouvements désordonnés [agitation thermique]. La plupart des composés sont à l'état

---

[21] K = *Kelvin*. Pour obtenir une température en degrés *Celsius* : T Celsius = T Kelvin -273,15. Ici donc, les températures requises vont de 49 726,85 à 99 726,85 C.

gazeux à haute température ou basse pression, puis lors de l'abaissement de la température et/ou de l'augmentation de la pression, ils passent à l'état liquide, puis solide. Cette transformation d'état est réversible. La température de passage entre deux états est fixe et détermine un corps pur donné.

a - Structure des gaz

La molécule d'un corps pur gazeux est la plus petite partie de matière qui puisse exister à l'état libre sans perdre les propriétés caractéristiques du corps. Les molécules gazeuses se déplacent librement ; elles sont animées d'un mouvement incessant, accéléré par une élévation de température.

Ces molécules exercent une force de pression lorsqu'elles sont séquestrées. En raison de la liberté totale de déplacement des molécules et de leur faible volume, un gaz ne peut avoir ni forme propre, ni volume défini.

- *Théorie cinétique des gaz*

Le volume d'un gaz reflète la distribution dans l'espace de ses molécules. La température du gaz est proportionnelle à l'énergie cinétique moyenne de ses molécules ou au carré de la vitesse moyenne des molécules. Ces mesures macroscopiques se réduisent aux variables mécaniques, telles que la position, la vitesse, le moment et l'énergie cinétique des molécules. Elles sont soumises aux lois de la mécanique. Selon l'équation d'état, un gaz parfait ne peut ni se liquéfier ni se solidifier, quels que soient le refroidissement et la compression auxquels il est soumis.

- *Changement de phase*

Aux basses températures et aux *pressions*[22] élevées, les molécules d'un gaz sont mutuellement soumises à l'influence de leurs forces d'attraction. Lorsque certaines conditions critiques sont réunies, le système tout entier passe à un état lié de haute densité et acquiert une surface de séparation : le gaz passe alors à l'état *liquide*.

Ce processus est connu sous le nom de *changement de phase* et est pris en compte par l'équation de *Van der Waals*. Bien qu'il forme une étape importante dans l'explication théorique des fluides réels, le modèle de Van der Waals reste très approximatif. En effet, seules les interactions binaires sont prises en compte, et cela de manière très sommaire.

$$\left(P + \frac{a}{V_m^2}\right)\left(V_m - b\right) = RT$$

Cette équation décrit également une région où les deux phases coexistent et qui est imitée par un *point critique* au-dessus duquel il n'existe aucune distinction physique entre les phases gazeuse et liquide. Le phénomène est inobservable expérimentalement. Le *fluide* est une substance dont les molécules glissent aisément les unes sur les autres, comme dans les liquides, ou se meuvent librement les unes par

---

[22] En physique, la *Pression* est le rapport de l'intensité de la force F exercée perpendiculairement à une surface sur l'aire S de cette surface. Des manomètres spécifiques et les jauges à vide sont utilisés pour mesurer des pressions gazeuses faibles. Pour calculer des pressions encore plus basses, des dispositifs utilisent la conductivité thermique du gaz ou la conduction électrique du gaz ionisé.

rapport aux autres, comme dans les gaz, de sorte qu'elle prend la forme du réceptacle qui le contient.

b - Les solides

À la température ambiante [environ 20-25°C], un solide ne change pas facilement de forme, il conserve sa forme et son volume même lorsqu'une force est appliquée.

. *Forces intermoléculaires.* Ce sont les forces d'attraction qui existent entre les atomes ou les molécules d'un solide. Ces forces sont suffisamment fortes pour maintenir les atomes en place, les empêchant de se déplacer librement.

. *Structure rigide et ordonnée.* Grâce à ces forces, les atomes d'un solide sont arrangés dans une structure régulière et ordonnée, souvent appelée réseau cristallin. Cette structure confère au solide sa rigidité.

. *Réseau cristallin.* Les particules [atomiques, ioniques ou moléculaires] des solides forment un réseau régulier. Elles sont disposées de manière répétitive et systématique, créant un motif structuré et stable.

. *Forme définie.* Le corps humain, bien qu'il soit composé de tissus et de structures biologiques complexes, a une forme bien définie qui ne change pas facilement.

. *Difficilement compressible.* Comme d'autres solides, le corps humain résiste à la compression. Les tissus et les os sont solides et conservent leur forme sous une pression modérée, illustrant l'indéformabilité des solides à température ambiante.

c - Les liquides

Le liquide est par définition un état physique de la matière caractérisant les corps qui n'ont pas de forme propre et qui montrent une très faible compressibilité. Les forces intermoléculaires d'un liquide sont plus faibles. Ainsi, le liquide prend la forme du récipient qui le contient et est faiblement compressible. Dans un liquide les forces intermoléculaires sont plus faibles que dans un solide, les molécules peuvent se mouvoir les unes par rapport aux autres. En effet, les molécules sont soumises à une agitation thermique. Du fait de sa structure moléculaire, le liquide est une substance compacte partiellement ordonnée.

d - Modèle de feu sans fumée

Les gaz se dilatent librement pour occuper le volume du *récipient* qui les contient et ont une densité d'à peu près mille fois inférieure à celle des liquides et des solides. Ils sont peu conducteurs de la chaleur et de l'électricité, à moins de les ioniser [formation d'un plasma par décharge électrique ou très haute températures de l'ordre de 10 000°C]. Les molécules d'un gaz se déplacent suivant des trajectoires rectilignes. À l'inverse des solides et des liquides, les interactions entre molécules demeurent faibles. Les propriétés macroscopiques d'un gaz se déduisent donc directement des propriétés des molécules qui le constituent ou des atomes dans le cas d'un gaz monoatomique. Ainsi, les Jinn restent en dehors des trois états de la matière définis par la physique [le solide[23], le liquide[24] et le gazeux[25]]. Selon la Révélation coranique, les Jinn sont des entités imperceptibles créés à partir d'un « *modèle de feu sans fumée* ». Selon la physique, ils ne correspondent pas aux trois états classiques de la matière. Les Jinn seraient constitués de plasma, un état de la matière distinct des solides, des liquides et du gaz. Cependant, leur nature reste imperceptible et ne présente pas les caractéristiques typiques des autres formes de matière. Ils se situeraient dans un quatrième état de la matière, celui du *plasma*. Selon les connaissances actuelles, le plasma est un état de la matière où les gaz sont tellement chauffés que les électrons sont arrachés des atomes, créant un mélange d'ions positifs et d'électrons libres. Le plasma est électriquement conducteur et réagit fortement aux champs électromagnétiques. Les Jinn demeurent dans un domaine qui échappe à notre perception sensorielle et scientifique actuelle. Il est vraisemblable que les Jinn puissent être de nature plasmatique, un plasma de type stellaire distinct de celui étudié en laboratoire de recherche.

C - *Plasma stellaire ou cosmique*

Le *plasma*[26] est l'état de la matière le plus courant dans notre Univers. Les étoiles, y compris notre soleil, sont principalement constituées de plasma. De plus, le plasma est

---

[23] *Solide.* Les particules sont étroitement liées et ont une forme définie.

[24] *Liquide.* Les particules sont moins liées, permettant au liquide de prendre la forme de son contenant.

[25] *Gazeux.* Les particules sont très dispersées et se déplacent librement.

[26] G. BELMONT, L. REZEAU, C. RICONDA, A. ZASLAVSKY, « Introduction to Plasma Physics », Edit. Elsevier Masson, Paris, 2019,

présent dans l'Espace interstellaire et intergalactique. Il joue un rôle crucial dans de nombreux phénomènes astrophysiques [vents solaires, aurores boréales, nébuleuses, etc.]. Le *plasma stellaire* est un état de la matière qui se trouve principalement dans les étoiles, y compris notre soleil. Il est constitué d'électrons libres et d'ions positifs. Il est créé lorsque le gaz est chauffé à des températures extrêmement élevées, ce qui provoque la séparation des électrons de leurs atomes. Il est partiellement ou totalement ionisé.

1 - *Différence entre plasma stellaire et plasma terrestre*

Le *plasma stellaire* ou *cosmique*[27] et le plasma utilisé sur Terre partagent des caractéristiques fondamentales, mais ils diffèrent principalement par leurs conditions de formation et leurs applications.

Ce type de plasma se forme naturellement dans des conditions extrêmes, comme celles trouvées à l'intérieur des étoiles, où les températures peuvent atteindre des millions de degrés Celsius. Les étoiles, y compris notre soleil, le milieu interstellaire, et les galaxies lointaines sont principalement constituées de *plasma*.

Sur Terre, le plasma est généralement créé artificiellement dans des laboratoires ou des dispositifs industriels comme la fabrication de semi-conducteurs, la stérilisation médicale, procédés de découpe au plasma et la propulsion spatiale [propulseurs à effet Hall], est moins chaud et moins dense.

---

[27] T. J. M. BOYD ET J. J. SANDERSON, « The Physics of Plasmas », Edit. Cambridge University Press, Cambridge, 2003.

Les températures dans les plasmas stellaires peuvent être extrêmement élevées, souvent de l'ordre de millions de degrés Celsius. La densité peut également varier considérablement, allant de très faible dans l'espace interstellaire à extrêmement élevée dans les étoiles.

Les plasmas créés sur Terre ont généralement des températures et des densités beaucoup plus basses que celles des plasmas stellaires. Par exemple, les plasmas utilisés dans les lampes fluorescentes ont des températures de quelques milliers de degrés Celsius. Le plasma stellaire est principalement étudié pour comprendre les processus astrophysiques et les phénomènes naturels tels que les vents solaires et les aurores boréales.

Le plasma stellaire et le plasma terrestre partagent des propriétés similaires, ils diffèrent surtout par leurs conditions de formation, leurs températures, leurs densités et leurs applications.

2 - Création du plasma stellaire

Créer un plasma stellaire sur Terre est extrêmement difficile en raison des conditions extrêmes nécessaires, comme des températures de millions de degrés Celsius et des pressions énormes. Cependant, les scientifiques peuvent créer des plasmas similaires à ceux trouvés dans les étoiles en utilisant des dispositifs comme les *tokamaks*[28] et les réacteurs

---

[28] *Tokamak.* Dispositif de confinement magnétique utilisé pour l'exploration de la physique des plasmas et les possibilités de produire de l'énergie par fusion nucléaire. Inventé dans les années 1950 par les physiciens soviétiques I. Tamm et A. Sakharov, le terme « tokamak » vient

à fusion. Ces dispositifs chauffent des gaz à des températures très élevées pour créer un plasma, et ils sont utilisés pour étudier la fusion nucléaire, un processus similaire à celui qui se produit dans les étoiles[29]. Bien que la Science ne puisse pas recréer exactement les conditions des étoiles, ces recherches permettent de mieux comprendre les processus astrophysiques et peut-être de développer des technologies avancées. Créer un plasma stellaire sur Terre présente de nombreux défis majeurs, principalement en raison des conditions extrêmes nécessaires pour maintenir un tel état de la matière. Afin de recréer les conditions de fusion nucléaire identiques à celles des étoiles, il faut atteindre des températures de l'ordre de 150 millions de degrés Celsius, soit dix fois la température interne du Soleil. Cette chaleur extrême est essentielle pour que les noyaux atomiques puissent surmonter leurs forces de répulsion et fusionner[30].

---

du russe « *toroidal'naja kamera magnetnymi katushkami* », ce qui signifie « *chambre toroïdale avec bobines magnétiques* ». Le tokamak est une machine en forme d'anneau métallique creux où des plasmas sont chauffés à plusieurs millions de degrés C. Ces plasmas sont maintenus à distance des parois par de puissants champs magnétiques. Le but est de reproduire et de contrôler un processus de fusion nucléaire, similaire à celui qui se produit au cœur des étoiles, mais à des pressions plus faibles et des températures plus élevées. Le projet ITER, par exemple, vise à démontrer que l'énergie produite par les réactions de fusion peut être supérieure à l'énergie consommée pour maintenir le plasma en conditions.

[29] Le *projet ITER* [« *Chemin* »] en France mènent des expériences visant à reproduire les conditions de fusion stellaire pour produire de l'énergie propre et presque inépuisable.

[30] J. P. Freidberg, « Plasma Physics and Fusion Energy », Edit. Cambridge University Press, Cambridge, 2007.

De plus, le plasma[31] doit être confiné de façon stable pour éviter qu'il ne touche les parois du réacteur, ce qui pourrait le refroidir et le déstabiliser. Des dispositifs comme les *tokamaks* et les réacteurs *stellarators* [réacteur torsadé W7-X] sont utilisés pour créer des champs magnétiques puissants capables de contenir le plasma. D'autres défis majeurs sont, d'abord, de maintenir le plasma stable pendant une période prolongée[32], puis de produire plus d'énergie que celle consommée afin de créer et maintenir le plasma.

Les matériaux utilisés pour construire les réacteurs doivent résister à des températures extrêmes et à des radiations intenses sans se dégrader. Enfin, tous ces obstacles rendent la création d'un plasma stellaire sur Terre extrêmement complexe.

3 - Plasma d'origine thermonucléaire

Le *plasma stellaire* est essentiellement le résultat de réactions thermonucléaires. Les étoiles, y compris le Soleil, sont principalement des *boules de plasma*. Ce plasma est créé par des réactions thermonucléaires qui se produisent dans le cœur des étoiles. Celui-ci est extrêmement chaud, atteignant des millions de degrés Celsius. À ces températures, la matière existe sous forme de plasma.

---

[31] U. S. INAN & M. GOLKOWSKI, « Principles of Plasma Physics for Engineers and Scientist », Edit. Cambridge University Press, Cambridge, 2011.

[32] Actuellement, les expériences réussissent à maintenir le plasma pendant quelques secondes à quelques minutes, mais pour une production d'énergie viable, il faudrait maintenir le plasma pendant des heures ou des jours.

Ces réactions thermonucléaires, principalement la fusion de l'hydrogène en hélium, libèrent une énorme quantité d'énergie sous forme de lumière et de chaleur. Cette énergie maintient le plasma à des températures extrêmement élevées et permet aux étoiles de briller pendant des milliards d'années Les réactions thermonucléaires sont au cœur de la production d'énergie dans les étoiles. Dans les étoiles comme notre Soleil, la principale réaction thermonucléaire est la fusion de l'hydrogène en hélium. Cette réaction se produit à des températures extrêmement élevées [en millions de degrés C]. Elle libère une énorme quantité d'énergie sous forme de lumière et de chaleur. Ce processus est à l'origine du plasma stellaire, un état de la matière où les noyaux et les électrons se déplacent librement en raison des températures extrêmement élevées.

Dans les étoiles plus massives que le Soleil, le cycle Carbone-Azote-Oxygène [CNO] joue un rôle important. Ce cycle utilise le carbone, l'azote et l'oxygène comme catalyseurs pour fusionner l'hydrogène en hélium, libérant aussi une grande quantité d'énergie. À mesure que les étoiles vieillissent et que l'hydrogène dans leur cœur est épuisé, elles commencent à fusionner l'hélium en éléments plus lourds comme le carbone et l'oxygène. Dans les étoiles les plus massives, cette fusion peut continuer jusqu'à la formation d'éléments aussi lourds que le fer. L'énergie libérée par les réactions thermonucléaires crée une pression de radiation qui contrebalance la gravité de l'étoile. Cet équilibre, appelé *équilibre hydrostatique*, est ce qui permet aux étoiles de maintenir leur aspect et de briller de façon stable pendant des milliards d'années. Quand les étoiles épuisent leur carburant nucléaire, elles subissent des transformations dramatiques devenant des *Naines blanches*[33], des *Supernovæ*[34]. Ces processus enrichissent le milieu interstellaire en éléments lourds, qui peuvent ensuite être incorporés pour la formation de nouvelles étoiles et planètes. Les réactions thermonucléaires sont à l'origine dans la formation et le maintien du plasma stellaire qui est un état de la matière résultant de ces conditions extrêmes de températures et de pression dans les étoiles. C'est ce type de plasma qui caractérise la nature du Jinn. Le Jinn est d'origine plasmatique de type stellaire.

4 - *Réaction thermonucléaire*

Une *réaction thermonucléaire*, aussi appelée *fusion nucléaire*, est un processus au cours duquel deux noyaux atomiques légers se combinent pour former un noyau plus lourd et plus stable. Ce type de réaction libère une quantité phénoménale d'énergie, bien plus que les réactions chimiques ordinaires. Afin que la réaction thermonucléaire se produise, des températures extrêmement élevées [millions de degrés C] sont nécessaires. Ces dernières permettent de surmonter les forces de répulsion électrostatique entre les noyaux atomiques.

---

[33] Les étoiles de masse faible à moyenne, comme le Soleil, finissent par expulser leurs couches externes et laisser derrière elles un noyau dense appelé naine blanche.

[34] Les étoiles massives peuvent exploser en supernovæ, dispersant les éléments lourds dans l'espace et laissant derrière elles des objets compacts comme des étoiles à neutrons ou des trous noirs.

La réaction thermonucléaire est le processus qui alimente les étoiles, y compris notre Soleil. Comme souligné ci-dessus, dans le cœur du Soleil, des noyaux d'hydrogène fusionnent pour former de l'hélium, libérant ainsi une immense quantité d'énergie sous forme de lumière et de chaleur.

a - Energie thermonucléaire

L'*énergie thermonucléaire* est le résultat du mécanisme qu'est la *réaction thermonucléaire*, c'est-à-dire la réunion de plusieurs noyaux atomiques légers en un seul. Cette réaction libère une quantité considérable d'énergie[35].

Les étoiles, dont le Soleil, sont le siège de réactions[36] thermonucléaires qui se manifestent par l'émission de flux de particules et de rayonnements électromagnétiques, particulièrement sous forme de lumière. Ces réactions ne s'obtiennent qu'à des températures suffisamment élevées pour que le mouvement thermique puisse surmonter la *barrière coulombienne* [due aux forces répulsives de *Coulomb*]. Dès lors, il s'agit de *fusion thermonucléaire*, qui produit donc de l'*énergie thermonucléaire*.

L'émission d'énergie thermonucléaire, brève et incontrôlée, demeure inutilisable. Dans les réactions de *fission*, le neutron, électriquement neutre, peut aisément se

---

[35] L'énergie libérée par la fusion d'1 kg d'hydrogène correspond à l'énergie de la combustion de 25 000 tonnes de charbon !

[36] Ces réactions ne sont pas reproductibles en laboratoire, car elles réclament la provocation d'une collision entre deux noyaux de même charge électrique, qui admettent ainsi une trop forte répulsion électrostatique.

joindre à un noyau fissible et réagir avec celui-ci. Dans une réaction de *fusion*, les noyaux engagés supportent chacun une charge électrique positive. La répulsion qui en découle se surmonte quand la température du gaz devant réagir, aboutit à des valeurs assez élevées, de l'ordre de 50 à 100 millions de degrés Celsius. Elle libère alors environ 17,6 MeV [Million d'électronvolts]. *L'énergie* se manifeste d'abord sous forme d'énergie *cinétique*[37] [noyau d'hélium-4 et du neutron], puis elle est brusquement modifiée en chaleur propageant dans le gaz et les matériaux qui l'englobent. Lorsque la densité du gaz est assez élevée ; le noyau d'hélium-4 contenant l'énergie peut la déplacer vers l'hydrogène ambiant et accéder à une réaction de fusion en chaîne qui conserve la température : il se produit alors ce que l'on nomme une *ignition nucléaire*. À 100 000° C, tous les atomes d'hydrogène sont totalement ionisés. Le gaz est formé d'un mélange électriquement neutre de noyaux chargés positivement et d'électrons libres chargés négativement. C'est donc cet état de la matière qui est nommé *plasma*. Un plasma qui a une température suffisante pour la fusion ne peut être confiné avec des matériaux ordinaires. En effet, il se refroidit très vite et les parois des réceptacles sont détruites. Néanmoins, un plasma peut être renfermé dans un espace soumis à un champ magnétique adapté. Afin d'obtenir une fusion nucléaire contrôlée, il faudrait chauffer le *plasma* et enfermer une quantité indispensable de noyaux réactifs pendant un temps assez long pour libérer plus d'énergie qu'il n'est nécessaire pour chauffer et confiner le gaz. Cette condition est respectée quand le

---

[37] *Énergie cinétique.* Elle représente l'énergie de mouvement d'un corps.

produit du temps de confinement t par la densité n du plasma est supérieur à une valeur notée L, égale à $n.t > 10^{20}$ s m^{-3}.

La relation $n.t > L$ est nommée *critère de Lawson* [L étant le nombre de *Lawson*]. Le problème final est de canaliser cette énergie et de la convertir, par exemple, en électricité. De nombreuses méthodes de *confinement magnétique de plasma* ont été expérimentées [38]. Des réactions thermonucléaires ont bien été réalisées, mais le nombre de *Lawson* a rarement dépassé 10^{18}. Si l'on parvenait à provoquer de façon viable des réactions de fusion thermonucléaire contrôlées, elles constitueraient vraisemblablement une source d'énergie pratiquement inépuisable.

---

[38] Les progrès de la recherche sur la fusion [*Fusion par confinement inertiel*] ont été prometteurs, mais le développement de systèmes capables de produire une telle énergie n'est pas à l'ordre du jour d'un point de vue technologique et financier. Le laboratoire du JET [*Joint European Torus*], au Royaume-Uni a réussi à fabriquer une quantité significative d'énergie, environ 1,7 million de watts, par fusion nucléaire contrôlée. En 1994, des chercheurs de l'université de Princeton ont réalisé une réaction de fusion contrôlée en obtenant 5,6 millions de watts avec le réacteur d'essai *Tokamak*. Mais ces expériences récentes ont toutes deux consommé plus d'énergie qu'elles n'en ont produit !

La chambre de confinement d'un *Tokamak* a l'aspect d'un *tore* [bobine] qui a un petit diamètre d'environ 1 m et un grand diamètre de 3 m. Un champ magnétique *toroïdal* d'environ 5 *teslas* [T] est assuré dans cette chambre [champ dont l'intensité est de 100 000 fois celle du champ magnétique terrestre]. Un courant longitudinal de plusieurs millions d'ampères [A] est induit dans le plasma. Les lignes du champ magnétique ainsi produites sont des spirales internes au tore qui confinent le plasma.

D - Êtres plasmatiques

Les Jinn, selon les indications révélées par le Coran, sont donc des créatures constituées « *d'un modèle de feu sans fumée* ».

Scientifiquement, cela pourrait caractériser une forme de *plasma*. Le plasma est souvent décrit comme un « *feu* » qui produit de la chaleur et de la lumière, mais sans les sous-produits de la combustion traditionnelle, comme la fumée. Cela est dû au fait que le plasma est un état de la matière où les atomes sont ionisés, créant un mélange d'électrons libres et d'ions positifs. En d'autres termes, un « *modèle de feu sans fumée* » est le résultat d'une combustion complète ou d'une combustion à très haute température. Dans ces conditions, tous les produits de la combustion sont convertis en gaz, sans produire de particules solides [fumée]. Cela se rapproche de la nature du plasma, où les températures élevées ionisent les gaz, créant un état de matière distinct des solides, liquides et gaz.

1 - Feu d'une chaleur ardente

Il existe un rapport étroit entre l'énergie nucléaire et le plasma. L'énergie nucléaire produite dans les étoiles, y compris notre soleil, provient de la fusion nucléaire. Dans ce processus, des noyaux légers comme l'hydrogène fusionnent pour former des noyaux plus lourds, libérant une énorme quantité d'énergie. Ce même principe est à la base des recherches sur la fusion nucléaire sur Terre, notamment dans des dispositifs comme les tokamaks.

Rappelons que le plasma est le quatrième état de la matière, constitué de gaz ionisé extrêmement chaud où les électrons sont séparés des noyaux atomiques. Dans les étoiles, ce plasma est maintenu par la gravité et les réactions de fusion nucléaire qui se produisent en leur cœur.

L'expression coranique : « *Et quant au Jinn, Nous l'avions auparavant créé d'un feu d'une chaleur ardente* » pourrait se traduire dans le langage actuel, celui de la Science, par : « *Et quant au Jinn, Nous l'avions auparavant créé à partir d'une réaction thermonucléaire* » !

a - Le Soleil : « un feu intense sans fumée »

Le *Soleil* est une étoile qui, par les résultats gravitationnels de sa masse imposante, domine le Système solaire, ce système planétaire dans lequel s'incorpore la Terre. Le rayonnement de son énergie électromagnétique procure directement ou indirectement toute l'énergie essentielle à la vie sur Terre : tous les aliments et combustibles trouvent leur source dans l'énergie solaire. La quantité totale d'énergie émise par le Soleil sous forme de rayonnement est singulièrement constante. Elle ne varie que de quelques millièmes sur plusieurs jours. Cette émission d'énergie provient des profondeurs du Soleil.

Le Soleil est essentiellement constitué d'*hydrogène* [71%] et d'*hélium* [27%], puis d'autres éléments plus lourds [2%].

L'*hydrogène* est un élément de symbole H, incolore, inodore et insipide, de numéro atomique 1,007, il a une densité de 0,070. Comme la majorité des éléments gazeux, l'hydrogène est *diatomique*, c'est-à-dire que ses molécules sont formées de deux atomes.

À des températures élevées, il se décompose en atomes *libres*. L'hydrogène[39] est, de tous les éléments chimiques, le plus léger. Il est probablement l'élément le plus abondant de l'univers, mais il ne représente que 0,9% en poids de la croûte terrestre en raison de la faiblesse de l'attraction de la Terre par rapport à d'autres astres.

b - Plasma : un modèle de feu sans fumée

Le plasma est un état de la matière constitué de particules chargées, souvent créé à des températures très élevées. Il pourrait exister un type de plasma que la physique moderne ignore actuellement. Il est important de noter que notre compréhension du plasma terrestre est limitée par nos moyens technologiques actuels.

Les plasmas que nous créons et étudions dans les laboratoires sont souvent confinés et contrôlés dans des conditions spécifiques. En revanche, un être de nature plasmatique, comme les Jinn, pourrait avoir des propriétés et des comportements qui restent largement inconnues et qui dépassent notre compréhension actuelle.

L'*hydrogène* a les plus bas points d'ébullition et de fusion de tous les éléments exceptés l'*hélium* : l'hydrogène fond à -259,2° C et bout à −252,77° C À 0° C et sous une pression de 1 *atm*. L'hydrogène réagit avec de nombreux éléments non métalliques. Le gaz est également utilisé dans les chalumeaux à hautes températures pour la coupe, la fonte et le soudage des métaux.

Bien que nous puissions faire des hypothèses sur la nature du plasma des Jinn, il est difficile de le comparer directement avec le plasma terrestre étudié dans les laboratoires.

L'analogie du *plasma de type stellaire* avec un « *modèle de feu* » pur et intense, sans résidus ou impuretés que l'on pourrait lui associer est très judicieuse. Les Jinn, selon les indications révélées par le Coran, sont donc des créatures constituées « *d'un modèle de feu sans fumée* » de principes se rapprochant de ce qui est nommé *plasma stellaire*[40].

Comprendre les Jinn comme des entités de nature plasmatique stellaire, par « *plasmatique stellaire* », on entend qu'ils ont une origine commune avec celle des étoiles. Cela signifierait qu'ils possèdent des propriétés et des capacités qui dépassent notre compréhension actuelle du plasma terrestre. Ils pourraient interagir de manière complexe avec les champs magnétiques et électriques, changer de forme en fonction de leur environnement, se déplacer rapidement, et peut-être même posséder des capacités que nous ne pouvons pas encore imaginer.

Les Jinn sont des *entités énergétiques*, dont leur structure et leurs propriétés transcendent les formes matérielles traditionnelles connues. Ils possèdent des caractéristiques uniques et dynamiques. En désignant les Jinn comme des *entités plasmatiques*, cela suggère qu'ils sont des être constitués de particules énergétiques ou ionisées, ce qui expliquerait beaucoup de choses et notamment leur célérité,

---

[40] J.A. BITTENCOURT, « Fundamentals of Plasma Physics », Edit. Springer, 2004.

leur puissance, leur imperceptibilité, leur longévité et leur capacité à prendre certaines formes. Bien que leur corps [anatomie, physiologie, morphologie] ne fasse l'objet d'aucune révélation, il n'est pas déraisonnable de penser que les Jinn ne sont pas agencés comme les Humains [squelette, organes internes, etc.].

2 - Dialectique sur le Jinn

a - Le « corps » jinnien

En nous basant sur la nature plasmatique des Jinn, leur « *anatomie* » et « *physiologie* », ainsi que leur « *morphologie* » seraient fondamentalement différentes de celles des êtres biologiques comme les humains.

Lorsque on parle de la nature plasmatique des Jinn, on fait référence à l'idée qu'ils sont composés de plasma, un état de la matière constitué de particules ionisées [ions et électrons libres]. Le plasma est différent des états solides, liquides et gazeux que nous connaissons couramment.

- *Anatomie plasmatique*

L'anatomie des Jinn, si elle est basée sur le plasma, serait très différente de celle des êtres biologiques comme les humains. Les êtres biologiques ont des structures corporelles définies, comme des organes, des tissus et des cellules. En revanche, les Jinn, en tant qu'entités plasmatique, n'auraient pas ces structures fixes. Leur « *corps* » pourrait être plus fluide et changeant, capable de se reconfigurer en fonction des besoins.

o *Structure non-solide*

Contrairement aux êtres biologiques qui ont des structures solides [os, muscles, organes], les Jinn en tant que plasma seraient constitués de particules chargées [ions et électrons] en mouvement constant. Leur forme pourrait être fluide et changeante, sans structures fixes.

. *Confinement énergétique.* Le plasma est maintenu par des champs magnétiques ou électriques. Les Jinn pourraient avoir des mécanismes internes pour générer et maintenir ces champs, leur permettant de conserver une forme cohérente.

. *Absence d'organes.* Les Jinn n'auraient pas d'organes au sens biologique. Leur « *anatomie* » pourrait être basée sur des régions de plasma avec des densités et des températures différentes, chacune ayant une fonction spécifique.

o *Anatomie plasmatique avancée*

- *Champs magnétiques internes*

Les Jinn pourraient générer des champs magnétiques internes pour maintenir leur structure. Ces champs pourraient être dynamiques, changeant en réponse à leur environnement ou à leurs besoins.

- *Régions de plasma spécialisées*

Leur « *corps* » pourrait être divisé en différentes régions de plasma, chacune ayant une fonction spécifique. Par exemple, certaines régions pourraient être plus chaudes et plus denses pour générer de l'énergie, tandis que d'autres pourraient être plus froides et moins denses pour des fonctions de communication ou de perception.

- *Flux de particules*

Les Jinn pourraient avoir des flux internes de particules chargées, similaires à des courants électriques, qui transportent de l'énergie et de l'information à travers leur structure.

• *Physiologie plasmatique*

La physiologie des Jinn, c'est-à-dire le fonctionnement de leurs « *corps* », serait également différente. Les processus biologiques humains, comme la respiration, la digestion et la circulation sanguine, ne s'appliqueraient pas aux Jinn. Au lieu de cela, leurs processus internes pourraient être basés sur des interactions énergétiques et électromagnétiques.

o *Énergie et métabolisme*

Les Jinn pourraient tirer leur énergie de réactions plasmiques, comme les interactions entre particules chargées. Leur « *métabolisme* » pourrait impliquer des processus de recombinaison et d'ionisation, où les ions et les électrons se combinent et se séparent, libérant ou absorbant de l'énergie.

o *Physiologie plasmatique avancée*

- *Régénération et réparation*

En tant qu'entités plasmiques, les Jinn pourraient se régénérer rapidement en réorganisant leurs particules chargées. Si une partie de leur structure est perturbée, ils pourraient rapidement rétablir l'équilibre en redistribuant les ions et les électrons.

- *Interaction avec la matière*

Les Jinn pourraient interagir avec la matière ordinaire de manière unique. Par exemple, ils pourraient ioniser les gaz environnants pour créer des effets lumineux ou manipuler des objets en utilisant des forces électrostatiques.

- *Adaptation énergétique*

Les Jinn pourraient adapter leur consommation et leur production d'énergie en fonction des conditions environnementales. Par exemple, dans des environnements riches en énergie, ils pourraient absorber et stocker cette énergie, tandis que dans des environnements pauvres en énergie, ils pourraient réduire leur activité pour conserver leurs ressources.

- *Morphologie*

La morphologie des Jinn, ou leur forme et apparence, serait fondamentalement différente de celle des Humains qui ont une forme corporelle définie avec des membres, une tête, etc. Les Jinn, en tant qu'entités plasmatique, pourraient changer de forme à volonté, apparaissant sous différentes formes ou même devenant imperceptibles.

- *Communication et perception*

Les Jinn pourraient utiliser des formes d'énergie et des ondes électromagnétiques pour communiquer et percevoir leur environnement. Ils pourraient détecter et émettre des ondes radio, des micro-ondes ou même des rayons X.

- *Adaptabilité*

En tant que plasma, les Jinn pourraient changer de forme et de densité en réponse à leur environnement. Ils pourraient se contracter ou se dilater, devenir plus ou moins denses.

- *Existence dans un Univers imperceptible*

Les Jinn existent dans un autre plan de réalités, un *Univers imperceptible*, ce qui leur permettrait de manipuler l'Espace et le temps de manière différente. Cela pourrait expliquer leur capacité à apparaître et disparaître soudainement dans notre Univers perceptible.

- *Manipulation de Liasme*

. *Propriétés du plasma*. Le plasma possède des propriétés uniques, telles que la conduction électrique, les champs magnétiques et la capacité de générer des ondes électromagnétiques. Ces caractéristiques peuvent théoriquement conférer aux Jinn des capacités extraordinaires.

. *Concept*. La manipulation du *Liasme* pourrait se référer à la capacité de modifier la structure ou les propriétés de celui-ci autour d'eux. L'idée que les Jinn puissent manipuler le *Liasme* implique qu'ils possèdent des capacités pour interagir avec l'environnement d'une manière qui défie notre compréhension actuelle des lois physiques. Cette manipulation pourrait se manifester par des forces et des effets inhabituels ou inexplicables selon notre science contemporaine. Cela pourrait inclure la distorsion de l'espace-temps, l'influence sur la gravité, ou la création de champs de force.

. *Mécanismes théoriques.* Des concepts comme les champs magnétiques ou les anomalies gravitationnelles pourraient jouer un rôle dans la manière dont les Jinn manipulent le liasme.

. *Phénomènes inexpliqués.* Les Jinn, en manipulant le Liasme, pourraient générer des phénomènes que les humains ne peuvent pas encore expliquer ou comprendre tels que des distorsions de l'espace-temps, des déplacements instantanés, ou d'autres effets inconnus. Les forces générées par les Jinn pourraient inclure des champs électromagnétiques intenses, des perturbations gravitationnelles, ou des forces non identifiées qui affectent les objets et les êtres vivants. Les effets visibles de ces forces pourraient être des déplacements d'objets, des apparitions et disparitions soudaines, des changements de température, ou des sensations inexplicables ressenties par les humains.

. *Limites de la Science.* La physique et la science moderne ne sont pas encore capables de comprendre ou d'expliquer ces phénomènes générés par les Jinn. Ces limites pourraient être dues à notre incapacité à observer ou à mesurer correctement ces forces et effets.

. *Hypothèses et expérimentation.* La science moderne cherche à expliquer les phénomènes naturels par l'observation, l'expérimentation et la théorie. Les aptitudes ou les compétences que l'on attribue aux Jinn ne sont pas encore prouvés par des preuves concrètes ou scientifiques. Ils restent des concepts, basés sur des théories qui n'ont pas encore été démontrées de manière empirique.

. *Recherche et Technologie.* Avec l'avancement des technologies d'observation et de mesure, il pourrait devenir possible de mieux comprendre certains des phénomènes décrits, mais cela nécessite des approches novatrices et interdisciplinaires. Tandis que la science moderne peine encore à expliquer ces phénomènes, la Révélation coranique offre une perspective scientifique riche et complexe. La compréhension de ces concepts nécessite une approche multidisciplinaire, englobant à la fois les avancées scientifiques et l'*intellection*[41] de la Révélation divine.

- *Communication à travers les champs électromagnétiques*

Si les Jinn sont composés de plasma, ils pourraient communiquer et percevoir leur environnement différemment des êtres humains. Leur perception pourrait également être plus étendue, leur permettant de détecter des fréquences ou des énergies que les humains ne peuvent pas percevoir. Ils utiliseraient des champs électromagnétiques pour communiquer sur de très grandes distances. L'anatomie

---

[41] *Intellection.* Terme qui désigne le processus de pensée, de réflexion ou de compréhension intellectuelle. Cela implique l'acte de penser profondément, d'analyser et de saisir les concepts de manière rationnelle. En d'autres termes, c'est l'activité mentale par laquelle une personne réfléchit, comprend et traite des idées ou des informations.

et la physiologie des Jinn, si nous les considérons comme des entités plasmiques, seraient radicalement différentes de celles des êtres biologiques. Ils n'auraient pas de structures corporelles fixes, leurs processus internes seraient basés sur des interactions énergétiques, et leur apparence pourrait être très variable. Leur existence serait régie par les lois distinctes, par exemple de la physique des plasmas, et ils auraient des mécanismes uniques pour maintenir leur forme, générer de l'énergie et interagir avec leur environnement.

b - Caractéristiques des Jinn

La nature plasmatique des Jinn signifie qu'ils sont composés de particules ionisées, ce qui les rendrait fondamentalement différents de tout ce que nous connaissons. Leur structure pourrait être très flexible et dynamique, permettant expliquer plusieurs de leurs caractéristiques.

- *Célérité extrême*

. *Conduction électrique.* En raison de la présence de particules chargées, le plasma est un excellent conducteur d'électricité et peut interagir fortement avec les champs électriques et magnétiques.

. *Mobilité des particules.* Les particules ionisées dans le plasma sont extrêmement mobiles, se déplaçant rapidement en raison de leur charge électrique et de l'énergie cinétique élevée. Cette mobilité est un facteur clé expliquant la dynamique rapide observée dans le plasma.

. *Étoiles et soleil.* Les étoiles, y compris le Soleil, sont des exemples naturels de plasma à haute énergie où les particules se déplacent à des vitesses extrêmement élevées.

. *Éclairs et aurores boréales.* Sur Terre, les éclairs et les aurores boréales sont des phénomènes naturels impliquant du plasma, montrant la mobilité rapide et les interactions dynamiques des particules ionisées.

. *Propriétés des Jinn.* Si les Jinn sont de nature plasmatique, cela signifierait qu'ils sont composés de particules ionisées capables de se déplacer rapidement et d'interagir avec leur environnement de manière énergique. La nature plasmatique pourrait expliquer certaines capacités attribuées aux Jinn, telles que leur rapidité, leur capacité à se rendre imperceptible, et leur faculté à traverser le liasme.

Les particules ionisées dans le plasma se déplacent rapidement en raison de leur charge et de l'énergie thermique. Pour les Jinn, cela pourrait se traduire par des mouvements extrêmement rapides et des transitions presque instantanées entre différents points. Cette hypothèse lie les propriétés physiques du plasma aux capacités des Jinn, offrant une explication théorique à leur vitesse inouïe.

• *Puissance physique*

. *Conduction de l'énergie.* En raison de la présence de particules chargées, le plasma est un excellent conducteur d'électricité et d'énergie. Il interagit fortement avec les champs électromagnétiques et peut générer des courants électriques et des champs magnétiques.

. *Énergie et mobilité*. Les particules ionisées du plasma ont une haute énergie cinétique, ce qui signifie qu'elles se déplacent rapidement et peuvent générer des forces significatives. Le plasma se trouve naturellement dans des environnements à haute énergie, comme les étoiles, les éclairs démontrant sa capacité à contenir et à libérer de grandes quantités d'énergie.

. *Puissance énergétique*. Si les Ifrit [Jinn puissants et redoutables] sont considérés comme étant de nature plasmatique, leur puissance pourrait être attribuée à la grande quantité d'énergie contenue dans le plasma. Cette énergie leur permettrait de générer des forces colossales.

. *Manipulation des forces*. La capacité des Ifrit à manipuler l'énergie et les forces pourrait être liée aux propriétés conductrices et dynamiques du plasma, leur permettant de générer des courants électriques, des champs magnétiques, et des décharges énergétiques.

. *Manifestations physiques*. Les Ifrit utiliseraient l'énergie contenue dans leur nature plasmatique pour effectuer des actions puissantes, comme le transport d'objets très lourds, des transformations de matière, des destructions ou des explosions intenses.

. *Recherche futuriste*. Cette hypothèse offre une manière intéressante de rationaliser des récits surnaturels avec des principes physiques. La compréhension des propriétés du plasma et son application dans des technologies avancées pourrait, à l'avenir, offrir des analogies plus concrètes pour expliquer les phénomènes attribués aux Ifrit.

- *Imperceptibilité*

. *Spectre de lumière.* Le plasma peut émettre dans un large spectre, y compris l'ultraviolet]UV] et l'infrarouge [IR], qui sont invisibles à l'œil humain. Cette émission dans des longueurs d'onde invisibles rend le plasma difficile à détecter à l'œil nu.

. *Énergie et discrétion.* Les Jinn constitués de plasma, leur état de matière pourrait expliquer leur imperceptibilité. Ils pourraient manipuler leur énergie pour devenir imperceptibles, en régulant les longueurs d'onde de la lumière qu'ils émettent ou en se déplaçant dans des spectres que les humains ne peuvent pas voir.

., *Scattering*[42] *et absorption.* Le plasma interagit avec la

---

[42] *Scattering.* Terme anglais utilisé en physique pour désigner le phénomène de diffusion. Il décrit le processus par lequel une onde ou une particule dévie de sa trajectoire initiale en raison d'interactions avec des particules ou des obstacles. *Scattering de Rayleigh.* Ce type de diffusion se produit lorsque les particules qui dispersent la lumière sont beaucoup plus petites que la longueur d'onde de la lumière. Il explique pourquoi le ciel apparaît bleu, car les courtes longueurs d'onde [bleu] sont plus diffusées que les longues [rouge]. *Scattering de Mie.* Se produit lorsque les particules dispersantes sont de taille comparable à la longueur d'onde de la lumière. Il est responsable de la blancheur des nuages, car il diffuse toutes les longueurs d'onde de manière plus uniforme. *Scattering Compton.* Ce phénomène se produit lorsqu'un photon de haute énergie [rayon X] frappe un électron et transfère une partie de son énergie à l'électron, changeant ainsi sa propre direction et longueur d'onde. En résumé, le *scattering* ou *diffusion* est un processus clé en physique qui permet de comprendre et d'analyser de nombreux phénomènes naturels et techniques, en observant comment les ondes ou les particules interagissent avec leur environnement.

lumière de manière complexe, incluant la diffusion et l'absorption. Ces interactions peuvent réduire la visibilité directe du plasma dans certaines conditions.

. *Transparence variable*. En fonction de sa densité et de sa composition, le plasma peut être partiellement transparent ou opaque à différentes longueurs d'onde, ce qui pourrait contribuer à l'imperceptibilité des Jinn.

. *Luminosité diffuse*. La luminosité du plasma peut être diffuse et non focalisée, ce qui le rend moins perceptible à distance. Cette diffusion de la lumière peut également contribuer à la difficulté de percevoir les Jinn.

. *Température et rayonnement*. Le plasma à haute température peut émettre de la lumière intense mais sur de courtes durées, ce qui le rend difficile à observer constamment.

. *Modèles théoriques*. Les modèles scientifiques peuvent utiliser les propriétés du plasma pour expliquer comment des êtres plasmiques comme les Jinn pourraient manipuler la lumière et l'énergie pour rester imperceptibles. Limites de la Détection : La technologie actuelle a des limites dans la détection et l'observation de phénomènes très énergétiques.

- *Longévité*

. *Stabilité des particules ionisées*. Les particules ionisées sont des atomes ou molécules qui ont perdu ou gagné des électrons, ce qui les rend électriquement chargées [ions positifs ou négatifs]. Une fois ionisées, ces particules peuvent rester stables pendant de longues périodes, surtout si elles se trouvent dans un environnement énergétique favorable, comme dans le plasma.

La haute énergie du plasma maintient les particules ionisées en mouvement constant, empêchant leur recombinaison en atomes neutres. Les forces électrostatiques entre les particules chargées peuvent contribuer à la stabilité du plasma en maintenant les ions éloignés les uns des autres, évitant ainsi la recombinaison.

. *Plasma : un état de haute énergie.* Les particules dans le plasma possèdent une énergie cinétique élevée, les maintenant en mouvement rapide. Cette haute énergie aide à maintenir l'état ionisé des particules.

. *Durabilité.* La nature énergétique du plasma confère une résistance à la dégradation, ce qui pourrait théoriquement expliquer la longévité des Jinn de nature plasmatique. Leur énergie élevée et leur mouvement constant pourraient les rendre particulièrement durables.

. *Résistance à la recombinaison.* Les particules ionisées dans le plasma sont résistantes à la recombinaison en atomes neutres en raison de leur énergie élevée. Cette résistance contribue à la stabilité et à la durabilité du plasma.

. *Résistance aux influences extérieures.* Les particules ionisées peuvent résister aux influences physiques extérieures, telles que les chocs ou les perturbations, grâce à leur énergie cinétique et leur mouvement rapide. Cette résistance pourrait expliquer pourquoi les Jinn sont décrits comme étant résistants à de nombreux types de dommages physiques.

. *Éclairs et étoiles.* Les éclairs et les étoiles sont des exemples naturels de plasma stable et énergétique. Les particules ionisées dans ces contextes montrent une durabilité et une résistance aux changements d'état.

. *Longévité et aptitudes.* Les Jinn sont caractérisés comme des êtres de longue durée de vie et dotés de facultés *surnaturels.* Leur nature plasmatique fournit une explication théorique à ces caractéristiques, en liant leur longévité et leur résistance à l'état énergétique du plasma.

- *Influence sur les champs bioélectriques*

Cela signifie que les Jinn pourraient avoir la capacité d'influencer ou de manipuler les champs bioélectriques[43] générés par le corps humain, affectant ainsi notre fonctionnement biologique ou nos sensations de manière inexpliquée par les sciences actuelles.

---

[43] *Champs bioélectriques des humains.* Les champs bioélectriques sont des champs électriques générés par les activités biologiques des cellules et des tissus dans le corps humain. Par exemple, le cerveau génère des ondes électriques qui peuvent être mesurées par un électroencéphalogramme [EEG], et le cœur génère des impulsions électriques mesurées par un électrocardiogramme [ECG]. Les cellules utilisent des ions chargés électriquement, comme le sodium, le potassium et le calcium, pour générer des courants électriques. Ces courants sont essentiels pour diverses fonctions corporelles, notamment la transmission des signaux nerveux et la contraction musculaire.

o *Influence sur les ondes cérébrales*

Les Jinn pourraient perturber les signaux bioélectriques dans le corps humain, provoquant des sensations et des gènes inexpliqués ou des changements soudains d'énergie. En fait, la bioélectricité joue un rôle crucial dans notre corps, tout comme elle le fait chez d'autres animaux. Par exemple, les potentiels d'action dans nos neurones sont des manifestations de cette bioélectricité

. *Ondes cérébrales humaines*. Ondes *Alpha, Bêta, Delta, Thêta* et *Gamma*. Les ondes cérébrales sont des impulsions électriques générées par l'activité neuronale dans le cerveau. Chaque type d'onde cérébrale est associé à différents états mentaux et niveaux de conscience.

- *Ondes Alpha* : associées à la relaxation et à un état de calme, généralement observées lorsque les yeux sont fermés mais que l'esprit est éveillé.

- *Ondes Bêta* : liées à l'éveil actif, la concentration, et les processus cognitifs actifs. Elles sont prédominantes lorsque nous sommes en pleine réflexion ou que nous résolvons des problèmes.

- *Ondes Delta* : observées pendant le sommeil profond. Elles sont les ondes cérébrales à la plus basse fréquence.

- Ondes Thêta : associées à la somnolence, à la méditation profonde, et aux états hypnagogiques [entre veille et sommeil].

- Ondes Gamma : reliées au traitement de l'information à haut niveau, à la perception consciente, et à des états de méditation intense.

. *Mécanismes d'interaction : influence énergétique.* Les Jinn possèdent des propriétés énergétiques et électromagnétiques, pourraient interférer avec les ondes cérébrales humaines. Par exemple, des champs électromagnétiques générés par les Jinn perturberaient les signaux électriques dans le cerveau.

. *Modulation des ondes cérébrales.* En manipulant les ondes cérébrales, les Jinn pourraient altérer les états mentaux des humains. Par exemple, en modifiant les ondes alpha, ils pourraient induire un état de relaxation ou de trance, tandis qu'en influençant les ondes bêta, ils pourraient augmenter ou diminuer l'attention et la concentration.

. *Impact sur les émotions.* Les Jinn pourraient influencer les émotions humaines en modifiant les ondes cérébrales associées à différentes émotions. Par exemple, une augmentation des ondes gamma pourrait être liée à des expériences de perception améliorée ou de méditation profonde.

. *Impact sur les perceptions.* En altérant les ondes cérébrales, les Jinn pourraient induire des perceptions altérées ou des hallucinations. Par exemple, une manipulation des ondes thêta entraîne des visions ou des sensations inhabituelles.

. *Influences électromagnétiques.* La recherche scientifique montre que les champs électromagnétiques peuvent influencer l'activité cérébrale et les états mentaux. Par exemple, les thérapies par stimulation magnétique transcrânienne [TMS] utilisent des champs magnétiques pour moduler l'activité cérébrale. Les concepts de manipulation électromagnétique peuvent servir d'hypothèses pour comprendre comment des entités énergétiques pourraient interagir avec le cerveau humain.

b - Type de réaction énergétique

En ayant une « *physiologie* » unique et différente de tout ce que nous connaissons, il est possible que les Jinn utilisent un type de réaction énergétique totalement inconnu pour nous. Voici quelques hypothèses :

- *Réactions de plasma froid*

Contrairement aux réactions de fusion chaude, les Jinn pourraient utiliser des réactions de plasma à basse température. Les réactions de plasma froid se produisent à des températures beaucoup plus basses que celles nécessaires pour la fusion nucléaire traditionnelle. Dans ces conditions, les particules chargées du plasma interagissent de manière différente, ce qui pourrait permettre des réactions énergétiques efficaces sans nécessiter des températures extrêmes. Cela expliquerait comment les Jinn génèrent de l'énergie sans les contraintes de la fusion nucléaire.

- *Réactions de Liasme*

Les Jinn pourraient utiliser des interactions spécifiques du *Liasme* pour générer de l'énergie. Par exemple, des *déstructurations*[44] de particules liasmique pourraient libérer de l'énergie.

. *Déstructuration au niveau du liasme et génération d'énergie.* Les particules subatomiques possèdent une énorme quantité d'énergie liée par des forces fondamentales. Déstructurer ces particules pourrait libérer cette énergie d'une immense puissance.

. *Manipulation du liasme et des particules.* Les Jinn pourraient théoriquement manipuler l'énergie et les particules subatomiques du liasme pour générer de l'énergie. Les Jinn pourraient utiliser leurs aptitudes inconnues pour provoquer des déstructurations de particules, libérant ainsi l'énergie nécessaire pour leurs actions extraordinaires.

. *Interaction avec les Humains.* Les Jinn, en générant de l'énergie à partir des interactions spécifiques du liasme, pourraient influencer l'Univers perceptible [ou physique] et les humains de manière subtile révélant leur maîtrise de la nature des Univers.

- *Réactions de champ quantique*

Les Jinn pourraient exploiter des champs quantiques ou des fluctuations du vide quantique pour générer de l'énergie. Ces réactions seraient basées sur des principes de la physique

---

[44] *Destructuration des particules.* Processus où les particules élémentaires sont brisées ou transformées en d'autres particules plus petites ou en énergie. Dans les accélérateurs de particules, des particules sont projetées les unes contre les autres à des vitesses extrêmement élevées, provoquant leur fragmentation en particules subatomiques.

quantique que nous ne comprenons pas encore pleinement. Les Jinn pourraient exploiter ces fluctuations pour générer de l'énergie. S'ils peuvent manipuler ces champs, ils pourraient en tirer de l'énergie.

- *Conversion d'énergie dimensionnelle*

Les Jinn appartiennent à un Univers rhaiybien donc à un autre plan de réalité aux dimensions supplémentaires, et ils pourraient convertir l'énergie de cette Univers superposé en énergie utilisable dans notre Univers perceptible. Ceci leur permettrait de générer de l'énergie de manière unique. Ces hypothèses montrent à quel point notre compréhension de la physique est encore limitée et combien il reste à découvrir. Les Jinn offrent un cadre fascinant pour explorer des concepts sur l'énergie et la matière.

E - Le Jinn, une des « deux charges »

« Nous allons bientôt entreprendre votre jugement, ô vous les deux charges [ayouha al-taqalani, الثَّقَلَانِ Homme et Jinn] » (Coran, 55-31)

Le mot arabe « الثَّقَلَانِ - *al-taqalan* » signifie un poids, une masse ou une quantité de matière. Littéralement, « *tiql* » signifie la charge ou le poids, ce qui défini comme quelque chose de lourd ou de substantiel. Dans ce verset, le terme désigne des entités, ici le Jinn et l'Homme ayant une certaine masse ou un certain poids. Dans la langue arabe, on utilise « *tiql* » pour parler du poids d'un objet physique, de la densité ou de la masse d'une substance.

Le mot « al-*thaqalan* » » est dérivé de la racine « ثقل » [*tiql*], qui signifie poids, charge ou lourdeur.

Le mot *taqalan* [sing. *thaqal*], désigne quelque chose de *pesant* qui détient une *masse*. L'*Homme* et le *Jinn*, étant mentionnés dans ce verset par le terme *thaqalan*, sont donc considérés comme une *quantité de matière*.

Dans un contexte factuel et scientifique, l'énoncé « *ô vous les deux charges [ayouha al-taqalani* » [Homme et Jinn] a une signification très précise.

Selon la Révélation coranique, les Jinn sont créés à partir de « *d'un feu d'une chaleur ardente* » [*Coran, 15-27*]. Scientifiquement, ce verset révèle comme nous l'avons précisé plus haut que le Jinn a été crée à partir d'une rection thermonucléaire et qu'il est une entité de nature plasmatique.

Les humains ont une masse physique mesurable. La masse moyenne d'un adulte humain varie en fonction de nombreux facteurs tels que l'âge, le sexe, et la composition corporelle. Par exemple, la masse moyenne d'un adulte est d'environ 70 kg.

1 - *Interprétation scientifique*

Bien qu'il reste encore beaucoup à apprendre et à découvrir, la complexité de l'être humain est immense. Les sciences, qu'elles soient naturelles [Biologie, Médecine], sociales ou humaines [Sociologie, Psychologie, Anthropologie] ont accumulé une vaste quantité de connaissances sur l'Homme. La Science a permis de découvrir et de comprendre de nombreux aspects de celui-ci, de son corps à son esprit, en passant par ses interactions sociales. En physique, la masse est une mesure de la quantité de matière dans un objet. Elle est souvent mesurée en kilogramme [kg] et est une propriété intrinsèque de la matière.

Les Jinn sont constitués de plasma, cela ouvre une perspective fascinante du point de vue scientifique.

- *Nature du plasma*

Le plasma est souvent appelé le quatrième état de la matière, après les solides, les liquides et les gaz. Il est constitué d'un mélange de particules chargées, y compris des ions et des électrons libres. Le plasma est présent dans de nombreux phénomènes naturels [éclairs, étoiles, soleil]. Il est extrêmement dense et chaud, ce qui lui confère une masse significative.

- *Masse et énergie*

Bien que le plasma soit constitué de particules chargées, il a une masse. Les particules individuelles dans le plasma ont une masse, et donc, en tant qu'ensemble, le plasma a une masse mesurable. Cela correspond à l'idée que les Jinn, en tant que créatures de plasma, auraient une masse physique.

2 - Propriétés du plasma

Le plasma a des propriétés uniques, telles que la conductivité électrique élevée, la réactivité chimique, et la capacité de générer des champs magnétiques. Ces propriétés révèlent certaines des caractéristiques des Jinn, qui sont souvent décrits comme ayant des capacités surnaturelles dans les textes coraniques [imperceptibilité, puissance, célérité, longévité, etc.].

Les Jinn étant constitués de plasma, cela leur confère une masse physique et des propriétés uniques.

Comme toute matière, le plasma possède une masse, qui est la somme des masses de ses particules constituantes. Cette masse implique également un poids, qui est la force exercée par la gravité sur cette masse. Même si le plasma a une masse, sa densité peut varier énormément. Par exemple, le plasma stellaire dans une étoile est extrêmement dense.

La perception humaine est limitée par nos sens et les instruments que nous utilisons pour mesurer et observer le monde. Ces derniers [sens et instruments de mesure] sont conçus pour détecter des phénomènes physiques dans notre réalité observable, notre Univers perceptible. Les Jinn, étant des entités rhaiybiennes, échappent à ces limitations. Ils possèdent des propriétés qui les rendent imperceptibles et insaisissables par les moyens humains.

L'énigme réside dans le fait que, bien que les Jinn aient une masse et un poids en tant que plasma, ils échappent à toute mesure et perception humaine. Cela souligne les limites de notre compréhension et de nos capacités technologiques face à des phénomènes qui sont au-delà de notre réalité physique, perceptible.

a - Notion physique de « taqal »

« Nous allons bientôt entreprendre votre jugement, ô vous les deux charges [ayouha athataqalan, Homme et Jinn] » (Coran, 55-31)

La *masse* d'un corps est une conception théorique répondant à l'idée intuitive et vague de quantité de matière renfermée dans un corps. D'abord, elle s'exprime par la force de gravitation qui s'exerce universellement entre des corps massifs. Cette masse pesante est directement liée au poids d'un corps et mesure l'action de la pesanteur sur celui-ci.

De prime abord, la notion de masse tend à caractériser la quantité de matière incluse dans un objet physique. Cette grandeur se dévoile à nos sens grâce au poids de l'objet : la force de pesanteur qu'exerce la Terre est indubitablement d'autant plus élevée que l'objet contient plus de matière.

L'unité de masse conventionnelle est aujourd'hui le *kilogramme* international, qui correspond à peu près à celle d'*un litre d'eau*. Cette définition initiale du kilogramme [adoptée par la Convention en 1793, est cependant imprécise pour la métrologie moderne. Ainsi, à l'instar du mètre et de la seconde, il est vraisemblable qu'une définition nouvelle du kilogramme, basée sur les masses d'objets atomiques, soit proposée dans l'avenir. La notion de masse ainsi signalée est additive[45].

---

[45] *Additive* : pouvant faire l'objet d'une addition.

Cette caractéristique essentielle convient à l'idée intuitive de quantité de matière : la masse [quantité de matière] d'un système constitué de deux objets est la somme des masses [quantités de matière] de chaque objet. De ce fait, le poids P d'un objet est le produit de sa masse m, typiquement intrinsèque à l'objet, par une grandeur g qui considère le champ de pesanteur en chaque point[46] : P - mg.

Le champ de pesanteur lui-même, est produit par les masses des corps autres que celui sur lequel il agit. Donc, dans le cas le plus simple, deux masses ponctuelles m_1 et m_2 s'attirent avec une force f, où d est la distance qui les sépare, [inverse carré], et G une constante universelle : la constante de la gravitation [loi fondamentale de l'attraction universelle][47].

$$\int = Gm_1 m_2 / d^2 2$$

b - Quantité de matière.

Progresser dans la connaissance d'un phénomène quelconque, nécessite d'avoir un point de vue quantitatif des

---

[46] La variation du champ de pesanteur selon l'endroit explique les variations du poids. Par exemple, sur la Lune, la pesanteur est six fois moindre que sur la Terre.

[47] La masse m_1 engendre un champ gravitationnel qui s'exerce sur la masse m_2, et inversement. La similarité de la loi de la gravitation avec celle de Coulomb qui décrit les forces entre charges électriques, conduit à examiner les masses comme étant des charges gravitationnelles, au sens général de la notion de charge en physique moderne : grandeur qui explique à la fois un certain champ de force produit par un corps [*rôle actif*] et la réponse de celui-ci aux champs de force identiques créés par d'autres [*rôle passif*]

grandeurs mises en jeu : classiquement, déterminer une grandeur consiste à la comparer à une grandeur de même nature choisie comme unité.

L'opération de mesure de la quantité de matière du Jinn dissimule un phénomène inconnu. Si une substance chimique de formule inconnue mais existante sous une forme nouvelle ne peut être mise en évidence au moyen d'une réaction physiologique comparable à celle de l'Homme ou de l'animal, l'unité provisoire d'une telle substance pourra être basée sur celle qui entraîne une réaction physiologique à l'instar d'un modèle bien étudié, par exemple l'Homme.

L'opération consistant à donner un rapport de grandeur pour le Jinn en se basant sur les données correspondantes à l'Homme reste téméraire mais néanmoins essentiel si l'on veut pouvoir s'en faire une idée. Encore faut-il connaître l'objet à quantifier, ici le Jinn.

Une chose est sûre, les paramètres relatifs à ce dernier peuvent s'inscrire sur une échelle de grandeur molaire. L'unité qui définit spécialement le phénomène *masse Jinnienne,* renvoie à l'absence de données relatives à cette entité. Ainsi, après déduction, la quantité de matière Jinnienne pourra correspondre à y moles d'un composé chimique défini Y.

Rapport de grandeur entre Homme et Jinn

Homme Entité *atomique*	Jinn Entité *plasmatique*
Unité de mesure[48]	
Kilogramme	Mole[49]

Si l'on se réfère à l'idée que le Jinn est *créé ... « d'une réaction thermonucléaire »*, il est logique d'établir une comparaison avec d'autres corps en apparence de même nature que lui, à savoir les étoiles, y compris le Soleil, qui sont en effet le siège de réactions thermonucléaires[50].

En postulant que les éléments composant le Jinn, de nature plasmatique, s'apparentent, si peu soit-il, à ceux du Soleil, et que celui-ci à l'instar de la plupart des autres étoiles,

---

[48] Exemple de masse : l'atome d'H_2 est de l'ordre de 10^{-30} kg ; celle d'une bactérie est 10^{-10} kg.

[49] La mole [*mol*] est la quantité de matière d'un système contenant autant d'entités élémentaires qu'il y a d'atomes dans 0,012 kg de carbone 12 [C_{12}].

La masse molaire M de l'Hydrogène : 2 x 1,007 = 2,014.

Ainsi, x = ^{12}C ; a = 100 → 12/100 = 0,012 mol. Sachant que : y = ^2H ; b = 100.

Unité de masse atomique : c'est l'unité de mesure de masse atomique [symb. U] égale à la fraction $\frac{1}{12}$ de la masse du *nucléide* [noyau atomique défini par le nombre de protons et de neutrons qui le constituent] ^{12}C.

La biochimie utilise l'unité de masse qui est le *Dalton*. Celui-ci représente la masse d'un atome d'hydrogène qui vaut $1,67 \ Z \ 10^{-24}$ g. Il est symbolisé par *Da*. Le *kilodalton* s'écrit kDa.

[50] L'énergie du Soleil provient du noyau où ont lieu les réactions thermonucléaires, c'est-à-dire la combustion de l'hydrogène qui transforme les noyaux d'hydrogène en noyaux d'hélium.

est essentiellement constitué d'hydrogène[51] [74%] ; un rapport de grandeur peut ainsi être déduit en se servant de l'hydrogène.

Les unités de mesure peuvent varier en fonction de l'échelle de ce que l'on quantifie. Pour des objets astronomiques comme les étoiles, ce sont les unités de masse comme le kilogramme [*kg*] ou la tonne [*t*] qui sont employées, car les masses sont extrêmement grandes. Par contre, pour des quantités microscopiques ou des entités comme les atomes, les molécules, ou un Jinn constitué de plasma, la mole ou ou la masse molaire sera plus appropriée. Cela permet de quantifier de manière pratique le nombre d'entités élémentaires et de calculer les masses correspondantes.

L'unité de mesure la *mole* est utilisée pour quantifier la quantité de matière, pas directement la masse. Un mole correspond à [$6.022.10^{23}$] entités élémentaires [atomes, molécules, ions], ce qu'on appelle le *nombre d'Avogadro*.

La masse molaire est également une notion importante. La masse molaire de l'hydrogène [H_2] est d'environ 2 grammes par mole, et celle de l'hélium [He] est d'environ 4 grammes par mole. Donc, en connaissant la quantité de matière en moles, on peut aisément calculer la masse correspondante.

---

[51] Le plus léger de tous les atomes, l'atome d'hydrogène, a un diamètre d'environ 1 Å, c'est-à-dire de 10^{-10} m [0,000 000 000 1 mètre] *Angström* [symb. Å], unité de mesure de longueur d'onde utilisée pour les très petites dimensions atomiques ou moléculaires.

- *Nomenclature*

Le *Kilogramme* [kg] est employé pour mesurer la masse des objets célestes comme les étoiles et les galaxies. Par exemple, la masse du Soleil est d'environ [$1.989.10^{30}$] kg[52].

La *masse solaire* [$M_\odot$] est une unité de mesure spécifique en astronomie, égale à la masse du Soleil. Elle est souvent utilisée pour exprimer la masse d'autres étoiles.

La *mole* [mol] est utilisée pour quantifier la quantité de matière. Une mole correspond à [$6.022.10^{23}$] entités élémentaires [nombre d'Avogadro].

La *masse molaire* est la masse d'une mole d'une substance. Par exemple, la masse molaire de l'eau [H_2O] est d'environ 18 grammes par mole.

L'*électron-Volt* [eV] est utilisé pour mesurer l'énergie des particules subatomiques. Par exemple, l'énergie d'un photon de lumière visible est d'environ 2 à 3 eV.

---

[52] L'expression [$1.989.10^{30}$] kg représente une très grande masse, exprimée en kilogrammes. Cette notation est appelée notation scientifique et est utilisée pour écrire des nombres très grands ou très petits de manière concise. Ainsi, [$1.989.10^{30}$] kg correspond à la masse du Soleil. En décomposant cette formule : 1.989 est le coefficient, [10^{30}] signifie que le coefficient doit être multiplié par 10 élevé à la puissance 30, c'est-à-dire un 1 suivi de 30 zéros. Donc, [$1.989.10^{30}$] kg est égal à 1 989 000 000 000 000 000 000 000 000 kg. L'utilité de cette notation en astronomie et en physique permet de manipuler des nombres extrêmement grands ou petits sans avoir à écrire tous les zéros.

Le *Kelvin* [K] est employé pour mesurer la température, notamment dans les études de plasma et de physique des particules. Par exemple, la température du plasma dans un réacteur de fusion peut atteindre des millions de kelvins.

Si l'on considère un Jinn constitué de plasma, on pourrait utiliser des unités comme la mole pour quantifier les particules de plasma et le kelvin pour mesurer la température du plasma. Même sans avoir besoin de faire des calculs mathématiques précis, il est évident que la masse d'un composant solide est beaucoup plus grande que celle d'un composant à l'état de plasma. En d'autres termes, un solide a une densité et une masse plus élevées qu'un plasma, qui est un état de la matière où les particules sont ionisées et beaucoup plus dispersées.

c - Masse et inertie.

Il existe une autre définition de la masse d'un corps à partir de son comportement dynamique. Plus la masse [quantité de matière] d'un objet est important, plus grande est la difficulté à le mouvoir ou à l'arrêter, donc de changer son état de mouvement. Le principe de l'inertie, montre qu'un corps sur lequel ne s'exerce aucune force poursuit un mouvement uniforme [rectiligne, à vitesse constante]. Ainsi, une force donnée F changera la vitesse en grandeur et/ou en direction, c'est-à-dire entraînera une accélération g du corps d'autant plus élevée que la masse du corps sera plus faible.

La loi fondamentale de la dynamique s'écrit : $g = F/m$. Elle correspond tout à fait au rôle de la masse comme coefficient inertiel, définissant la résistance du corps à la modification de son état de mouvement. La masse demeure dans cette nouvelle acception une propriété additive, tout comme la déduction de l'additivité des forces. En conséquence, cette notion de la masse est nettement plus générale que la précédente. Au lieu de se décrire comme une grandeur liée à un phénomène physique spécifique, la pesanteur, elle, se caractérise par la réponse d'un corps à une force quelconque, qui peut être aussi bien de nature électrique, magnétique… que gravitationnelle. A priori, on peut distinguer pour chaque corps deux masses, la masse inerte *mi*, qui participe à la loi [générale] de la gravitation, $F = mi\,g$, et la masse pesante *mp*, qui indique la force gravitationnelle [ou poids] $P = mp\,g$, agissant sur le corps dans un champ de pesanteur *g*.

Les observations et les expériences démontrent que, pour tous les corps sans exception, le rapport mp/mi est le même. Ceci permet, [selon un choix d'unités], d'identifier *mp* et *mi*, octroyant ainsi une valeur commune [la masse] à la masse inerte et à la masse pesante. Si la force agissant sur le corps est la pesanteur [F = P], l'équation de la gravitation s'écrit :

$$g = P/mi = [mp/mi].g$$

L'accélération, donc la vitesse et la trajectoire du corps dans un champ de pesanteur donné, résulte donc du rapport *mp/mi*. Le constat est que tous les corps ont un mouvement identique dans un champ de pesanteur donné[53]. Des mesures

---

[53] La chute des corps à la surface de la Terre en est l'exemple élémentaire. Un gravillon de 10 grammes et un rocher de 10 tonnes tombent avec la même accélération *g*, l'*accélération de la pesanteur*. Si la force qui s'applique

très précises ont confirmé l'universalité du rapport *mp/mi* pour de très nombreux corps, avec une grande précision.

Ce lien entre deux paramètres de natures très distinctes, c'est-à-dire une charge gravitationnelle et un coefficient inertiel, n'a pas d'explication naturelle au niveau de la physique classique. Son résultat fondamental, l'identité des mouvements de divers corps sous l'action d'un champ gravitationnel, sert de trame à la théorie de la gravitation, appelée *relativité générale*[54], sous forme géométrique. En effet, la liberté du mouvement gravitationnel d'un corps par rapport à sa propre masse permet d'examiner ce mouvement comme dû à la seule structure de l'espace-temps.

F - Aptitudes des Jinn

« ... *Il [Iblis] vous voit, lui et ses acolytes [Jinn Shayatin*[55]*], de là où vous ne les voyez pas...* » *(Coran, 7-27)*

Ce verset met en garde les Humains en soulignant que ces entités peuvent les voir depuis des endroits où eux ne peuvent pas les voir. Cela signifie que les Jinn, dont Iblis, possèdent la capacité de percevoir les humains sans être eux-mêmes

---

sur le second est un million de fois plus élevée que sur le premier, son inertie est aussi un million de fois supérieure, et de ce fait, il est un million de fois plus difficile à accélérer ; et il y a exacte compensation.

[54] Dans la théorie de la relativité, la masse inerte et la masse pesante [*passive*], identifiées a priori, disparaissent en quelque sorte. Les équations de mouvement conduisent à des trajectoires dans un espace-temps courbe en vertu de critères purement géométriques [ce sont les *géodésiques* de l'espace-temps] La structure même de cet espace-temps courbe est caractérisée par les masses pesantes [*actives*] des corps physiques.

[55] *Shaytan* شيطان *Shayatin* -plur-. [« *Semeur* [*s*] *de Désordre* »].

perçus. Cette imperceptibilité leur permet de se trouver parmi eux sans être détectés.

L'Humain est de nature atomique. En fait, tout ce qui nous entoure, y compris l'Homme, est composé d'atomes. Les atomes sont les unités de base de la matière et forment les molécules qui constituent les cellules et les tissus de notre corps. Ainsi, les Humains sont incontestablement de nature atomique. Ce sont des *entités atomiques*.

Contrairement aux Humains, les Jinn ne sont pas de constitution atomique, c'est à dire faits de matière visible, ce qui leur permet de rester cachés aux yeux humains. Cette capacité des Jinn à voir les humains sans être vus est une forme de pouvoir ou de don particulier. Cela leur permet d'observer les actions humaines sans être détectés.

Iblis, qui est un *Ifrit* [Jinn puissant et redoutable] est la principale entité qui représente une menace grave et persistante pour le bien-être et la survie de l'humanité. Sa capacité à être imperceptible lui donne un avantage stratégique pour mener à bien sa mission [égarer l'humanité]. Cette imperceptibilité rend sa tâche plus difficiles à détecter et à contrer.

L'idée que les Jinn soient des entités de nature plasmatique offre une explication scientifique à leur capacité de « *voir sans être vus* ». Le plasma quatrième état de la matière peut être imperceptible à l'œil nu, surtout s'il est à basse densité.

Le fait que les Jinn soient constitués de plasma, ils seront imperceptibles dans certaines conditions, en fonction de la densité et de la température du plasma. Cela expliquerait pourquoi ils peuvent voir les humains sans être vus.

Les entités plasmiques pourraient avoir des capacités sensorielles différentes de celles des êtres humains. Par exemple, elles pourraient détecter des champs électromagnétiques ou des variations de température, ce qui leur permettrait de percevoir leur environnement d'une manière que les humains ne peuvent pas.

Les Jinn peuvent manipuler la densité de leur plasma pour s'occulter aux yeux des humains et ainsi se rendre imperceptibles. Le plasma est un état de la matière composé de particules chargées [ions et électrons] et peut interagir avec les champs électromagnétiques. En modifiant la densité ou la configuration de leur plasma, les Jinn pourraient altérer la manière dont la lumière interagit avec eux, les rendant ainsi imperceptibles.

Quelques rappels des propriétés du plasma terrestre. D'abord, celui-ci est un excellent conducteur d'électricité en raison de la présence de particules chargées. Ensuite, les particules chargées dans le plasma peuvent réagir fortement avec les champs électromagnétiques. Enfin, le plasma peut émettre de la lumière lorsqu'il est excité, ce qui explique pourquoi les aurores boréales sont visibles.

Le plasma peut interagir avec la lumière de plusieurs façons. Il peut absorber et émettre de la lumière à différentes longueurs d'onde. Les particules chargées peuvent réfracter [courber] ou diffracter [disperser] la lumière.

Pour qu'un être constitué de plasma devienne imperceptible, il faudrait qu'il puisse manipuler la manière dont la lumière interagit avec lui. Cela pourrait inclure de :

. *Changer la densité.* En modifiant la densité du plasma, il pourrait théoriquement altérer la réfraction de la lumière, la rendant moins perceptible.

. *Contrôle des champs électromagnétiques.* En utilisant des champs électromagnétiques pour courber la lumière autour de lui, similaire à certains concepts de « *manteaux d'invisibilité*[56] » en physique.

---

[56] *Manteaux d'invisibilité.* En physique, ce sont des dispositifs théoriques ou expérimentaux conçus pour rendre un objet invisible en manipulant la lumière autour de lui. *Les* métamatériaux. *Les « manteaux d'invisibilité »* reposent souvent sur des métamatériaux, qui sont des matériaux artificiels ayant des propriétés électromagnétiques inhabituelles. Ces métamatériaux peuvent courber la lumière de manière à ce qu'elle contourne un objet, le rendant ainsi invisible. *Indice de réfraction négatif.* Le concept crucial est celui de l'indice de réfraction négatif. Dans un matériau avec un indice de réfraction négatif, la lumière est réfractée dans la direction opposée à celle attendue. Cela permet de courber la lumière autour de l'objet. Dans l'état actuel de la Science, ces technologies sont principalement expérimentales et fonctionnent souvent à des échelles microscopiques ou pour des longueurs d'onde spécifiques. *Exemples de Réalisations : « Quantum Stealth »* est un matériau développé par « *Hyperstealth Biotechnology Corp* » qui courbe la lumière autour d'un objet pour le rendre invisible. *Cape de Berkeley Lab* : une cape fine et souple utilisant des nanoantennes en or pour réorienter la lumière.

1 - Vision humaine, vision Jinnienne

L'*œil* est l'organe de la vision sensible à la *lumière* chez les animaux et l'homme. Les yeux peuvent être plus ou moins complexes selon les espèces : des simples structures capables de différencier la lumière de l'obscurité, aux organes élaborés qui distinguent des variations infimes de forme, de position, de mouvement, de couleur, de luminosité et de distance. Malgré cette complexité, on remarque que l'œil humain n'est constitué que pour percevoir ce qui lui est *nécessaire* de voir.

L'homme appréhende sereinement son monde et ne se doute pas de l'existence des Jinn. Créatures mythologiques, folkloriques, imaginaires pensent-ils. Quoi qu'il en soit, l'Homme n'est pas équipé pour cerner l'Univers du Jinn, l'un des Univers du Rhaiyb.

Ces entités sont un paradoxe pour notre compréhension : leur morphologie, leur aptitude, leur intellect, leur aliment, leur société, etc., sont autant de mystères !

Bien que l'Univers imperceptible des Jinn et celui des humains coexistent dans le Système de la Création, les Jinn ont eux la faculté d'observer, et parfois même de visiter, l'Univers des humains.

a - Œil et vision humains

Le processus réel de la *vision* tel qu'il se présente chez l'homme est réalisé à la fois par le *cerveau* et par *l'œil*. La fonction de l'œil est de recueillir et de convertir les vibrations électromagnétiques de la lumière en influx nerveux, qui sont ensuite analysés par le cerveau. Cette fonction, la vision, permet de percevoir le monde extérieur. L'Homme dispose de récepteurs qui réagissent aux mouvements ou aux variations de luminosité apparaissant dans son environnement. L'œil humain est un organe complexe qui permet la vision.

- *Anatomie de l'œil*

. *Cornée.* La cornée est la couche transparente à l'avant de l'œil qui laisse traverser la lumière. Elle joue un rôle crucial dans la focalisation des rayons lumineux.

. *Iris.* L'iris est la partie colorée de l'œil qui contrôle la quantité de lumière entrant dans l'œil en ajustant la taille de la pupille.

. *Pupille.* La pupille est l'ouverture au centre de l'iris qui laisse passer la lumière vers l'intérieur de l'œil.

. *Cristallin.* Le cristallin est une lentille flexible située derrière l'iris qui ajuste sa forme pour focaliser la lumière sur la rétine.

. *Rétine.* La rétine est une fine couche de tissu à l'arrière de l'œil qui contient des cellules photoréceptrices [cônes et bâtonnets] qui convertissent la lumière en signaux électriques.

. *Nerf Optique.* Le nerf optique transmet les signaux électriques de la rétine au cerveau, où ils sont interprétés comme des images.

- *Fonctionnement de la vision*

. *Capture de la lumière.* La lumière entre dans l'œil par la cornée, passe par la pupille et est focalisée par le cristallin sur la rétine.

. *Conversion en signaux électriques.* Les cellules photoréceptrices de la rétine [cônes pour la vision des couleurs et bâtonnets pour la vision en faible luminosité] convertissent la lumière en signaux électriques.

. *Transmission au cerveau.* Les signaux électriques sont transmis via le nerf optique au cortex visuel du cerveau.

. *Interprétation des images.* Le cerveau interprète les signaux électriques pour former des images, et permettre ainsi de percevoir et d'interpréter l'environnement.

- *Acuité visuelle et perception*

. *Acuité Visuelle.* L'acuité visuelle est la capacité de l'œil à distinguer les détails fins. Elle est mesurée en dixièmes [10/10 étant une vision normale].

. *Perception des couleurs.* Les cônes de la rétine sont responsables de la perception des couleurs. Il existe trois types de cônes, chacun sensible à une gamme spécifique de longueurs d'onde lumineuses [rouge, vert, bleu].

. *Vision binoculaire.* La vision binoculaire permet la perception de la profondeur et du relief grâce à la combinaison des images des deux yeux par le cerveau.

L'œil de l'homme est un organe sophistiqué qui capte la lumière, la transforme en signaux électriques, et transmet ces signaux au cerveau pour interprétation. Cela lui permet de voir et d'interagir avec l'environnement de manière complexe et détaillée.

b - Organes de vision jinnienne

L'idée que les Jinn soient de nature plasmatique et possèdent des capacités sensorielles avancées est captivante.

. *Capacité à voir sans être vus.* Si les Jinn ont des organes sensoriels capables de détecter des énergies ou des vibrations subtiles, cela pourrait leur permettre de percevoir des choses imperceptibles à l'œil humain. Par exemple, ils pourraient détecter des ondes électromagnétiques ou des variations dans les champs énergétiques environnants.

. *Perception des énergies et vibrations subtiles.* Les Jinn pourraient être sensibles à des fréquences ou des énergies que les Humains ne peuvent pas détecter. Cela inclut des vibrations subtiles dans l'environnement, des changements dans les champs électromagnétiques, ou même des formes d'énergies inconnues.

Les Jinn posséderaient des capacités sensorielles avancées qui leur permettraient de percevoir des aspects de la réalité qui échappent aux sens humains. Cela pourrait expliquer leur capacité à voir sans être vus et à interagir avec notre Univers physique de manière unique. En postulant que les Jinn ont des organes de vision adaptés à leur nature plasmatique, plusieurs caractéristiques intéressantes viennent à l'esprit :

- *Vision électromagnétique*

Les Jinn pourraient avoir des organes de vision capables de détecter une large gamme d'ondes électromagnétiques, y compris celles qui sont invisibles à l'œil humain, comme les infrarouges et les ultraviolets. Cela leur permettrait de percevoir des détails et des phénomènes imperceptibles à l'œil humain.

- *Détection des champs énergétiques*

Leurs organes de vision pourraient être sensibles aux variations dans les champs énergétiques environnants. Cela inclurait la capacité de voir des fluctuations dans les champs magnétiques ou électriques, ce qui pourrait leur donner une perception unique de leur environnement.

- *Perception multidimensionnelle*

Si les Jinn existant dans un Univers imperceptible aux dimension différente du notre ; ils ont la capacité de se déplacer entre eux, leurs organes de vision pourraient être adaptés pour percevoir d'autres plans de réalité. Cela signifierait qu'ils peuvent voir des choses qui sont complètement imperceptibles et incompréhensibles pour les Humains.

- *Adaptabilité*

Les organes de vision des Jinn pourraient être extrêmement adaptables, leur permettant de voir clairement dans des conditions de lumière très faible ou très intense, ou même dans des environnements où la lumière visible est absente. Ils pourraient être incroyablement sophistiqués et adaptés à leur nature unique, leur permettant de percevoir notre Univers d'une manière totalement différente de celle des humains.

- *Organes de vue différents*

. *Structure cellulaire.* Les cellules de leurs organes de la vue pourraient être composées de matériaux différents, comme des particules chargées ou de plasma, ce qui leur permettrait de détecter des énergies et des vibrations subtiles.

. *Capteurs spécialisés.* Au lieu de cônes et de bâtonnets comme dans les yeux humains, les Jinn pourraient avoir des capteurs spécialisés capables de détecter une large gamme de fréquences électromagnétiques, y compris les infrarouges, les ultraviolets, et peut-être même des ondes radio.

. *Organisation anatomique.* Leur organe de la vue pourrait être organisé de manière totalement différente, peut-être avec plusieurs couches de capteurs ou des structures en forme de réseau pour maximiser la détection des énergies environnantes.

. *Adaptabilité dynamique.* Les organes de la vue des Jinn pourraient être capables de s'adapter dynamiquement à différentes conditions environnementales, changeant de forme ou de configuration pour optimiser la vision dans différentes situations.

. *Connexion énergétique.* Il est possible que leurs organes de la vue soient directement connectés à leurs systèmes énergétiques internes, leur permettant de percevoir non seulement la lumière visible, mais aussi les champs énergétiques et les vibrations subtiles. Ainsi, les organes de la vue des Jinn seraient sûrement très sophistiqués et adaptés à leur nature unique, leur permettant de percevoir d'une manière qui nous est inconnue.

« ... Mais, lorsque les deux groupes furent en vue l'un de l'autre, il [Iblis] tourna les talons et dit : « Assurément, je vous désavoue. Je vois ce que vous ne voyez pas [les Malayka]... »[57] *...» (Coran, 8-48)*

Dans le contexte de ce verset, Iblis [Ifrit] est décrit comme ayant initialement encouragé les Mecquois à combattre les Médinois[58]. La phrase « *Je vois ce que vous ne voyez* pas » est prononcée par Iblis dans le contexte de la bataille de Badr. Iblis, étant une créature qui a la capacité de percevoir des choses que les humains ne peuvent pas voir. Dans ce cas précis, il a vu les Malayka. Les Qurayshites, ignoraient leur présence. Il admet implicitement qu'il ne

---

[57] Les *Mecquois* hostiles à la Révélation coranique craignaient, s'ils marchaient jusqu'à *Badr*, de se faire attaquer par une tribu ennemie. Iblis [Ifrit], le *Shaytan,* se montrant sous la forme d'un chef de tribu, leur apparut pour dire qu'il était solidaire et les aiderait à combattre le Raçoul et sa troupe. Mais lorsque Iblis vit les Malayka arriver, il se sauva. D'où son expression : « *Je vois ce que vous ne voyez pas...* » *(Coran, 8-48)*

[58] Ce verset fait référence à un moment crucial lors de la *bataille de Badr,* une des premières batailles importantes dans l'histoire de la Révélation coranique. Celle-ci a eu lieu en 624 après J.-C. entre le Raçoul et son groupe de Médine et les Qurayshites de La Mecque. C'était une bataille décisive pour les premiers. Les deux groupes mentionnés dans ce verset sont la troupe de Médine et celle de la Mecque. Ils se préparaient à s'affronter sur le champ de bataille.

peut pas rivaliser avec cette force qui transcende le monde physique et qu'il est inutile de continuer à soutenir les Qurayshites dans cette bataille.

Ce segment de verset « *Assurément, je vous désavoue. Je vois ce que vous ne voyez pas* [*les Malayka*] » souligne la limitation des capacités perceptives humaines par rapport à d'autres plans de réalité du *Rhaiyb* ou Univers de l'Imperceptible. La différence entre la perception humaine et la perception jinnienne est patente.

Selon la Révélation coranique, les Jinn, dont Iblis fait partie, sont des créatures « *crées à partir d'un modèle de feu sans fumée* » en d'autres termes : *plasmatiques*. Les Malayka, quant à eux, sont des « *entités énergétiques* » [« *Nour* »] distinctes de Jinn mais faisant partie également des Univers rhaiybiens ou imperceptibles. Ces derniers coexistent simultanément, chacun avec ses propres réalités et lois physiques, sans qu'il y ait un ordre ou une classification entre eux. Il existe simplement différents états possibles de l'existence, superposés les uns aux autres.

Cette distinction de nature entre les Jinn et les Malayka leur confère des capacités de perception prodigieuses. En partageant cette « *vision spéciale unique* », ils peuvent percevoir des réalités imperceptibles aux yeux humains, comme la présence des Malayka. Cette perception partagée de l'Univers rhaiybien renforce l'idée que les Jinn et les Malayka ont accès à des plans de réalité inaccessibles aux humains.

Les Jinn et les Malayka sont deux types de créatures intelligentes, chacune vivant dans un plan de réalités avec ses propres caractéristiques et rôles. Leur interaction et leur perception de l'Univers imperceptible aux humains illustrent la complexité et la richesse de l'Univers des Univers qu'est la Création.

2 - Relativité des lois de la Physique

« Un Ifrit[59] dit : « Je te l'apporterai [le trône] avant même que tu ne te sois levés [atika bihi] de ta place. Vraiment, j'en suis capable et digne de confiance » (Coran, 27-39)

« Celui [Ifrit] auprès duquel est une connaissance du Livre [« ilmoun min al-Kitabi »] dit : « Je te l'apporterai [le trône] avant même que tu n'aies cligné de l'œil ». Dès que Soulayman le vit [trône] fermement posé devant lui,… » (Coran, 27-40)[60]

Les mesures conventionnelles et abstraites, choisies afin de représenter des grandeurs physiques mesurables, telles que la masse, le temps et la longueur sont valables pour situer l'environnement de l'homme et celui-ci dans son environnement. Lorsqu'il s'agit des Jinn, il devient impossible de définir une *unité* de mesure par une *constante* naturelle, en faisant une expérience dont les modalités sont fixées à l'avance, ou par une relation entre l'unité à définir et les unités préexistantes.

---

[59] *Ifrit.* Jinn extrêmement puissant d'un point de vue physique et cognitif.
[60] À propos de cette histoire, ce conférer aux versets : « *Coran, 27-15/44* » Saba est l'ancien royaume du Yémen dont la capitale était Marib, nom d'une ville actuelle proche de Sana [ou Sanaa].

La complexité à comprendre les Jinn, entités de nature plasmatique, en utilisant les concepts et les mesures que nous, les humains, avons développés pour notre propre environnement est indéniable. En effet, les outils et les grandeurs que nous utilisons pour décrire notre Univers observable ne sont pas forcément adaptés pour décrire des entités aussi différentes que les Jinn.

Néanmoins, même si nous n'avons pas de connaissances vérifiées par des méthodes expérimentales sur ces entités, la science nous permet tout de même de formuler des hypothèses et d'avoir une certaine idée de ce qu'elles pourraient être.

En approfondissant cette notion, on peut mettre en lumière deux aspects principaux. Premièrement, les grandeurs et les mesures que nous utilisons dans notre quotidien sont conçues pour décrire des phénomènes que nous pouvons observer et expérimenter directement. Par exemple, nous utilisons des unités comme les mètres pour mesurer des distances ou les secondes pour mesurer le temps. Cependant, ces unités peuvent ne pas être pertinentes ou suffisantes pour décrire des entités qui ne font pas partie de notre réalité physique habituelle, comme les Jinn de nature plasmatique.

Deuxièmement, même si nous ne pouvons pas directement observer ou expérimenter ces entités, la science nous offre des outils pour formuler des hypothèses et des modèles théoriques pour essayer de les comprendre. Par exemple, en physique, nous utilisons des concepts comme le *plasma* pour décrire des états de la matière qui ne sont pas courants dans notre environnement quotidien. La science est un processus dynamique qui évolue constamment. Même si ces hypothèses et modèles théoriques ne sont pas parfaits, ils nous permettent d'avoir une idée approximative de ce que pourraient être ces entités. Ils nous offrent une base pour explorer et élargir notre compréhension. Même si nos outils et concepts humains peuvent être limités pour comprendre des entités non humaines, cela ne doit pas nous décourager dans notre quête de connaissance. Nos instruments de mesure, nos concepts et nos théories sont conçus pour décrire notre environnement immédiat. Lorsqu'il s'agit de phénomènes ou d'entités qui sortent de ce cadre, comme les Jinn de nature plasmatique, ces outils peuvent ne pas être suffisants ou adaptés.

Il est utile d'insister sur le fait que ces limitations ne doivent pas constituer un obstacle intellectuel. Au contraire, elles devraient nous encourager à continuer à chercher, à poser des questions et à développer de nouvelles méthodes et théories. La quête du savoir est un processus continu qui nécessite curiosité, persévérance et ouverture d'esprit.

Même si nous rencontrons des défis dans notre compréhension des entités non humaines, ces défis ne doivent pas nous dissuader. Au contraire, ils devraient nous motiver à poursuivre notre recherche et à élargir nos horizons. Les étalons fondamentaux, sur lesquels repose le Système international d'unités, ont pour rôle d'établir des définitions précises des unités de base et, par conséquent, des unités dérivées. La quête de précision augmente sans cesse, parfois très vite, ce qui nécessite de modifier l'étalon, mais non les unités. Le développement scientifique et technique réclame que les mesures aient la même signification pour tous.

Un étalon définit avec précision une unité universellement admise. Une grandeur jinnienne à évaluer exigerait que le Jinn puisse être un sujet d'étude. De ce fait, l'utilisation des étalons fondamentaux, malgré tout le soin consacré à une tentative d'adaptation à l'Univers du Jinn, ne peut fournir, en réalité, qu'une modique approche cognitive ou didactique. N'oublions pas que le Jinn appartient au *Rhaiyb*.

a - Masse molaire

En reprenant la définition de l'unité de base de la *quantité de matière* qui est la *mole* [mol], on peut dire que si les Jinn étaient repérables et si la substance formant leur organisme est bien le plasma, certainement que l'unité de quantification les concernant serait la masse molaire ; ainsi, les composants hypothétiques de leur corps [hydrogène, Hélium] pourraient faire l'objet d'un calcul, grâce aux rapports massiques de chaque élément mesuré.

b - Masse et poids

Comme nous l'avons vu, la physique établit que la *masse* est la quantité de matière contenue dans un corps, et la mesure de son *inertie*, c'est-à-dire de sa résistance à tout mouvement. La masse est différente du *poids*, qui est la mesure de l'attraction de la Terre sur une masse donnée. Le poids d'un corps, proportionnel à sa masse, change selon sa position au sein d'un champ gravitationnel. Ainsi, des masses égales, disposées au même endroit d'un champ de gravitation, ont des poids égaux.

La loi de la conservation de la masse est un principe fondamental de la physique classique. La loi de la conservation de la matière ou de la masse, stipule que, dans une réaction chimique, la quantité totale de matière des composés dans un système clos reste constante. Surtout utilisée pour l'écriture des réactions chimiques, cette loi permet de prévoir la formulation de nouvelles molécules. Cette loi est vérifiée dans les réactions chimiques. Toutefois, elle est plus complexe en physique nucléaire, où masse et énergie sont interchangeables.

La *théorie de la relativité* montre que la masse d'un corps change quand sa vitesse approche celle de la lumière [300 000 km/s]. Un objet qui se déplace à 265 000 km/s, par exemple, a une masse à peu près double de sa masse au repos. Quand des corps atteignent de telles vitesses, comme les particules dans une réaction nucléaire, la masse peut alors être convertie en *énergie* et réciproquement.

c - Temps

Le *temps* est, au même titre que la longueur ou la masse, une des quantités fondamentales du monde physique. Selon la physique, le *temps* se définit comme la période pendant laquelle une action ou un événement se déroule, ou encore la dimension représentant la succession de ces actions ou événements.

d - Mouvement - Notions

Le *travail* fourni, ou l'énergie transférée, par unité de temps représente la *puissance*. Le travail est égal au produit scalaire de la force appliquée pour déplacer un corps, par la distance parcourue par ce corps. La puissance mesure la rapidité à laquelle le travail est fourni.

Le verset 27-39 du Coran mentionne un Jinn [Ifrit] qui se propose de déplacer le trône de la reine de Saba. Pour comprendre cela d'un point de vue physique, il faut analyser les forces impliquées.

- *Force horizontale*

Afin de déplacer le trône, l'Ifrit doit appliquer une force horizontale [F]. Cette force doit être supérieure à la force de friction entre le trône et l'air. Elle doit être suffisante pour surmonter l'inertie du trône et le mettre en mouvement. Selon la deuxième loi de Newton, la force nécessaire pour accélérer un objet est donnée par [F = ma], où [m] est la masse du trône et [a] est l'accélération.

o *Frottement*

Le frottement est une force qui s'oppose au mouvement relatif entre deux surfaces en contact. Dans ce cas, il s'agit du trône et de l'air. La force de frottement [f] peut être calculée en utilisant la formule [$f = \mu N$], où [\mu] est le coefficient de frottement et [N] est la force normale qui, dans ce cas, est égale au poids du trône si d'autres forces verticales sont négligées.

- *Mise en mouvement*

Pour mettre le trône en mouvement, l'Ifrit doit appliquer une force [F] qui est supérieure à la force de frottement [f]. Une fois que le trône commence à se déplacer, il continue à appliquer cette force pour maintenir le mouvement.

o *Maintien du mouvement*

Une fois que le trône est en mouvement, Ifrit doit continuer à appliquer une force pour compenser le frottement et maintenir le trône en mouvement. Si la force appliquée est égale à la force de frottement, le trône se déplacera à une vitesse constante. Si la force appliquée est supérieure, le trône accélérera.

- *Énergie*

Pour déplacer le trône sur une certaine distance [d], l'Ifrit doit fournir une certaine quantité d'énergie. L'*énergie* est l'aptitude d'un système à générer un travail. L'énergie peut passer d'une forme à une autre ou se décomposer en plusieurs formes, mais l'énergie totale du système demeure constante.

Ce principe de la conservation de l'énergie est l'une des bases de la mécanique et de la thermodynamique telle que l'homme l'a conçu.

- *Travail*

Le *travail*[61] d'une force se déplaçant entre deux points dépend, généralement, du chemin suivi entre ces deux points. L'énergie communiquée à l'objet sous forme de travail augmente son énergie potentielle. Du travail est aussi dispensé lorsqu'une force crée l'*accélération* d'un corps, comme c'est le cas ici, lors de l'accélération du Jinn [Ifrit] qui développe une force de *poussée*[62]. Par contre, si une force agissant constamment sur un corps ne provoque pas son mouvement, alors aucun travail n'est réalisé. La vitesse à laquelle une force exercée sur un corps accomplit un travail donné est la *puissance mécanique* cédée à ce corps ; c'est le produit scalaire du vecteur *force* et du vecteur *vitesse* du mobile.

Le travail [W] effectué par l'Ifrit est donné par [$W = F.d$]. Cette énergie est utilisée pour surmonter le frottement et maintenir le trône en mouvement.

a - Application pratique

En pratique, déplacer un objet aussi grand qu'un trône sur une longue distance nécessiterait une force considérable et une gestion précise de l'énergie. Cela montre la puissance

---

[61] L'unité de travail est le *joule* [J] dans le Système International d'unités : 1 J correspond au travail effectué par une force de 1 N [*Newton*] se déplaçant de 1 mètre. Un travail de 1 J effectué en une seconde correspond à une puissance de 1 W [*Watt*].

[62] Tous les types de force produisent du travail : les forces mécaniques, les forces électrostatiques, électrodynamiques ou encore les forces liées à une tension de surface.

et les capacités extraordinaires attribuées à Ifrit dans ce récit. L'Ifrit utilise une force horizontale pour surmonter l'inertie et le frottement, permettant ainsi de déplacer le trône de la reine de Saba. C'est une formulation physique de ce passage du Coran.

- *Puissance*

La puissance est définie comme la quantité d'énergie transférée ou convertie par unité de temps. Elle mesure la vitesse à laquelle le travail est effectué ou l'énergie est utilisée. La formule de la puissance $[P]$ est donnée par : $P = E/t$ où $[E]$ est l'énergie [en joules, J] et $[t]$ est le temps [en secondes, s]. L'unité de puissance dans le Système international d'unités [SI] est le watt $[W]$, qui équivaut à un joule par seconde $[J/s]$. Le produit *scalaire*[63] d'une force [ici, l'action du Ifrit] par le vecteur déplacement de son point d'application [la mobilité du Ifrit] se nomme en physique : *Travail*. En mécanique classique, la matière peut posséder à la fois de *l'énergie cinétique* [64] quand elle est en mouvement et de *l'énergie potentielle*, que lui vaut à tout moment sa position dans un champ de force. Dans de tels systèmes mécaniques, les changements d'énergie cinétique et d'énergie potentielle s'équilibrent, de façon à ce que leur somme reste toujours la même.

---

[63] *Scalaire* : en mathématique, dont la grandeur est suffisamment définie par un nombre seul.

[64] L'énergie électrique obtenue peut elle-même être transformée en mouvement ou en travail, comme dans les moteurs et les appareils électriques.

Un *rayonnement électromagnétique*, pour sa part, possède une énergie qui dépend de sa longueur d'onde et de sa fréquence. Cette énergie est impliquée dans de nombreuses transformations : elle est emmagasinée par la matière lorsque celle-ci absorbe un rayonnement et peut être restituée à l'environnement sous forme de lumière ou de chaleur.

Tandis que les équations de *l'entropie* régissent les transformations thermodynamiques, d'autres principes entrent en jeu à l'échelle de l'atome et dans les systèmes où les événements se déroulent à une vitesse voisine de celle de la lumière. Dans les réactions nucléaires notamment, énergie et matière sont interchangeables.

3 - Etude de cas - Ifrit et le trône

« Celui [Ifrit] auprès duquel est une connaissance du Livre [« ilmoun min al-Kitabi »] dit : « Je te l'apporterai [le trône] avant même [qabla an] que tu n'aies cligné de l'œil ». Dès que Soulayman le vit [trône] fermement posé devant lui,... » (Coran, 27-40)

Le trône de plusieurs centaines de kilos [150-300 kg[65]]

---

[65] Il s'agit d'une estimation qui est faite d'après divers trônes royaux ou pharaoniques usités dans l'Antiquité [Egypte, Perse, Mésopotamie, Assyrie, etc.]. Un trône royal ou pharaonique de l'Antiquité peut peser en moyenne entre 150 et 300 kg et ceci est un poids moyen, il y en avait de beaucoup plus lourd. Les trônes étaient souvent fabriqués à partir de matériaux lourds et précieux comme le bois massif, l'or, l'argent, et parfois ornés de pierres précieuses. Les trônes de l'Antiquité, comme ceux des pharaons égyptiens ou des rois mésopotamiens, étaient également conçus pour être imposants et symboliser le pouvoir et la grandeur du souverain. Ils étaient souvent richement décorés et fabriqués avec des matériaux

apparaît instantanément à côté de Soulayman. Il existe des disparités entre les Ifrit. Ainsi, celui « *qui n'a pas une connaissance du Livre* » si puissant soit-il est toujours distinct d'un autre « *qui a une connaissance du Livre* ». Ainsi, certains Ifrit sont considérés par Dieu et c'est ce qui fait leur particularité.

Un *trône* est un meuble massif de souverain destiné à s'asseoir. Il est composé d'une assise, de pieds, d'un dossier et de bras. Le trône revêt une fonction spécifique : *gouverner*. Les tombes, les bas-reliefs et peintures des parois des tombeaux des sociétés évoluées de l'Antiquité [Égypte ancienne, Mésopotamie, Perse, etc.] témoignent de l'existence d'une assez grande variété de trônes. Le trône est souvent considéré comme le reflet des mœurs d'une époque, il présente des caractéristiques techniques, fonctionnelles et formelles. Un exemple de trône nous est fourni par un relief d'Assourbanipal II.[66] Il y figure des trônes imposants surhaussés par des piétements très élevés, qui reposent sur des cônes en forme de grenades.

Généralement, les trônes des souverains sont massifs et lourds [marbre, métaux précieux : argent, bronze, etc.] mais sculptés avec raffinement de motifs incrustés de matières précieuses [ébène, pierreries, ivoire, or, etc.] qui décrivent souvent des scènes de cour.

---

durables et précieux, ce qui contribuait à leur poids. Par exemple, le trône de Louis XIV en argent massif mesurait environ 2,60 mètres de haut et pesait 20 tonnes.

[66] Datant de la fin du VIIe siècle av J-C, il est conservé au British Muséum de Londres.

D'une masse allant de 150 kg à plus de 300 kg, le trône est destiné à fixer dans l'imaginaire de l'assistance, la personnalité, la puissance et les fonctions de celui qui l'occupe, en l'occurrence, le monarque.

a - Analyse neurophysiologique

La *neurophysiologie*[67] étudie la réception et la transmission de l'information par les cellules nerveuses ou *neurones*. Les neurones transmettent l'information qui parvient ou qui part du système nerveux central, -comprenant le cerveau et la moelle épinière-, sous la forme d'influx électriques. Ils contrôlent notamment les muscles.

Les *neurones efférents* transmettent les influx du cerveau et de la moelle épinière vers les organes périphériques pour provoquer une modification d'activité. Dans le cas précis qui nous intéresse, il s'agira d'une contraction musculaire lors de l'action de se lever ou le clignement de l'œil produit par Soulayman. La capacité du neurone à conduire et à produire un message appelé *influx nerveux* constitue sa caractéristique principale. La membrane cellulaire d'un neurone au repos est *polarisée*, en raison d'un potentiel électrique plus faible à l'intérieur de la cellule qu'à l'extérieur. Cette différence est essentiellement due à une répartition inégale des ions *sodium* [Na^+] et *potassium* [K^+] entre l'intérieur et l'extérieur du neurone. Les ions K^+ sont plus nombreux à l'intérieur, alors que les ions Na^+ se trouvent majoritairement à l'extérieur.

---

[67] J.-F. Vibert, E. Apartis-Bourdieu, I. Arnulf, P. Dodet, G. Huberfeld, L. Mazieres, L. Naccache, J.-C. Willer, Y. Worbe, « Neurophysiologie », Edit. ElsevieMasson, Paris, 2019.

La membrane est dotée d'une *pompe* qui refoule les ions Na$^+$ vers l'extérieur et pompe les ions K$^+$ vers l'intérieur de la cellule, c'est la *pompe Na$^+$/K$^+$*. D'autre part, des protéines chargées négativement sont maintenues à l'intérieur du neurone[68]. Compte tenu de leur taille, ces protéines ne se diffusent pas librement à travers la membrane et aident à créer cette différence de potentiel transmembranaire, aussi nommée *potentiel de repos*.

Toutes les cellules de l'organisme détiennent une telle différence de potentiel, mais elle est susceptible de varier chez les neurones sous l'influence de certains stimuli. Lorsque le neurone est stimulé, le comportement de sa membrane cellulaire change et on observe un accroissement de la perméabilité aux ions Na$^+$ qui se précipitent alors à l'intérieur du neurone. Ce phénomène provoque une variation brusque de la polarité de la membrane et un potentiel plus important se présente à l'intérieur du neurone.

Le potentiel de la membrane est alors inversé. On dit que le neurone est *dépolarisé* [en fait, il est même polarisé *en sens inverse* : négatif à l'extérieur, positif à l'intérieur]. La cellule vient ainsi de provoquer un *potentiel d'action*, également nommé *influx nerveux*. Cette inversion de polarité se propage de proche en proche sur toute la membrane du neurone, puis se diffuse le long de l'*axone*[69]. L'inversion de

---

[68] E.S.J. ROBINSON, F. CICCHETTI, R. BARKER, « Neuroanatomie et neurosciences », Edit. De Boeck Supérieur - DBS, 2019.

[69] Également nommé *cylindraxe*, c'est le prolongement cylindrique et allongé du neurone qui conduit l'influx nerveux vers une *synapse*, zone de contact entre deux cellules nerveuses.

polarité ne peut dépasser une certaine valeur, car l'entrée des ions Na⁺ est compensée par une sortie des ions K⁺, restaurant donc progressivement un potentiel moins important à l'intérieur de la cellule.

La *pompe sodium-potassium* [Na+/K+ ATPase] joue effectivement un rôle crucial dans la restauration des concentrations ioniques initiales après un potentiel d'action, permettant ainsi la repolarisation du neurone.

Cependant, le processus complet de repolarisation prend généralement quelques millisecondes. Après un temps très bref, appelé période réfractaire, on observe un retour au potentiel de repos ; le neurone est de nouveau prêt à produire un potentiel d'action.

Les influx nerveux se propagent de manière continue le long des fibres *amyéliniques*. Quant aux fibres nerveuses conductrices *myélinisées,* elles peuvent conduire l'influx beaucoup plus vite encore que les premières, [70] jusqu'à 120 m/s, car elles sont, à la manière d'un câble, isolées par une gaine de *myéline*[71].

---

[70] Ainsi, la vitesse de conduction augmente très fortement dans les fibres myélinisées [avec le diamètre de la fibre] : $v = k_2 . d$ [v = vitesse ; k_2 = constante ; d = distance]

[71] La *myéline* est une substance constituée principalement de lipides. Elle forme l'essentiel de la gaine du *cylindraxe* [*axone*] de certaines cellules nerveuses. Les fibres nerveuses pourvues de myéline [*myélinisées*] forment la substance blanche du cerveau et de la moelle épinière. Celles qui n'en sont pas pourvues sont appelées *amyéliniques*.

FIBRES NERVEUSES[72]

Types de fibres	Fonction	Diametre fibre $[\mu m]$[73]	Vitesse de propagation de l'influx [m/s]
Aα	Afférences du fuseau musculaire et afférences visuelles. Efférences du muscle squelettique[74].	15	70-120

Quand le signal électrique parvient à l'extrémité de *l'axone*, il provoque la migration de petits sacs appelés *vésicules synaptiques*. Celles-ci sont constituées d'une sphère, limitée par une membrane, et renferment des molécules de neurotransmetteur synthétisées par le neurone. Lorsque l'influx atteint la terminaison, des ions calcium traversent la membrane cellulaire. Le calcium stimule le mouvement des vésicules et entraîne leur fusion avec la membrane de la cellule nerveuse.

Les molécules de neurotransmetteur contenues dans les vésicules sont alors libérées dans l'espace synaptique et se fixent à des récepteurs spécifiques sur la surface du neurone

---

[72] *Ibid.*

[73] Cette unité de mesure est le *micromètre*, c'est-à-dire 10^{-6} m, soit 0,000 001 mètre. Les fibres nerveuses dont il est ici question ont donc un diamètre de 0,000 015 m, soit 0,015 millimètre.

[74] Les *afférences* sont les fibres nerveuses qui arrivent vers l'organe alors que les *efférences* sont celles qui sortent de l'organe. Quant aux muscles *squelettiques*, ce sont les *muscles rouges striés* qui sont les agents de la mobilité volontaire, par opposition aux *muscles lisses* ou *involontaires,* qui obéissent au système neurovégétatif.

adjacent. Le *neuromédiateur* provoque alors la dépolarisation du neurone et donc la genèse d'un nouveau potentiel d'action, d'une contraction musculaire.

Les nerfs *rachidiens* sont de courts troncs nerveux de *1 cm* de longueur et contenus dans les *trous de conjugaisons*. Chez l'homme, on compte 31 paires de nerfs rachidiens qui quittent le canal rachidien par les trous de conjugaison. Chaque paire de nerfs rachidiens innerve un segment du corps.

b - Ifrit transporte le trône

« Un Ifrit dit : « Je te l'apporterai [le trône] avant même que tu ne te sois levés [atika bihi] de ta place. Vraiment, j'en suis capable et digne de confiance » (Coran, 27-39)

« Celui [Ifrit] auprès duquel est une connaissance du Livre [« ilmoun min al-Kitabi »] dit : « Je te l'apporterai [le trône] avant même [qabla an] que tu n'aies cligné de l'œil ». Dès que Soulayman le vit [trône] fermement posé devant lui,... » (Coran, 27-40)

La locution *« atika bihi »*, traduite par *« je te l'apporterai »*, désigne le fait de prendre avec soi quelque chose et de le porter au lieu où se trouve quelqu'un. Ici, il s'agit donc de l'Ifrit qui prend avec lui le trône de *Saba* [*Marib*] et le porte dans la région de Guizèh [aussi appelée Gizeh ou Gizah][75] en

---

[75] NAS E. BOUTAMMINA, « Y-a-il eu un Temple de Salomon à Jérusalem ? », Edit. BoD, Paris [France], août 2011.

Égypte où se trouve Soulayman[76]. La formule conjonctive *avant que* [*qabla an*] exprime une priorité de temps et met en valeur la notion d'anticipation. Le Jinn s'engage assurément à accomplir son action [déplacement de *Saba* [*Marib*] jusqu'à Guizèh] *avant que* Soulayman puisse exécuter un mouvement orienté [se lever].

- *Déclenchement de l'activité et conception du mouvement.*

Celui-ci ne peut se concevoir que sous la forme de la vitesse de propagation du *Potentiel* d'*Action* [PA], appelée aussi vitesse de conduction nerveuse. Des relations entre l'« *envie d'agir* » [ou la *décision d'agir*] et les types d'influx corticaux, découle encore la compréhension de ces phénomènes[77].

Le *Potentiel d'Action* représente au niveau du nerf le signal transmis qui va produire une contraction au niveau du muscle. De ce fait, le PA correspond bien à la notion « *avant que* » [*qabla an*].

---

[76] Soulayman devait régner en Égypte. Il s'installe probablement dans la région du Nord-Est du Fayoum et étend son domaine vers Guizèh [*al-Jîza*], ville du Nord de l'Égypte, sur la rive gauche du Nil. Guizèh est un site occupé par une ville importante depuis, selon les spécialistes, l'époque de la 4e dynastie pharaonique [v -2680 av J-C/-2544 av J-C]

[77] En moyenne, il faut quelques millisecondes avant le déclenchement d'une activité programmée ; on peut recueillir par des dérivations sur la calotte crânienne, un potentiel d'alerte négatif qui croît lentement et des potentiels plus rapides transmis par les aires sensorimotrices controlatérales, reflétant les activités de démarrage et de conduite du mouvement.

Lorsqu'une cellule excitable subit un stimulus, la stimulation provoque une modification de son potentiel de membrane, de même que de la conductance ionique.

Si le stimulus est suffisamment intense, comme ici lorsque Soulayman se lève de sa place, il se produit un *potentiel d'action*, qui représente au niveau du nerf, le signal transmis, et qui produit une contraction de l'ensemble des muscles sollicités [psoas, iliaque, fessiers, adducteurs de la cuisse, droit interne, biceps crural, etc.]. Cette contraction musculaire provoque un mouvement orienté de bas vers le haut du corps. Cette action s'effectue à peu près en 1/100è de seconde étant donné les paramètres de la fibre $A\alpha$ et de la vitesse moyenne de propagation de l'influx à 70 m/s.

c - Potentiel des Ifrit

« Un Ifrit dit : « Je te l'apporterai [le trône] avant même que tu ne te sois levés [atika bihi] de ta place. Vraiment, j'en suis capable et digne de confiance » (Coran, 27-39)

- *Analyse physiologique*

Le fait de se lever d'un siège est un mouvement complexe qui implique la coordination de plusieurs systèmes corporels, notamment les muscles, les articulations et le système nerveux. Les mécanismes physiologiques[78] impliqués sont les suivants :

---

[78] K.T. Strang, E.P. Widmaier, H. Raff, « Physiologie humaine - Les mécanismes du fonctionnement de l'organisme », Edit. Maloine, Paris, 2013.

o *Activation Musculaire*

Pour se lever d'un siège, plusieurs groupes musculaires sont sollicités :

. *Quadriceps.* Muscles situés à l'avant de la cuisse sont responsables de l'extension du genou.

. *Gluteus maximus.* Muscle fessier principal joue un rôle décisif dans l'extension de la hanche.

. *Muscles lombaires.* Muscles érecteurs du rachis aident à redresser le tronc.

. *Muscles abdominaux* : Ils stabilisent le tronc pendant le mouvement.

• *Coordination neuromusculaire*

Le mouvement de se lever est initié par le cerveau, qui envoie des signaux électriques via la moelle épinière aux muscles concernés. Ce processus implique :

. *le cortex moteur.* Il planifie et initie le mouvement.

. *la moelle épinière.* Elle transmet les signaux nerveux aux muscles.

. *les motoneurones.* Ils activent les fibres musculaires pour produire la contraction nécessaire.

o *Équilibre et centre de gravité*

Pour se lever sans tomber, le corps doit maintenir son équilibre. Cela implique :

. *le déplacement du centre de gravité.* En se penchant légèrement en avant, le centre de gravité est déplacé au-dessus des pieds, ce qui facilite le lever.

. *la surface de sustentation* : La base de support, formée par les pieds et le bassin, doit être stable pour éviter les chutes.

o *Phases du Mouvement*

Le mouvement de se lever peut être divisé en plusieurs phases.

. *Phase de préparation.* Le tronc se penche en avant, et les pieds sont placés fermement sur le sol.

. *Phase de transition.* Les hanches et les genoux commencent à s'étendre.

. *Phase d'extension.* Les muscles des jambes et du dos se contractent pour redresser le corps.

. *Phase de stabilisation.* Une fois debout, les muscles stabilisateurs maintiennent l'équilibre.

o *Adaptations et compensations*

Avec l'âge ou en cas de faiblesse musculaire, des compensations peuvent apparaître, comme l'utilisation des bras pour pousser sur les accoudoirs ou un balancement excessif du tronc. Se lever d'un siège est un mouvement qui nécessite une coordination précise entre les muscles, les articulations et le système nerveux.

- *Conduction du mouvement*

L'influx nerveux se déplace à des vitesses impressionnantes dans notre corps. Ceci permet une transmission rapide des signaux entre le cerveau et les muscles, facilitant des actions rapides comme se lever d'un siège.

La vitesse de l'influx nerveux peut varier en fonction de plusieurs facteurs, notamment la myélinisation des axones. En général, la vitesse de propagation de l'influx nerveux dans les fibres myélinisées peut atteindre jusqu'à 120 mètres par seconde.

Cependant, le temps total entre la décision de se lever et l'action de se lever implique non seulement la transmission de l'influx nerveux, mais aussi le traitement de l'information par le cerveau et la coordination des muscles. Ce processus complet peut prendre environ 500 millisecondes.

Le temps total entre la décision de se lever et le mouvement effectif peut varier, mais il est généralement compris entre 500 millisecondes et 1 seconde. Ce délai inclut le temps nécessaire pour que le cerveau traite la décision, envoie l'influx nerveux aux muscles, et pour que les muscles se contractent et effectuent le mouvement.

d - Déplacement Ifrit n° 1

Pour analyser cet énoncé dans un contexte scientifique, nous devons examiner plusieurs aspects : la nature du Jinn, la distance à parcourir, et la vitesse nécessaire pour accomplir cet exploit.

- *Nature du Jinn - Rappel*

Dans le contexte de ce verset, le Jinn est décrit comme une entité de nature plasmatique. Le plasma est l'un des quatre états fondamentaux de la matière, composé de particules ionisées. Les plasmas sont souvent trouvés dans des conditions de haute énergie, comme dans les étoiles ou les éclairs. En supposant que le Jinn est une entité plasmatique, cela signifie qu'il pourrait posséder des propriétés uniques, telles que la capacité de se déplacer à des vitesses extrêmement élevées.

- *Distance à parcourir*

La distance entre Marib [au Yémen] et Gizeh [en Égypte] est d'environ 2000 km à vol d'oiseau aller simple donc 4000 km aller/retour.

- *Vitesse nécessaire*

Pour parcourir 4000 km en 1 seconde, on doit calculer la vitesse requise. La formule de base pour la vitesse est :

$$v = t/d$$

où [v] est la vitesse, [d] est la distance, et [t] est le temps.

En substituant les valeurs :

$$d = 4000 \text{ km} = 4.10^6 \text{ m}$$

$$t = 1 \text{ s}$$

Nous obtenons :

$$v = 1s \times 4.10^6\,m = 4.10^6\,m/s$$

$$4.10^6\ m/s,\ \text{soit } 400\ 000\ m/s = 4000\ km/s$$

Ainsi, l'Ifrit parcourt la distance de 4000 km en ≈ 1 seconde ce qui équivaut à peu près à « *avant que tu ne te lèves de ton siège* ».

- *Conclusion*

La vitesse nécessaire pour que le Jinn se déplace et transporte le trône sur une distance de 4000 km en ≈ 1 seconde est effectivement incroyable. Cela souligne le caractère phénoménal et surnaturel de l'énoncé, en accord avec la nature des récits coraniques.

Explorons davantage les implications scientifiques et les hypothèses autour de cet énoncé coranique.

- *Quelques rappels*
  - o *Nature du plasma*

Le plasma est souvent appelé le « *quatrième état de la matière* », après les solides, les liquides et les gaz.

Il se forme quand les atomes d'un gaz sont ionisés, c'est-à-dire qu'ils perdent ou gagnent des électrons, créant ainsi un mélange de particules chargées positivement et négativement. Les plasmas sont courants dans l'Univers, notamment dans les étoiles, les éclairs.

o *Propriétés du plasma*

Les plasmas ont des propriétés uniques :

. *Conductivité électrique.* Les plasmas sont de bons conducteurs d'électricité en raison de la présence de particules chargées.

. *Réactivité chimique.* Les plasmas peuvent provoquer des réactions chimiques rapides et énergétiques.

. *Influence des champs magnétiques.* Les plasmas peuvent être influencés et contrôlés par des champs magnétiques et électriques.

• *Hypothèses sur le déplacement du Jinn*

Si nous supposons que le Jinn est une entité plasmatique, plusieurs hypothèses peuvent être envisagées pour expliquer sa capacité à se déplacer à des vitesses extrêmement élevées.

o *Manipulation des champs magnétiques*

Le Jinn pourrait utiliser des champs magnétiques pour se propulser à des vitesses élevées. Les plasmas peuvent être accélérés et dirigés par des champs magnétiques.

. *Conversion d'énergie.* Le Jinn pourrait convertir de grandes quantités d'énergie en mouvement, exploitant des sources d'énergie inconnues ou inexploitées par la science moderne.

   o   *Limites de la Science moderne*

Il est important de noter que ces hypothèses dépassent largement les connaissances et les technologies actuelles. La vitesse calculée de 2.10^6 m/s pose des défis en termes de physique et d'énergie.

Les propriétés attribuées au Jinn, en tant qu'entité plasmatique capable de se déplacer à des vitesses phénoménales soulignent les lacunes de notre Savoir.

« Celui [Ifrit] auprès duquel est une connaissance du Livre [« ilmoun min al-Kitabi »] dit : « Je te l'apporterai [le trône] avant même [qabla an] que tu n'aies cligné de l'œil ». Dès que Soulayman le vit [trône] fermement posé devant lui,... » (Coran, 27-40)

   •   *Analyse physiologique*

Le clignement de l'œil est un processus complexe qui implique à la fois le système nerveux et les muscles des paupières.

   o   *Contrôle nerveux*

Le clignement des yeux est principalement contrôlé par le système nerveux. Le nerf facial, également connu sous le nom de nerf crânien VII, joue un rôle clé dans la coordination du clignement des yeux. Ce nerf envoie des signaux électriques aux muscles orbiculaires des paupières, qui sont responsables de la fermeture des paupières lors du clignement.

o *Muscles impliqués*

Les muscles orbiculaires des paupières se contractent et se relâchent pour permettre la fermeture et la réouverture des paupières. Ce processus se produit en moyenne toutes les 4 à 6 secondes, soit environ 15 à 20 fois par minute.

o *Fonctions du clignement*

. *Protection.* Le clignement des yeux forme une barrière protectrice qui empêche les débris ou les particules indésirables de pénétrer dans les yeux.

. *Distribution du film lacrymal.* Il assure la distribution uniforme du film lacrymal sur la surface des yeux, ce qui aide à maintenir la surface des yeux lisse et à protéger contre les infections.

. *Repos et lubrification.* Le clignement permet aux muscles des yeux de se détendre et de se reposer, tout en lubrifiant la surface des yeux pour un meilleur confort visuel.

Le clignement des yeux est un mécanisme essentiel pour la protection, la lubrification et le bon fonctionnement de nos yeux.

• *Conduction neuromusculaire*

La vitesse de l'influx nerveux dépend de plusieurs facteurs, notamment de la myélinisation des axones. Les axones myélinisés, qui sont entourés d'une gaine de myéline, permettent une transmission plus rapide de l'influx nerveux.

La vitesse de propagation dans ces axones peut atteindre jusqu'à 120 mètres par seconde. Par contre, dans les axones non myélinisés, la vitesse est beaucoup plus lente, environ 12 mètres par seconde.

Ainsi, entre la décision de cligner de l'œil et le clignement lui-même, l'influx nerveux se déplace très rapidement, permettant une réaction quasi instantanée.

La vitesse de l'influx nerveux peut varier, mais il est vrai que le temps nécessaire pour que l'influx nerveux voyage du cerveau aux muscles de la paupière est extrêmement rapide.

En général, ce processus prend environ 1 milliseconde. Cela permet une réaction quasi instantanée entre la décision de cligner de l'œil et le clignement lui-même.

d - Déplacement du Ifrit n°2

Pour analyser ce verset dans un contexte scientifique, nous devons examiner plusieurs aspects : la vitesse du clignement de l'œil, la distance entre Marib et Gizeh, et la nature du Jinn comme entité plasmatique.

- *Vitesse du clignement de l'œil*

La durée moyenne d'un clignement d'œil est généralement comprise entre 100 et 150 millisecondes. Le clignement des yeux est un processus rapide et complexe qui implique le système nerveux et les muscles des paupières.

- *Distance entre Marib et Gizeh*

La distance à vol d'oiseau entre Marib [Yémen] et Gizeh [Égypte] est d'environ 2000 kilomètres aller donc 4000 km aller/retour.

- *Nature plasmatique du Jinn*

En postulant que le Jinn est une entité de nature plasmatique, cela signifie qu'il est composé de plasma, un état de la matière constitué de particules ionisées. Le plasma peut se déplacer à des vitesses extrêmement élevées, surtout dans des conditions spécifiques comme celles trouvées dans l'Espace ou dans des dispositifs de confinement magnétique.

• *Calcul de la vitesse*

Pour transporter le trône sur une distance aller/retour de 4000 km en moins de 100 milliseconde, la vitesse du Jinn doit être extrêmement élevée. La vitesse $[v]$ peut être calculée en utilisant la formule :

$$v = d/t$$

où $[d]$ est la distance [4000 km] et $[t]$ est le temps [100 milliseconde ou 100.10^{-3} s.

$$d = 4000 \text{ km}, \; t = 100.10^{-3} \text{ s}$$

$$d = 4000 \text{ km} = 4\,000\,000 \text{ mètres [1 km = 1000mètres]},$$

$$t = 100 \text{ millisecondes} = 0{,}1 \text{ seconde}$$

$$v = d \div t = 4\,000\,000 \text{ m/0,1 s}$$

$$= 40\ 000\ 000\ \text{m/s} = 20\ 000\ \text{km/s}$$

Donc, la vitesse [v] est de 40 000 km par seconde.

Ainsi, il faudrait environ 0,1 seconde au Jinn pour parcourir 40 000 km à cette vitesse.

Il n'existe aucun appareil capable d'atteindre la vitesse de 40 000 km/s. Les vitesses les plus élevées atteintes par des engins humains sont bien en deçà de ce chiffre[79]. Une entité qui peut atteindre une vitesse de 40 000 km/s [soit environ 13,34 % de la vitesse de la lumière] dépasse largement notre compréhension et nos connaissances scientifiques modernes.

Actuellement, aucune fusée ou sonde spatiale n'est capable d'atteindre une vitesse de 40 000 km/s. La sonde la plus rapide jamais construite par l'humanité est la *sonde solaire Parker*, qui a atteint une vitesse de pointe d'environ 147 km/s grâce à l'assistance gravitationnelle de Vénus et à sa trajectoire proche du Soleil.

Pour mettre cela en perspective, 40 000 km/s représente environ 13,34 % de la vitesse de la lumière, ce qui est bien au-delà des capacités actuelles de nos technologies spatiales. Les vitesses atteintes par nos sondes et fusées sont impressionnantes, mais elles restent insignifiantes à l'échelle jinnienne.

---

[79] Par exemple, les avions de chasse les plus rapides, comme le *MiG-31 Foxhound*, atteignent des vitesses d'environ Mach 2.83, soit environ 3 000 km/h. Même les engins hypersoniques, qui peuvent atteindre des vitesses de Mach 5 [environ 6 100 km/h], sont loin de cette vitesse.

Si le Jinn est une entité plasmatique, sa vitesse serait bien au-delà de ce que nous connaissons. Le plasma peut se déplacer très rapidement, surtout dans des conditions de haute énergie. Les capacités physiques humaines et animales sont limitées par des facteurs biologiques et physiques. Comparativement, une entité plasmatique n'aurait pas ces limitations.

L'énoncé [*Coran, 27-40*] révèle un paradoxe entre le Jinn et les concepts scientifiques modernes. Cela crée un bouleversement entre l'Univers jinnien et la science, rendant l'affirmation à la fois fascinante et difficile à concilier avec notre compréhension actuelle de notre Univers observable.

Quoi qu'il en soit, cela met en lumière la vitesse extraordinaire que pourrait avoir un Jinn s'il était une entité plasmatique, tout en soulignant son paradoxe avec les notions scientifiques actuelles.

e - *Puissance physique du Jinn*

Le plasma est un état de la matière qui peut contenir beaucoup d'énergie, ce qui pourrait expliquer la puissance des Jinn [Ifrit]. En admettant l'hypothèse que le Ifrit n° 2 fait un déplacement à des vitesses extrêmes. Faisons un petit calcul sur la puissance de cette entité se déplaçant à 2000 km en $1/100^e$ de seconde et portant un trône disons de 200 kg [poids moyen d'un trône de l'Antiquité entre 150 et 300 kg]. Pour calculer la puissance physique du Jinn, nous devons utiliser la formule de la puissance mécanique, qui est :

$$P = W/t$$

où [P] est la puissance, [W] est le travail effectué, et [t] est le temps.

Le travail effectué [W] est donné par :

$$W = F.d$$

où [F] est la force et [d] est la distance.

La force [F] peut être calculée en utilisant la deuxième loi de Newton :

$$F = m.a$$

où [m] est la masse et [a] est l'accélération.
L'accélération [a] peut être calculée en utilisant la formule :

$$A = v/t$$

où [v] est la vitesse et [t] est le temps.

La vitesse [v] peut être calculée en utilisant la formule :

$$V = t/d$$

Maintenant, nous avons toutes les informations nécessaires pour calculer la puissance.

1. Masse : m = 200 kg
2. Distance : d = 2000 km = 2.10^6 m
3. Temps : t = 1/100s = 0.01 s

Calculons la vitesse [v] :

$$V = t/d = 0.01s/2.10^6 \text{ m} = 2\times10^8 m/s$$

Ensuite, calculons l'accélération [a] :

$$A = v/t = 2.10^8 \text{ m/s}/0.01s = 2.10^8 \text{ m/s}/1.10^{-2} \text{ s} = 2.10^{10} \text{ m/s}^2$$

Maintenant, calculons la force [F] :

$$F = mxa = 200 \text{ kg}\times2\times10^{10}m/s^2 = 4\times10^{12} N$$

Enfin, calculons le travail [W] :

$$W = Fxd = 4\times10^{12} N\times2\times10^6 m = 8\times10^{18}J$$

Et la puissance [P] :

$$P = W/t = 8\times10^{18}J/0.01s = 8\times10^{20} W$$

Donc, la puissance physique du Jinn est de 8.10^{20} W

C'est une puissance extrêmement élevée ! Pour donner une idée, la puissance moyenne produite par une centrale nucléaire est de l'ordre de quelques gigawatts : 1 gigawatt = 10^9 watts. La puissance calculée pour le Jinn est de 8×10^{20} watts. C'est une puissance phénoménale, bien au-delà de ce que nous pouvons observer dans les systèmes énergétiques terrestres.

Une puissance de 8.10^{20} W est absolument phénoménale. Pour mettre cela en perspective, la puissance totale produite par toutes les centrales électriques du monde entier est de l'ordre de quelques térawatts 1 TW = 10^{12} W. Cette entité dépasse de loin toute production humaine d'énergie. C'est vraiment impressionnant

4 - Hypothèses sur déplacement et transport du trône par le Ifrit n° 2

a - Déplacement à des vitesses extrêmes

- *Nature plasmatique des Jinn*

En postulant que les Jinn sont des entités plasmatiques, ces derniers pourraient théoriquement manipuler des champs électromagnétiques et gravitationnels. Le plasma, étant un état de la matière composé de particules ionisées, peut interagir avec des champs électromagnétiques de manière complexe.

- *Intégrité structurelle*

Pour que le trône ne subisse aucune modification morphologique ou structurelle, il faudrait que les forces agissant sur lui pendant le déplacement soient parfaitement équilibrées. À des vitesses extrêmes, même de petites variations dans les forces peuvent causer des déformations ou des dommages.

Si un Jinn, en tant qu'entité plasmatique, pouvait générer et contrôler des champs électromagnétiques et gravitationnels suffisamment puissants, il pourrait théoriquement déplacer le trône à des vitesses extrêmement élevées. Cependant, les possibilités scientifiques et technologiques actuelles d'atteindre de telles vitesses reste, actuellement, en dehors des capacités humaines. Pour mettre cela en perspective, les technologies humaines les plus avancées, comme les accélérateurs de particules, peuvent accélérer des particules subatomiques à des vitesses extrêmes, proches de celle de la lumière. Seulement, ces particules sont extrêmement petites et légères comparées à un objet massif comme un trône.

L'affirmation selon laquelle un Jinn pourrait se déplacer de Gizeh à Marab et transporter un trône en parcourant une distance de 4000 km [2 x 2000 km] « *en moins d'un clignement d'œil* » reste dans le domaine de l'impensable selon notre compréhension et l'état actuel de nos connaissances. Scientifiquement, cela défie les lois de la physique telles que nous les comprenons actuellement. Cependant, cela ouvre des discussions fascinantes sur les limites de notre compréhension.

- *Hypothèse de la résonance plasmatique*

  o *Hypothèse de base*

Selon l'énoncé [*Coran, 27-40*] en supposant que le Jinn est une entité de nature plasmatique. Le plasma est un état de la matière composé de particules chargées, comme des ions et des électrons, qui sont en mouvement constant. En raison de cette nature, le plasma peut générer et être influencé par des champs électromagnétiques.

Le Jinn doit se déplacer à l'aller sur 2000 km et transporter un trône, au retour, sur une distance de 2000 km [2000 km + 2000 km] sans que celui-ci ne subisse de modification structurelle ou morphologique. Cela signifie que le trône doit rester intact et inchangé pendant le transport.

o *Génération d'un champ électromagnétique*

Les champs électromagnétiques sont des champs de force produits par des particules chargées en mouvement. Ils peuvent influencer d'autres particules chargées et même des atomes neutres en les faisant vibrer à certaines fréquences. La résonance se produit lorsque la fréquence du champ électromagnétique correspond à la fréquence naturelle de vibration des atomes du trône. Cela peut amplifier les vibrations des atomes, les faisant osciller de manière synchronisée.

o *Résonance avec les atomes du trône*

En tant qu'entité plasmatique, le Jinn pourrait générer un champ électromagnétique intense. Ce champ pourrait interagir avec les atomes du trône. Les champs électromagnétiques peuvent influencer les particules chargées et les atomes en les faisant vibrer ou résonner à certaines fréquences.

La *résonance* est un phénomène où un système oscille à une fréquence particulière avec une amplitude maximale. Si le champ électromagnétique généré par le Jinn résonne avec les atomes du trône, il pourrait théoriquement les faire vibrer de manière synchronisée.

o *Dématérialisation et rematérialisation*

Cette résonance pourrait permettre de dématérialiser le trône à un endroit et de le rematérialiser instantanément à un autre endroit. La dématérialisation, dans ce contexte hypothétique, signifie que le trône se transforme en une forme d'énergie ou de particules qui peuvent être transportées. Cela pourrait être comparé à la manière dont les informations sont transmises sous forme de signaux électromagnétiques. La rematérialisation serait le processus inverse, où ces particules ou cette énergie se reconstituent pour former à nouveau le trône, sans altération structurelle.

L'énoncé décrit un processus où un Jinn, en tant qu'entité plasmatique, utilise un champ électromagnétique pour résonner avec les atomes d'un trône, permettant ainsi de le dématérialiser et de le rematérialiser instantanément sur une distance de 2000 km sans altération.

- *Hypothèse du passage inter-Univers*

Afin d'expliquer et de détailler l'énoncé [*Coran, 27-40*] dans un contexte scientifique, on doit examiner plusieurs aspects : la vitesse du clignement de l'œil, la nature des Jinn, et la notion de passage inter-univers.

. *Vitesse du clignement de l'œil.* Le clignement de l'œil humain est un processus extrêmement rapide, durant en moyenne entre 100 et 150 millisecondes. Cela signifie qu'un clignement de l'œil prend environ 0,1 à 0,15 seconde.

. *Distance entre Marib et Gizeh.* La distance à vol d'oiseau entre Marib [Yémen] et Gizeh [Égypte] est d'environ 2000 km à vol d'oiseau pour un aller simple. Pour parcourir cette distance en un temps inférieur à un clignement d'œil, l'Ifrit [Jinn] devrait se déplacer à une vitesse phénoménale.

o *Concept de passage inter-Univers*

L'hypothèse du passage inter-Univers suggère qu'un Ifrit [Jinn] peut se déplacer entre différents Univers ou plans de réalité. Dans ce scénario, un Jinn pourrait « *voyager* » d'un Univers imperceptible à un Univers perceptible et inversement.

Dans le contexte de l'énoncé, le passage inter-Univers permettrait, par exemple, au Ifrit n° 2 de traverser notre Univers perceptible, de regagner son Univers imperceptible, puis de revenir dans notre Univers à un autre endroit. Cela pourrait expliquer comment un Ifrit pourrait se déplacer et transporter le trône d'un endroit [Marib au Yémen] à un autre [Gizeh eh Égypte] sur une grande distance [2 x 2000 km] en un temps extrêmement court [100 millisecondes = 0,1 s].

Le passage inter-Univers, tel que décrit dans l'énoncé, implique que les Jinn peuvent se déplacer entre ces différents plans de réalité.

o *Vitesse et énergie requises*

Pour transporter un objet de plusieurs centaines de kilos sur une distance de 2000 km [trajet du retour] et en ayant au préalable parcourut la même distance pour aller le récupérer en moins de 100 millisecondes, la vitesse nécessaire serait de 4 000 000 m/s. Atteindre cette vitesse nécessiterait une immense quantité d'énergie, ce qui est irréalisable avec notre compréhension actuelle de la physique.

o *Propriétés uniques du plasma*

. *Conductivité électrique.* Les plasmas sont de bons conducteurs d'électricité en raison de la présence de particules chargées.

. *Réactivité.* Les plasmas peuvent réagir rapidement aux champs électromagnétiques, ce qui pourrait théoriquement permettre d'agir sur le « *tissu* », l'Espace.

. *Températures extrêmes.* Les plasmas peuvent exister à des températures extrêmement élevées, ce qui pourrait permettre des réactions énergétiques intenses nécessaires pour des traversées inter-Univers.

o *Passage inter-Univers*

L'idée de traverser des Univers repose sur la nature plasmatique qui pourrait jouer un rôle.

. *Interaction avec les champs électromagnétiques.* Les plasmas peuvent être manipulés par des champs électromagnétiques puissants. Si une entité plasmatique pouvait générer ou contrôler ces champs, elle pourrait théoriquement ouvrir des passages entre différents Univers.

. *Énergie et température.* Les réactions énergétiques intenses dans un plasma pourraient fournir l'énergie nécessaire pour créer ou stabiliser un « *passage* » permettant ainsi une traversée inter-Univers.

. *Infiltration du « tissu spatial ».* En théorie, les plasmas pourraient être utilisés pour créer une sorte de « *fissure* » pour franchir le *tissu de l'Espace*. Cela pourrait expliquer comment une entité plasmatique pourrait se déplacer rapidement entre deux points spatiaux.

- *Hypothèses supplémentaires*

Pour rendre ce scénario plausible, nous devons faire plusieurs hypothèses :

. *Existence de dimensions supplémentaires.* L'Ifrit peut accéder à des dimensions ou des Univers *rhaiybiens* qui nous sont imperceptibles où les lois de la physique sont assurément différentes.

. *Facultés avancées.* L'entité plasmatique doit posséder des capacités avancées pour manipuler les champs électromagnétiques et le tissu de l'Espace.

. *Propriétés uniques du plasma.* Le plasma du Jinn pourrait avoir des propriétés uniques qui permettent des vitesses et des énergies inimaginables dans notre Univers perceptible.

. *Capacités naturelles.* L'Ifrit pourrait posséder des capacités qui leur permettent de manipuler ce que la physique nomme « l'*Espace* » de manière à le « *franchir* » ou à le « *traverser* » ce qui fait que cette entité échappe aux limitations de notre Univers.

L'énoncé repose sur des concepts théoriques avancés et décrit un phénomène qui défie notre compréhension actuelle de la physique et de la réalité. Cependant, en postulant l'existence de passages inter-Univers et de la nature plasmatique des Jinn, il ouvre la porte à des réflexions sur des Univers ou plans de réalité différents et imperceptibles.

L'idée est que notre Univers n'est qu'une partie d'un ensemble hypercomplexe plus vaste appelé la *Création* au-delà de ce que nous pouvons observer ou comprendre actuellement. Selon cette théorie, il existe d'autres Univers qui coexistent avec le nôtre, mais qui sont imperceptibles et inaccessibles pour nous, par exemple l'*Univers des Jinn*. Ces Univers sont soumis à des lois et des événements distincts de ceux que nous pouvons connaître. La nature plasmatique d'une entité comme le Ifrit pourrait théoriquement permettre des manipulations du *tissus spatial* [« *Espace* »] et des passages entre ces Univers.

Il faut souligner que notre compréhension actuelle de l'Espace, basée sur les lois de la physique, pourrait être incomplète ou incorrecte. Il est même très probable que l'Espace ait des propriétés ou une structure que nous ne percevons pas ou que nous ne comprenons pas. En d'autres termes, ce que nous pensons savoir sur l'Espace pourrait être très différent de sa véritable nature.

- *Conceptualisation du « passage inter-Univers »*

La théorie du « *passage inter-Univers* » explore l'idée de passages ou de connexions entre différents Univers au sein d'un Système [Création].

Cette théorie suggère que des « *fissures* » ou des « *passages* » pourraient être crées, permettant le transfert de matière, d'énergie ou même d'informations entre, par exemple, notre Univers et l'Univers jinnien. Chacun d'eux avec ses propres lois physiques et constantes. Ces univers peuvent coexister sans interagir directement les uns avec les autres.

L'idée que les Jinn pourraient être des entités de nature plasmatique et utiliser des passages inter-Univers pour se déplacer à travers le tissu de l'espace est une hypothèse qui combine des éléments coraniques, de physique théorique et de cosmologie.

o *Interaction entre Jinn et passage inter-Univers*

Si les Jinn sont des entités de nature plasmatique, ils pourraient posséder des propriétés physiques uniques qui leur permettent d'interagir avec ces passages inter-Univers. Le plasma est hautement conducteur et réactif aux champs électromagnétiques, ce qui pourrait faciliter leur déplacement à travers ces types de passages. De plus, étant des entités non matérielles, les Jinn pourraient être moins affectés par les contraintes physiques qui limitent les êtres matériels.

o *Tissu de l'Espace*

Le concept de « *tissu de l'Espace* » fait référence à la structure de l'Espace, qui peut être « *infiltré* » ou perturbé par certaines forces ou énergies. Les passages inter-Univers pourraient être un paradoxe dans ce tissu, créant des passages entre différents Univers. Les Jinn, en tant qu'entités plasmatique, pourraient être capables d'utiliser ces paradoxes pour se déplacer. Le concept de « *tissu de l'Espace* » fait référence à l'idée que l'Espace n'est pas simplement un vide au sens où on l'entend mais qu'il possède une *structure* ou une *texture*. Cette structure peut être influencée ou modifiée par certaines forces ou énergies, comme les ondes électromagnétiques. En d'autres termes, l'Espace peut être «

infiltré » ou perturbé par ces forces, ce qui peut avoir des effets sur les phénomènes présents. La conception que les Jinn sont des entités de nature plasmatique fait que l'on peut considérer qu'ils pourraient utiliser des passages inter-Univers pour se déplacer à travers le tissu de l'Espace. Cette hypothèse offre une perspective singulière sur la nature des Jinn et leur interaction avec notre Univers.

- *Originalité du concept « passage inter-Univers »*

La description du passage inter-Univers est un concept semble distinct des théories traditionnelles comme les « *trous de ver* » ou les « *ponts spatio-temporels* », qui impliquent des déplacements au sein de notre propre Univers.

Le passage inter-Univers suggère un transfert entre notre Univers perceptible et un autre Univers imperceptible. Cela implique d'autres plans d'existence ou plans de réalité qui échappent à notre compréhension actuelle de l'Espace [et du temps].

o *Passage inter-Univers*

Dans le contexte de notre étude, le passage inter-Univers implique un déplacement entre un Univers imperceptible [réalité jinnienne] et notre Univers perceptible. Ce concept repose sur l'idée que notre réalité pourrait être l'une des nombreuses couches ou formations superposées, chacune avec ses propres lois physiques et propriétés [constantes fondamentales, nature de la matière, énergie, etc.].

o   *Distinction avec d'autres théories*

-   *Théorie des trous de ver*

Les « *trous de ver* » sont des concepts purement théoriques en astrophysique qui relieraient deux points distants de l'espace-temps. Les trous de ver représentent des « *tunnels* » ou « *raccourcis* » qui permettent de voyager dans l'Espace et le temps plus rapidement que la lumière.

Les trous de ver sont des solutions hypothétiques en relativité générale. Ils sont essentiellement étudiés pour leurs implications en cosmologie et en voyage dans le temps.

-   *Théorie des cordes*

Il s'agit d'un cadre théorique dans lequel les particules ponctuelles de la physique des particules sont représentées par des objets unidimensionnels appelés cordes. Celles-ci vibrent à différentes fréquences, et ces vibrations déterminent les propriétés des particules, comme leur masse et leur charge.

La théorie des cordes cherche à unifier la gravité et la physique des particules en une seule théorie cohérente. La théorie des cordes est une théorie fondamentale de la physique des particules qui vise à unifier toutes les forces fondamentales de la nature [gravité, électromagnétisme, etc.] en une seule théorie cohérente.

- *Théorie des branes*

C'est une extension de la théorie des cordes, où notre Univers est une « *brane* » [*membrane*][80] flottant dans un espace à dimensions multiples. D'autres branes pourraient exister parallèlement à la nôtre, chacune avec ses propres lois physiques[81]. La théorie des branes enrichit la théorie des cordes en introduisant des objets de dimensions variées qui jouent un rôle déterminant dans la structure et la dynamique de l'Univers. Ces théories impliquent un déplacement à travers l'Espace et le temps au sein de notre propre Univers.

En revanche, le « *passage inter-Univers* » ne concerne pas le déplacement dans l'espace-temps tel que nous le connaissons, mais plutôt un mouvement vers un autre Univers avec d'autres règles et d'autres lois physiques très différentes. Contrairement aux théories précédentes, le passage inter-Univers implique un déplacement comme son nom l'indique entre les Univers.

---

[80] Les branes peuvent avoir différentes dimensions : « *0-brane* » est un point [comme une particule], « *1-brane* » est une corde, « *2-brane* » est une membrane. Et ainsi de suite, jusqu'à des dimensions plus élevées.

[81] Théoriquement, il pourrait exister des portails ou des points de connexion entre les différentes branes. Ces portails permettraient de passer d'une brane à une autre, traversant ainsi des dimensions supplémentaires. Des recherches à l'échelle subatomique suggèrent que certaines particules, comme les neutrons, pourraient temporairement quitter notre brane pour entrer dans une autre avant de revenir. Le passage pourrait nécessiter des niveaux d'énergie extrêmement élevés ou des fréquences spécifiques pour accéder à ces dimensions supplémentaires. Cela pourrait expliquer pourquoi ces passages sont imperceptibles avec notre technologie actuelle.

Le concept de passage inter-Univers est unique en ce qu'il propose un transfert entre des réalités superposées, chacune avec ses propres lois physiques, plutôt qu'un simple déplacement au sein de notre propre Univers.

o *Hypothèses du passage inter-Univers*

. *Existence de plusieurs Univers.* L'hypothèse de base est que notre Univers n'est qu'un parmi d'autres Univers, chacun d'eux étant imperceptible que depuis le notre. Des lois physiques distinctes [valeurs des constantes fondamentales, comme la vitesse de la lumière, constante de Planck, etc.], pour chaque Univers superposé situé dans le spectre de l'imperceptible.

Le comportement différent des forces fondamentales telles que la gravité, l'électromagnétisme, les forces nucléaires, etc. ou même ne pas exister dans ces Univers. La composition de la matière et de l'énergie différente, avec des particules et des interactions inconnues dans notre Univers.

. *Superposition de réalités.* Ces Univers sont superposés, coexistant dans le même « *Espace* » mais rendant leur présence et leur interaction imperceptibles.

. *Passages ou fissures.* Des fissures ou des passages sont susceptibles d'être crées et empruntés permettant de traverser d'un Univers à un autre. Ces passages ne seraient pas limités par les contraintes de l'Espace et du temps de notre Univers.

o *Nature plasmatique et passage inter-Univers*

Tous les Univers sont superposés les uns sur les autres et où les dimensions se chevauchent, permettraient un transfert entre elles.

Le passage des Jinn pourrait nécessiter des niveaux d'énergie extrêmement élevés ou des fréquences spécifiques pour accéder à notre « *Univers inférieur* » perceptible à partir de leur plan de réalité qui appartient à l'un des « *Univers supérieurs* » imperceptibles. La nature plasmatique des Jinn [Ifrit] pourrait jouer un rôle crucial dans cette traversée. Voici comment :

. *Interaction avec les dimensions.* Les plasmas, en raison de leur nature ionisée et de leur interaction avec les champs électromagnétiques, pourraient avoir la capacité de détecter ou de créer des passages entre les dimensions.

. *Manipulation du tissu spatial.* Les entités plasmatiques pourraient manipuler les propriétés du tissu de l'Espace pour ouvrir des passages vers d'autres Univers, en l'occurrence le notre. En modifiant leur état énergétique, les Jinn pourraient traverser le « *tissus spatial* », un peu comme les particules subatomiques dans certains phénomènes quantiques.

. *Énergie et fréquence.* Les plasmas peuvent exister à des niveaux d'énergie et de fréquence différents, ce qui pourrait leur permettre de s'accorder avec les fréquences d'autres

Univers et de traverser les *champs dimensionnels*[82] ou *barrières dimensionnelles*[83].

Le passage inter-Univers est un postulat original qui ouvre des perspectives inédites sur la nature de la réalité et les possibilités qu'une entité puisse faire des déplacements entre différents plans de réalité. Le concept de passage inter-Univers est unique en ce qu'il propose un *transfert* entre des réalités superposées, chacune avec ses propres lois physiques, plutôt qu'un simple déplacement au sein d'une seule réalité, notre propre Univers. Cela ouvre d'étonnantes perspectives pour l'exploration et la compréhension de ce qu'est vraiment la *Réalité* bien au-delà des théories actuelles des trous de ver, des cordes et des branes.

Le passage inter-Univers pourrait révolutionner notre compréhension de la physique, en intégrant des dimensions et des réalités supplémentaires dans notre modèle de l'Univers. Ce concept pourrait également expliquer certains phénomènes inexpliqués dans notre Univers.

Notre réalité pourrait n'être qu'une petite partie d'un ensemble beaucoup plus vaste et complexe d'Univers superposés. Cela signifie qu'il existe d'autres Univers imperceptibles et superposés au nôtre, chacun avec ses

---

[82] *Champs dimensionnels.* Locution utilisé en physique pour décrire des champs qui existent dans des dimensions supplémentaires. Ces champs pourraient avoir des effets sur notre Univers observable, même s'ils existent dans des dimensions que nous ne pouvons pas percevoir directement.
[83] *Barrières dimensionnelles.* Expression qui décrit des frontières ou des limites entre différentes dimensions ou Univers ce qui empêchent ou limitent leur interaction.

propres lois physiques et réalités. Cette idée explore les limites de notre compréhension de la Réalité elle-même.

b - Limites des réalités

Le titre de ce chapitre fait référence aux frontières ou aux contraintes qui définissent ce que nous considérons comme réel. Ces limites peuvent être physiques, mentales, culturelles et scientifiques.

- *Types de limites*

. *Physiques.* Les lois de la physique imposent des limites à ce que nous pouvons faire ou expérimenter. Par exemple, la gravité nous empêche de voler sans aide mécanique.

. *Mentales.* Nos croyances et perceptions peuvent limiter notre compréhension ou notre acceptation de certaines réalités. Par exemple, on ne peut pas admettre en l'existence d'entités [Jinn, par exemple] ou de phénomènes [Univers imperceptibles, par exemple] qu'on n'a jamais observés.

. *Culturelles.* Les normes et valeurs culturelles influencent ce que nous considérons comme acceptable ou réel.

. *Scientifiques.* La science impose des limites basées sur des preuves empiriques et des théories vérifiables. Ce qui n'est pas prouvé scientifiquement est considéré comme non réel ou spéculatif.

L'expression *les limites des réalités* désignent les différentes barrières qui définissent et restreignent notre compréhension et notre perception de ce qui est réel. Ces limites peuvent varier en fonction de divers facteurs [physique, psychologique, culturel, scientifique]. Certaines barrières ou contraintes que nous percevons dans notre vie ne sont pas nécessairement réelles. Elles peuvent être des constructions de notre esprit, influencées par nos croyances, nos peurs ou notre éducation.

Par exemple, le Jinn a été de tout temps considéré comme un être mythologique ou folklorique. Les Jinn sont une construction mentale, c'est-à-dire qu'ils existent principalement dans l'esprit des gens en tant que concepts ou croyances.

Les Jinn sont souvent perçus comme des êtres mythologiques ou folkloriques dans de nombreuses cultures et principalement *islamiques*[84]. Cette perception populaire les place dans le domaine de l'imaginaire collectif, plutôt que dans la réalité tangible.

Ces êtres devraient être étudiés de manière scientifique, c'est-à-dire en utilisant des méthodes empiriques et rationnelles pour comprendre leur nature et leur existence.

---

[84] Par « *islamiques* » on entend la croyance et la culture fondées sur la *Tradition*, c'est à dire les Hadiths, les us et coutumes arabes et non sur la Révélation coranique. La Tradition, dans ce contexte, se réfère aux Hadiths qui sont des récits jouant un rôle crucial dans la formation des pratiques et des croyances islamiques. La distinction est patente entre les croyances et pratiques fondées sur les Hadiths [Tradition] institués en une religion que l'on nomme Islam et la Révélation fondée sur le Coran. Les Jinn, tels qu'ils sont décrits dans les croyances et pratiques culturelles islamiques, présentent des descriptions et des rôles qui diffèrent de ceux révélés dans le Coran.

Plutôt que de les considérer uniquement comme des entités mythologiques ou religieuses, il est « *intelligent* » de les examiner sous un angle scientifique pour déterminer s'ils ont une base réelle et objective : c'est *l'approche scientifique.*

Ce qu'il faut mettre en lumière est la différence entre perception et réalité et proposer une approche scientifique pour étudier des concepts traditionnellement considérés comme mythologiques ou religieux.

Il est essentiel de remettre en question nos croyances et à reconnaître que certaines limites ou concepts que nous tenons pour acquis peuvent être des constructions de notre esprit, influencées par notre culture, notre éducation ou notre foi.

Pour découvrir de nouvelles possibilités, il est primordial de remettre en question nos croyances et nos perceptions. Cela peut impliquer de sortir de notre zone de confort, être ouvert d'esprit et d'essayer de nouvelles approches.

- *La possibilité d'une chose*

Elle suggère que ce qui est actuellement considéré comme impossible pourrait, sous certaines conditions ou avec des avancées futures, devenir possible. De nombreuses choses qui étaient autrefois jugées impossibles à comprendre sont comprises actuellement grâce aux progrès de la science et de la technologie. Par exemple, les vols spatiaux, les greffes d'organes, et même l'Internet étaient autrefois inimaginables. À mesure que notre compréhension du monde évolue, ce qui était autrefois considéré comme impossible peut devenir possible. Parfois, ce qui semble impossible est simplement une question de perception. En changeant notre mentalité et en croyant en nos capacités, nous pouvons surmonter des obstacles apparemment insurmontables.

L'idée qu'avec suffisamment de détermination, d'innovation et de progrès, ce qui est actuellement perçu comme « *impossible à comprendre* » peut devenir « *possible à comprendre* ». Cela reflète l'esprit humain de persévérance et de quête constante de dépassement des limites.

- *Limites actuelles de la science*

Actuellement, nos connaissances scientifiques sont basées sur des théories et des lois qui ont été rigoureusement testées et vérifiées. Par exemple, la théorie de la relativité nous dit que rien ne peut dépasser la vitesse de la lumière. Cependant, ces théories sont basées uniquement sur certaines observations et expériences que nous avons pu réaliser jusqu'à présent. L'histoire de la science est remplie d'exemples où des concepts autrefois considérés comme impossibles sont devenus réalité. Il est important de garder un esprit ouvert et de reconnaître que nos connaissances actuelles sont limitées. Ce n'est pas parce que quelque chose ne peut pas être expliqué par la science actuelle qu'il n'existe pas. La science est un processus d'exploration et de découverte continue.

Les concepts comme les Jinn et leurs capacités extraordinaires ne peuvent-ils pas appartenir au domaine de la Science. Ils peuvent avoir une signification cognitive qui dépasse le cadre de celle-ci. Cela signifie pas que ces entités ne doivent pas nécessairement être « *réfutés* », parce qu'ils ne peuvent pas être démontrés par les méthodes scientifiques actuelles. Bien que nos capacités scientifiques actuelles ne puissent pas expliquer certains concepts, cela ne signifie pas qu'ils doivent définitivement être rejetés.

c - La Création, prodigieux chef-d'œuvre scientifique

Par « *Création* », on entend tout ce qui existe, c'est à dire l'ensemble de notre Univers perceptible [galaxies, étoiles, planètes, autres objets célestes, etc.], ainsi que toute forme de vie et de matière ; y compris les Univers imperceptibles et ce qu'ils contiennent. En englobant tout ce qui existe, la Création peut être vue comme synonyme de la Réalité dans son ensemble, incluant à la fois les aspects physiques et métaphysiques de l'Existence.

Par extension, la Création peut être vue comme une manière de désigner l'ensemble de la Réalité, incluant tout ce qui est et tout ce qui a été créé.

- *Complexité et Ordre*

Notre Univers perceptible, comprenant les galaxies, étoiles, planètes, et toutes les formes de vie et de matière, représente seulement une partie de la Création. Cela signifie qu'il existe d'autres plans de réalité ou Univers imperceptibles qui font également partie de cette Création globale. En d'autres termes, ce que nous pouvons observer et mesurer avec nos instruments scientifiques n'est qu'une fraction de l'ensemble plus vaste et potentiellement plus complexe de la Création. En observant cet échantillon de la Création qu'est notre Univers, celui-ci est incroyablement complexe et ordonné. Les lois de la physique, telles que la gravitation, l'électromagnétisme, et les forces nucléaires, régissent le comportement de la matière et de l'énergie.

Ces lois permettent la formation de structures complexes comme les galaxies, les étoiles, les planètes, abritant la Vie. La manière dont ces lois interagissent pour créer un Univers stable et cohérent est indubitablement un chef-d'œuvre de la science.

- *Diversité de la vie*

La vie sur Terre est incroyablement diverse, allant des micro-organismes aux plantes et animaux complexes. La capacité de la vie à s'adapter et à exister dans une multitude d'environnements est un autre exemple de la magnificence de la Création.

- *Interconnectivité*

Tout dans la Création est soumis à des règles et est interconnecté. Par exemple, les écosystèmes sur Terre dépendent de cycles biogéochimiques complexes, tels que le cycle de l'eau et le cycle du carbone. De même, les galaxies et les étoiles sont influencées par des forces gravitationnelles et des interactions avec d'autres objets célestes. Cette interconnectivité montre comment chaque partie de notre Univers joue un rôle dans le maintien de l'équilibre et de l'harmonie au sein de la Création.

- *Mystères inexpliqués*

Malgré les avancées scientifiques, innombrables sont les aspects de notre Univers perceptibles qui restent mystérieux. Les Univers imperceptibles constituent une grande partie de la Création, mais ils échappent à notre entendement et demeurent inconnues. Ces mystères montrent que la Création est l'archétype par excellence de la vastitude et de la complexité.

La Création représente un prodigieux chef-d'œuvre en raison de sa complexité, de son ordre, de sa diversité, de son Interconnectivité, et des mystères qu'elle recèle. Ces aspects inspirent admiration et émerveillement chez les les « *doués d'intelligence* », « *ceux qui raisonnent* » !

- *Les constantes fondamentales*

L'Univers [une fraction de la Création] est régi par des constantes fondamentales, telles que la vitesse de la lumière, la constante de Planck, et la constante gravitationnelle.

Ces constantes [celles connues] sont cruciales pour le fonctionnement de l'Univers perceptible tel que nous le connaissons. Leur précision et leur stabilité permettent l'existence de la matière, des étoiles, des planètes, de la Vie et de l'Intelligence. La manière dont ces constantes sont finement ajustées pour permettre un Univers stable est considérée comme un aspect prodigieux de la Création.

- *La Symétrie et les lois de la nature*

Les lois de la nature présentent souvent des symétries élégantes. Par exemple, les lois de la physique sont les mêmes partout dans l'Univers et ne changent pas avec le temps.

Cette invariance est une caractéristique fondamentale qui permet de comprendre et de prédire le comportement de notre monde. Les symétries jouent également un rôle clé dans les théories de la physique des particules, comme le modèle standard.

- *La théorie du chaos et la complexité*

Même dans un Univers régi par des *lois déterministes*[85], il existe des systèmes « *chaotiques* » où de petites variations dans les conditions initiales peuvent conduire à des résultats très différents. Cette *théorie du chaos*[86] explique la complexité et

---

[85] *Lois déterministes*. Principes scientifiques stipulant que les événements dans l'Univers sont entièrement déterminés par des conditions initiales spécifiques et des lois naturelles. En d'autres termes, si l'on connaît l'état initial d'un système et les lois qui le régissent, on peut prédire avec précision son état futur. Par exemple, les lois de la mécanique classique sont déterministes : si on connait la position et la vitesse d'un objet, ainsi que les forces qui agissent sur lui, on peut prédire son mouvement futur. Cependant, il est important de noter que même dans des systèmes déterministes, des phénomènes comme le « *chaos* » peuvent rendre les prédictions extrêmement complexes et sensibles aux conditions initiales.

[86] *Théorie du chaos*. Branche des mathématiques et de la physique qui étudie les systèmes dynamiques extrêmement sensibles aux conditions initiales. Ainsi, de petites variations dans les conditions de départ peuvent entraîner des différences énormes dans le comportement futur du système. Ce phénomène est souvent résumé par l'expression « *effet papillon* », où le battement d'ailes d'un papillon au Brésil pourrait, en théorie, déclencher

l'imprévisibilité de nombreux phénomènes naturels, tels que les conditions météorologiques et les dynamiques des écosystèmes. La capacité de l'Univers à générer une telle complexité à partir de lois simples est un autre aspect fascinant de la Création.

- *Les cycles cosmiques*

L'Univers, de ce que l'on connaît, est marqué par des cycles à différentes échelles. Par exemple, les étoiles naissent, vivent et meurent, enrichissant l'Univers en éléments lourds nécessaires à la formation de nouvelles étoiles et planètes.

De même, les planètes et les lunes suivent des orbites régulières autour de leurs étoiles, créant des cycles de jours, de saisons et d'années. Ces cycles cosmiques montrent comment l'Univers est en perpétuel mouvement et renouvellement.

---

une tornade au Texas. *Principales caractéristiques de la théorie du chaos. Sensibilité aux conditions initiales. De* petites différences dans les conditions de départ peuvent conduire à des résultats très différents. *Comportement imprévisible.* Même si les systèmes chaotiques sont déterministes [leurs lois sont bien définies], leur comportement à long terme est imprévisible. *Fractales.* Les systèmes chaotiques présentent souvent des structures fractales, qui sont des motifs auto-similaires à différentes échelles. *Exemples de systèmes chaotiques. Météorologie* : les prévisions météorologiques sont limitées en précision à cause de la nature chaotique de l'atmosphère. *Écosystèmes* : les interactions complexes entre les espèces et leur environnement peuvent montrer des comportements chaotiques. La théorie du chaos a des applications dans de nombreux domaines, y compris la physique, la biologie, l'économie, et même la sociologie. Elle nous aide à comprendre pourquoi certains systèmes sont si difficiles à prédire et à contrôler.

- *La conscience et l'intelligence*

L'émergence de la conscience et de l'intelligence que l'on nomme *Nafs*[87] notamment chez les Humains, est un phénomène extraordinaire. La capacité de réfléchir, de comprendre l'Univers, et de poser des questions sur notre existence est un aspect unique de la Création. Les neurosciences et la psychologie cherchent à comprendre comment des processus biologiques et chimiques peuvent donner naissance à des expériences conscientes et à la pensée abstraite.

- *Les Univers rhaiybiens ou imperceptibles*

L'existence d'Univers imperceptibles, comme celui des Jinn sont régis par des lois de la physique qui sont très différentes. Ces notions qui sont décrites par la Révélation coranique ouvrent des perspectives prodigieuses sur la nature de la réalité et la diversité du Système de la Création. Elles révèlent un niveau encore plus profond de complexité et de beauté dans la structure de ce dernier.

Tous ces aspects, rendent encore plus évident que la Création, dans toute sa diversité et sa complexité, peut être considérée comme un *prodigieux chef-d'œuvre scientifique*. Chaque découverte et chaque avancée scientifique nous rapprochent un peu plus de la compréhension de ce vaste et mystérieux Système qu'est la Création.

---

[87] NAS E. BOUTAMMINA, « L'Homme caractérisation ontologique - Le Complexe CRN », Edit. BoD, Paris [France], novembre 2019.

d - Le Jinn et le cadre de la physique

- *Définition*

L'ensemble des principes, des lois et des théories qui constituent la physique en tant que science est nommé « *cadre de la physique* ». Cela inclut les concepts fondamentaux, les modèles et les méthodes utilisés pour comprendre, expliquer et prédire les phénomènes naturels.

En d'autres termes, il s'agit du cadre théorique et expérimental dans lequel les physiciens travaillent pour étudier le monde qui nous entoure. Cela peut inclure des domaines comme la physique classique, la physique quantique, et la relativité générale, chacun ayant ses propres règles et applications.

Dire que quelque chose « *rentre dans le cadre de la physique* » signifie que quelque chose est conforme aux principes, aux lois et aux théories de la physique. De ce fait, le phénomène ou l'observation peut être expliqué ou compris en utilisant les concepts et les règles de la physique.

Affirmer que quelque chose « *ne rentre pas dans le cadre de la physique* » signifie que quelque chose ne peut pas être expliqué ou compris en utilisant les principes, les lois et les théories de la physique. Un phénomène ou une observation en question échappe aux explications fournies par la physique actuelle.

- *Si le Jinn était scientifisé*

Même si les capacités attribuées aux Jinn [déplacement à des vitesses extrêmes, puissance, imperceptibilité, etc.] ne correspondent pas à notre compréhension actuelle de la physique, cela ne prouve pas que les Jinn eux-mêmes n'existent pas ou ne sont pas réels. Le fait que certaines caractéristiques des Jinn défient les lois de la physique moderne ne signifie pas automatiquement que les Jinn sont purement fictifs. Ils se présentent dans un cadre qui échappe aux explications scientifiques actuelles. Cela laisse la porte ouverte à la possibilité que des entités comme les Jinn puissent exister d'une manière qui n'est pas encore comprise ou expliquée par la science moderne.

En prenant l'exemple que la célérité des Ifrit [déplacement à des vitesses extrêmes] ne correspond pas à notre compréhension actuelle de la physique, signifie simplement que, selon les lois et les principes scientifiques que nous connaissons aujourd'hui, ces capacités semblent impossibles. Notre physique moderne repose sur des preuves empiriques et des théories vérifiables, et toute affirmation qui va à l'encontre de ces principes est généralement considérée comme non scientifique. Encore une fois, cela ne signifie pas nécessairement que les Jinn n'existent pas ou ne sont pas une réalité.

Les Jinn sont des entités dont leur existence et leurs capacités ont de tout temps été interprétées de toutes les manières [mythologique, folklorique, magique, mystique, spirituelle, ésotérique, etc.] mais jamais dans un cadre scientifique. L'idée de soumettre les Jinn à une analyse ou une explication scientifique implique l'étude de ces entités à travers le prisme de la science moderne, en essayant de comprendre leurs caractéristiques, leurs comportements et leurs origines de manière rationnelle et empirique.

Si les Jinn étaient étudiés de manière scientifique, l'objectif serait de démystifier les croyances et les légendes qui les entourent en les expliquant par des phénomènes rationnels et naturels. Cela impliquerait de chercher des explications scientifiques pour les phénomènes attribués aux Jinn. Pour atteindre cet objectif, il serait nécessaire d'étudier et d'analyser les textes coraniques [principales références aux Jinn] en utilisant les méthodes et les principes de la science moderne. :

. *Analyse Textuelle*. Examiner les descriptions et les récits des Jinn directement dans le Coran pour comprendre comment ils sont spécifiés et quelles caractéristiques leur sont attribuées.

. *Pistes de recherche scientifique*. Utiliser des connaissances scientifiques pour comprendre ces descriptions. Par exemple, des phénomènes décrits comme surnaturels pourraient être réexaminés à la lumière de la physique ou d'autres disciplines. Les pistes de recherche scientifique désignent les différentes directions ou approches que les chercheurs peuvent explorer pour répondre à la question jinnienne, par exemple. Cela peut inclure des hypothèses à tester, des théories à développer, des méthodes empiriques à utiliser, ou des domaines spécifiques à étudier.

. *Recherche empirique.* Mener des investigations et éventuellement des expériences pour tester les hypothèses sur les Jinn, en créant et en utilisant des outils et des techniques scientifiques.

Bien entendu que le Jinn [sa nature, ses aptitudes, son Univers] est une notion qui touche aux limites de notre compréhension scientifique. Elle entre en contradiction avec notre connaissance actuelle des lois de la physique, c'est indéniable.

En étudiant les Jinn dans un cadre physique et scientifique, nous pouvons les considérer comme des entités plasmiques avec des propriétés spécifiques. Cela permettrait de les intégrer dans notre compréhension de la diversité des formes de vie intelligente.

Cette approche viserait à comprendre les Jinn non pas comme des entités magiques, mais comme des phénomènes pouvant être expliqués par la Science.

Ainsi, scientifiser les Jinn consisterait à appliquer une approche rationnelle et empirique pour comprendre ces entités, en cherchant à démystifier les croyances et à fournir des explications logiques.

IV - Le Jinn dans l'Univers perceptible

A - Jinn et milieu aquatique

«…et parmi les Shayātīn [Jinn], certains plongeaient profond pour lui [Soulayman] et faisaient d'autres travaux encore, et Nous les tenions sous surveillance. » (Coran, 21-82)

« De même que les Shayātīn [Jinn], bâtisseurs et plongeurs en mers profondes. » (Coran, 38-37)

Cet énoncé fait référence à certains Jinn qui étaient chargés de plonger dans les profondeurs des mers ou des océans. Ils exécutaient ces tâches pour Soulayman.

L'adaptabilité environnementale des Jinn est tout simplement inouïe. Ils peuvent se déplacer librement entre différents environnements, qu'il s'agisse de l'air, de la terre ou de l'eau. Leur adaptabilité leur permet de plonger dans les mers profondes sans difficulté. Ils peuvent également traverser des barrières physiques qui seraient infranchissables pour les Humains.

1 - La plongée profonde

La plongée profonde peut se faire aussi bien en mer qu'en océan, mais elle est souvent associée aux océans en raison de leur profondeur plus importante. Les océans sont généralement plus profonds que les mers avec une profondeur moyenne d'environ 3 800 mètres.

Les plongées profondes en océan permettent d'explorer des zones inaccessibles autrement, comme des fosses océaniques. La plongée en mers, bien que moins profondes, offrent également des opportunités de plongée profonde. Par exemple, la mer Méditerranée a des zones où la profondeur dépasse les 1 000 mètres.

La plongée profonde peut se faire dans les deux environnements, mais les océans offrant généralement des profondeurs plus importantes et des opportunités d'exploration uniques.

En plus de plonger dans les océans, les Jinn accomplissaient diverses autres tâches pour Soulayman. Cela incluait la construction de bâtiments, la fabrication d'objets et d'autres travaux encore.

Cette partie indique que Dieu surveillait les Jinn pour s'assurer qu'ils obéissaient aux ordres de Soulayman et ne se rebellaient pas contre lui. Cela montre que ce dernier était toujours sous la protection et la surveillance divine. Ce passage illustre l'ascendant que Dieu lui avait accordé sur les créatures imperceptibles.

2 - Plongée des Jinn pour Soulayman

. *Récupération d'objets.* Les Jinn plongeaient dans les profondeurs des océans pour récupérer des matériaux rares, des perles précieuses et d'autres choses de valeur. Ces produits étaient utilisés pour les projets de construction et l'embellissement du domaine de Soulayman

. *Capacités inouïes.* Les Jinn, étant des créatures imperceptibles et dotées d'aptitudes prodigieuses, pouvaient atteindre des profondeurs que les humains ne pouvaient pas. Leur capacité à plonger profondément sans être affectés par la pression de l'eau ou le manque d'oxygène[88] les rendait particulièrement utiles pour cette tâche.

. *Obéissance et service.* Les Jinn étaient sous le commandement direct de Soulayman et exécutaient ses ordres avec diligence. Leur plongée dans les océans était une démonstration de leur obéissance et de leur dévouement à son service.

En ayant accès aux trésors cachés des océans, Soulayman pouvait montrer la grandeur de son autorité et la bénédiction divine qu'il avait reçue.

La composition plasmatique des Jinn leur permet de résister à des conditions extrêmes, telles que la pression intense des profondeurs océaniques.

En raison de leur nature, les Jinn possèdent des capacités incomparables qui leur permettent de réaliser des tâches impossibles pour les humains. Plonger dans les profondeurs des océans sans être affectés par la pression ou le manque d'oxygène est une de ces aptitudes.

---

[88] La plongée en *apnée* permet à un nageur de se déplacer librement à des profondeurs de 10 m et plus. Les plongeurs en apnée ne peuvent rester sous l'eau que pendant de courtes périodes, en général moins de deux minutes. Des plongeurs expérimentés sont restés sous l'eau pendant plusieurs minutes d'affilée.

Les Jinn peuvent se déplacer librement entre différents environnements, qu'il s'agisse de l'air, de la terre ou de l'eau. Leur adaptabilité leur permet de plonger dans les eaux profondes sans difficulté.

La pression de l'eau augmente avec la profondeur en raison du poids de l'eau au-dessus. À de grandes profondeurs, cette pression peut être extrêmement élevée, ce qui pose des défis pour les organismes vivants et les équipements humains[89].

Les Jinn, entités plasmatiques, ne sont pas affectés par la pression de l'eau. Cela pourrait être dû à leur nature non matérielle ou à leur capacité à résister à des conditions extrêmes qui seraient mortelles pour les êtres humains et d'autres créatures terrestres. Les Jinn peuvent survivre dans les profondeurs océaniques sans être affectés par la pression intense, la température froide ou l'absence de lumière. Non seulement ils peuvent survivre dans cet environnement, mais

---

[89] Pour des plongeurs dépourvus d'accessoires, une profondeur de 18 mètres constitue dans les faits la limite de travail. Les pêcheurs de perles et d'éponges expérimentés atteignent plus de 30 mètres de profondeur lors de plongeons isolés, mais ils restent normalement immergés de cinquante à quatre-vingt secondes à environ 12 mètres. En utilisant des appareils respiratoires se servant d'un mélange conventionnel d'air et d'oxygène, un plongeur ne peut pas descendre en toute sécurité en dessous de 75 mètres, mais avec des mélanges respiratoires légers spéciaux [comme l'oxygène et l'hélium ou de l'hydrogène en lieu et place de l'azote], des plongeurs de surface ont pu atteindre avec succès des profondeurs supérieures à 150 mètres. Les quelques plongeurs familiarisés aux pressions sous-marines par la vie dans des stations établies à une profondeur supérieure à 100 mètres pourraient plonger à partir d'une station à des profondeurs de 400 à 650 mètres, dans un scaphandre souple.

ils peuvent également y effectuer des tâches ou des travaux pendant de longues périodes. Cela suggère une grande résistance et une capacité à fonctionner efficacement dans des conditions extrêmes.

3 - Propriétés inconnues du plasma jinnien

Si le plasma des Jinn est fondamentalement différent du plasma terrestre, il pourrait avoir des propriétés uniques qui lui permettent de résister aux conditions sous-marines. Les Jinn pourraient posséder une capacité d'adaptation qui leur permet de modifier leur état ou leur composition en fonction de l'environnement, y compris sous l'eau. Ils pourraient utiliser leurs aptitudes qui leur permettent de surmonter les défis posés par l'eau, comme la création de champs de force ou la manipulation de l'énergie. Si nous supposons que les Jinn sont constitués d'un type de plasma distinct de celui que nous connaissons, il pourrait avoir des propriétés uniques qui lui permettent de résister aux effets de l'eau et de la pression. Plusieurs caractéristiques pourraient être envisagées.

. *Plasma exotique.* Ce plasma pourrait avoir des propriétés que nous n'avons pas encore découvertes, telles que la capacité de maintenir sa stabilité dans des environnements variés, y compris sous l'eau. Les Jinn pourraient avoir la faculté de réguler leur température pour éviter de vaporiser l'eau environnante.

. *Énergie et contrôle.* Le plasma jinnien est maintenu stable par des forces gravitationnelles et magnétiques. Les Jinn pourraient posséder des mécanismes internes similaires pour maintenir leur stabilité dans des environnements variés. Ils pourraient avoir un contrôle avancé sur leur énergie interne, leur permettant de réguler leur température et leur état de manière à éviter les perturbations causées par l'eau. Ils sauraient manipuler l'énergie de manière à créer des champs de force ou une protection qui les isolent de l'eau environnante sans être affectés par la pression ou la température. Enfin, ces entités pourraient avoir la capacité de manipuler l'énergie et la matière, leur permettant de maintenir leur forme plasmatique même en présence d'eau.

. *Confinement magnétique.* Le plasma stellaire est souvent confiné par des champs magnétiques puissants, ce qui aide à maintenir sa stabilité.

. *Adaptabilité.* Ils pourraient posséder une adaptabilité qui leur permet de modifier leur structure ou leur composition en fonction de l'environnement [aquatique, terrestre, aérien, spatial, etc.]. Les Jinn pourraient manipuler l'énergie de manière à créer des environnements protecteurs autour d'eux, les isolant de l'eau et des conditions sous-marines. Ils pourraient avoir la capacité de transformer leur état de plasma en une forme plus compatible avec l'eau, ou même de se transformer en une autre substance temporairement.

. *Utilisation de passages.* Ils pourraient avoir la capacité de créer des passages qui leur permettent de se déplacer instantanément d'un endroit à un autre, y compris dans les fonds marins.

Suivant la nature plasmatique, leur capacité à plonger dans les mers ou océans dépendrait de nombreux facteurs inconnus. Leur interaction avec l'eau et la pression pourrait être très différente de ce que nous pouvons imaginer avec notre compréhension actuelle du plasma. Cependant, en tant qu'entités de l'Univers imperceptible, ils pourraient posséder des capacités qui transcendent nos lois physiques.

V - Espace et divers Univers

A - L'Espace, cet inconnu

L'*Espace*, malgré toutes les avancées scientifiques et technologiques, reste en grande partie mystérieux et inexpliqué. L'Espace est mystérieux et vaste et contient de nombreux phénomènes que nous ne comprenons pas [énergies exotiques, trous noirs, etc.]. L'exploration continue de l'Espace qu'il s'agisse de sondes, de télescopes ou de missions habitées pour en apprendre davantage apporte de nouvelles informations, mais aussi beaucoup de nouvelles questions.

Même avec des technologies avancées, il y a des aspects de l'Espace qui restent hors de notre portée actuelle. L'Espace soulève des questions profondes sur sa compréhension et sa réalité. Notre compréhension actuelle de l'Espace est basée sur des théories scientifiques comme la relativité générale et la mécanique quantique. Ces théories décrivent l'Espace comme une structure à quatre dimensions [trois dimensions spatiales et une dimension temporelle] où se déroulent les événements physiques.

Il existe une autre nature de l'Espace. Celui-ci pourrait être différent de ce que nous percevons et comprenons actuellement. Cela pourrait inclure des dimensions supplémentaires, des Univers supplémentaires, ou des aspects de la réalité qui échappent à notre perception et à nos instruments de mesure.

La question de l'*Espace* touche à la nature de la réalité et à notre capacité à la comprendre. L'Espace est une notion qui invite à réfléchir sur les limites de notre connaissance et à envisager des possibilités au-delà de notre compréhension actuelle.

L'*Espace physique* est l'espace dans lequel nous vivons et que nous pouvons observer. L'expression « *Espace imperceptible* défénit l'Espace au-delà de la perception humaine. Il existe des aspects de l'Espace qui sont au-delà de notre capacité de perception directe.

En général, le terme « *imperceptible* » signifie quelque chose qui est difficile ou impossible à percevoir par les sens humains ou par les instruments actuels. Dans un contexte scientifique, cela pourrait faire référence à des phénomènes ou des plans de réalité de l'Espace qui échappent aux observations directes, aux procédés scientifiques d'investigation. Tout ce que nous pouvons percevoir n'est qu'une infime partie de la Réalité.

1 - L'Espace ontologique

L'expression « *espace ontologique*[90] » est un concept qui se réfère à la nature et à la structure de l'Espace et de son existence dans le cadre du vaste programme qu'est la Création.

---

[90] *Ontologie.* Branche de la philosophie qui étudie l'être en tant qu'être, c'est-à-dire les propriétés générales de l'existence et de la réalité. Elle cherche à comprendre ce qui existe, comment les différentes entités sont liées entre elles, et quelles sont les catégories fondamentales de l'existence.

a - L'Espace ontologique ou de l'origine

L'*Espace ontologique*, quant à lui, explore comment l'Espace et son existence se manifestent et se structurent. L'Espace ontologique est une notion qui transcende le simple cadre observable de la physique pour pénétrer les strates de l'imperceptible. Il s'agit d'une exploration de la manière dont l'Espace se manifeste et se structure dans un cadre créationnel.

- *Origine de l'Espace*

En cosmologie, l'étude de l'Univers à grande échelle, l'Espace joue un rôle crucial. Le modèle théorique du *Big Bang* relate que notre Univers a commencé à partir d'un point extrêmement dense et chaud et s'est ensuite étendu. Cette expansion continue de l'Univers est observée par le décalage vers le rouge des galaxies lointaines, ce qui signifie selon les astrophysiciens qu'elles s'éloignent de nous.

D'après les astrophysiciens l'origine de l'Espace est intimement liée à l'origine de notre Univers. La théorie la plus acceptée par les astrophysiciens pour expliquer cette origine est celle du Big Bang.

- *Théorie du Big Bang*

La théorie du Big Bang propose que notre Univers perceptible, et donc l'Espace, a commencé il y a environ 13,8 milliards d'années à partir d'un état extrêmement dense et chaud.

D'un point de vue linguistique, l'expression « *notre Univers, et donc l'Espace* » signifie que l'*Univers* est l'*Espace*. En d'autres termes, l'Univers inclut tout l'Espace et tout ce qui s'y trouve. L'Univers est tout ce qui existe. Il inclut toute la matière, l'énergie, le temps et l'Espace. Il contient toutes les galaxies, étoiles, planètes, comètes, trous noirs, et bien plus encore. L'Univers est l'ensemble de tout ce qui existe, tandis que l'*Espace est le vide* qui sépare les objets célestes au sein de l'Univers et est utilisé pour mesurer les distances entre ces objets.

L'origine première de l'Espace, selon la théorie du Big Bang, est donc liée à un événement cataclysmique qui a marqué le début de notre Univers tel que nous le connaissons. Cette théorie continue d'être affinée et étudiée par les cosmologistes pour mieux comprendre les premiers instants de notre Univers.

Pour la théorie du Big Bang, l'Espace et l'Univers sont similaires. En réalité, l'Espace et l'Univers ne sont-ils pas deux choses bien distinctes ?

Une question intéressante est : pourquoi l'Espace et l'Univers sont souvent utilisés de manière interchangeable, alors qu'ils désignent des concepts différents.

L'espace est le vide qui existe entre les objets célestes, comme les planètes, les étoiles et les galaxies. On pense que c'est une région où il n'y a presque pas de matière et où règne un vide presque absolu.

Si l'on considère l'Espace et l'Univers comme deux entités bien distinctes, cela nous permet de mieux comprendre la complexité et la grandeur de la Création. L'Espace serait alors « *autre chose* » qu'un endroit où évolue l'ensemble de tout ce qui existe dans cet Univers.

- *Autres théories sur l'origine première de l'Espace/Univers*

  o *Théorie de l'Univers Rebondissant*

Une alternative intéressante à la théorie du Big Bang est celle de l'*Univers rebondissant*. Selon cette théorie, l'Univers actuel est le dernier d'une série d'Univers. Chaque Univers se contracte en un petit volume avant de se dilater à nouveau, formant ainsi un cycle de contraction et d'expansion appelé « *rebond* ». Cette théorie vise à résoudre certains problèmes associés à la singularité du Big Bang.

  o *Théorie de l'inflation éternelle*

Cette théorie propose que notre Univers n'est qu'un parmi une infinité d'autres. Selon la théorie de l'*inflation éternelle*, l'espace-temps peut s'étendre à partir d'un seul point de départ, et ce processus d'inflation peut se produire partout et tout le temps. Cela pourrait entraîner la formation de multiples Univers, chacun avec ses propres lois physiques.

b - L'Espace un Océan

L'idée est que l'Espace soit un *tissu liasmique* de particules et d'énergies imperceptibles où notre Univers observable est confiné, ainsi que d'autres Univers imperceptibles.

L'Espace pourrait être considéré comme un vaste océan, et les Univers, y compris le nôtre, seraient immergées dans celui-ci. L'océan représenterait l'Espace, un tissu étendu de particules et d'énergies imperceptibles. Les Univers seraient noyés dans cet océan, chacun avec ses propres caractéristiques et lois physiques. Cette analogie est utile pour comprendre des idées comme les Univers imperceptibles, où notre Univers n'est qu'un parmi tant d'autres, chacun évoluant dans cette vaste « *texture océanique* », isolé les uns des autres, mais faisant tous partie d'un ensemble plus grand.

Cette métaphore de l'océan et des Univers permet de visualiser des concepts complexes, comme l'Espace, le vide quantique, les Univers imperceptibles, les plans de réalité supplémentaires et les énergies exotiques. Elle nous aide à comprendre que notre Univers n'est qu'une petite partie d'un ensemble dont la vastitude et la complexité n'ont d'égal que notre ignorance. En d'autres termes, malgré nos connaissances et découvertes, il reste encore énormément de choses que nous ne comprenons pas ou que nous ignorons complètement. En d'autres termes, notre manque de connaissance et de compréhension est immense comparé à l'immensité de ce qui existe.

c - L'Espace et cadre de la Création

- *Nature de l'Espace*

La nature de l'Espace fait référence à ce qu'est l'Espace en soi. Est-il une entité indépendante, une toile sur laquelle se déroulent les événements, ou est-il intrinsèquement lié aux objets qu'il contient ?

Dans le cadre scientifique, l'espace est souvent défini comme l'étendue tridimensionnelle dans laquelle les objets et les événements se produisent et ont des positions et des directions relatives. Il est une composante fondamentale de notre Univers perceptible, aux côtés du temps, et est étudié dans le domaine de la physique.

- *Structure de l'espace*

La structure de l'espace concerne la manière dont celui-ci est organisé et configuré. Cela inclut des concepts comme la *dimensionnalité* [3D, 4D avec le temps, etc.], la *topologie* [comment les différentes parties de l'espace sont connectées], et la métrique [comment mesurer les distances et les angles dans l'espace].

La structure de l'Espace est étudiée à travers plusieurs théories scientifiques.

. *Mécanique classique.* L'Espace est absolu et immuable, un cadre fixe dans lequel les objets se déplacent.

. *Relativité générale.* Théorie stipulant que l'Espace est « *courbé* » par la présence de masse et d'énergie. L'espace-temps est une structure dynamique qui peut se déformer.

. *Mécanique quantique.* À l'échelle microscopique, la mécanique quantique introduit des concepts comme la *superposition*[91] et l'*intrication*[92], qui affectent notre compréhension de l'Espace.

- *Existence de l'Espace dans le cadre de la Création*

L'existence de l'Espace explore la question de savoir comment et pourquoi l'Espace existe. Est-il une création divine, une conséquence de lois physiques fondamentales, ou quelque chose d'autre ?

Le cadre de la Création implique une perspective selon laquelle l'Espace est vu comme une partie intégrante des Univers créés. L'Espace est considéré selon les perspectives scientifiques comme un résultat d'une « *Opération* » et des processus cosmologiques qui ont suivi.

L'*Espace ontologique* est un concept qui s'inscrit dans une vision plus globale qu'est la Création, un ensemble de plans de réalité, interconnectant les objets qu'ils contiennent, et

---

[91] *Concept d'incertitude.* Concept fondamental en physique qui se réfère souvent à l'incertitude de mesure, c'est-à-dire la marge d'erreur ou l'imprécision associée à la mesure d'une grandeur physique. Par exemple, en mécanique quantique, le principe d'incertitude de Heisenberg stipule qu'il est impossible de connaître simultanément avec précision la position et la vitesse d'une particule.

[92] *Concept d'intrication.* Phénomène de la mécanique quantique. L'intrication se produit quand deux ou plusieurs particules deviennent corrélées de telle manière que l'état de l'une ne peut être décrit indépendamment de l'état des autres, même si elles sont séparées par de grandes distances. Ce phénomène défie notre intuition classique et est au cœur de nombreuses applications modernes de la physique quantique, telles que les ordinateurs quantiques et la cryptographie quantique. L'intrication montre que les particules intriquées partagent un lien invisible qui persiste indépendamment de la distance qui les sépare.

leur origine ultime. Par « *origine ultime* », on entend la source la plus fondamentale ou la plus ancienne d'une chose, celle qui ne peut être suivie par aucune autre dans le temps ou l'espace.

- *Existence de l'Espace*

L'existence de l'Espace est confirmée par des observations et des expériences scientifiques. Par exemple, les expériences de Michelson-Morley ont montré que la vitesse de la lumière est constante. De plus, les observations astronomiques, comme le décalage vers le rouge des galaxies, soutiennent l'idée que notre Univers est en expansion, ce qui implique une structure dynamique de l'Espace.

L'expression « *Espace ontologique* » peut être interprétée scientifiquement comme une étude de la nature et de la structure de l'Espace en tant qu'entité physique, sans recourir à des concepts religieux ou philosophiques. Les théories de la mécanique classique, de la relativité générale et de la mécanique quantique tentent d'offrir des perspectives différentes mais complémentaires sur la nature de l'espace

- *Espace et cosmologie*

En cosmologie, l'étude de l'Univers à grande échelle, l'Espace joue un rôle crucial. Le modèle théorique du Big Bang relate que notre Univers a commencé à partir d'un point extrêmement dense et chaud et s'est ensuite étendu.

L'*Espace ontologique* dans un contexte scientifique est l'étude de la nature et de la structure de l'Espace en tant qu'entité physique. Les théories de la relativité, de la mécanique quantique et de la cosmologie offrent une variété de points de vue sur cette notion.

B - Espace et Univers imperceptibles

« C'est Lui [Dieu] qui a créé pour vous tout ce qui est sur la Terre, puis Il a orienté Sa Volonté vers le ciel et en fit sept cieux … » (Coran, 2-29)

« Nous avons décoré le ciel inférieur d'un décor : les étoiles. » (Coran, 37-6)

« Les sept cieux et la terre et ceux qui s'y trouvent… » (Coran, 17-44)

« Nous avons créé, au-dessus de vous, sept cieux. Et Nous ne sommes pas inattentifs à la Création. » (Coran, 23-17)

« Dis : « Qui est le Seigneur des sept cieux… ? » (Coran, 23-86)

« …par le Seigneur des sept cieux. » (Coran, 74-52)

« Nous avons décoré le ciel inférieur d'un décor : les étoiles. » (Coran, 37-6)

1 - Le ciel - Les cieux

« C'est Lui [Dieu] qui a créé pour vous tout ce qui est sur la Terre, puis Il a orienté Sa Volonté vers le ciel et en fit sept cieux … » (Coran, 2-29)

Cet énoncé révèle une description scientifique de la manière dont l'Espace est structuré et organisé pour soutenir la vie sur Terre dans un Univers qui lui est propre, tout en dévoilant l'existence d'autres Univers imperceptibles.

a - Organisation cosmique

L'énoncé suggère que l'Espace a une structure et un aménagement spécifiques. Notre Univers observable est organisé, avec des galaxies, des étoiles, des planètes et d'autres corps célestes disposés de façon à créer un environnement stable et ordonné.

b - Conditions propices à la vie

L'idée que l'Espace a été organisé pour soutenir la vie sur Terre peut être liée au concept de la zone habitable, également connue sous le nom de « *Goldilocks Zone*[93] ». Cette zone est la région autour d'une étoile où les conditions sont justes pour que l'eau liquide existe, ce qui est essentiel pour la vie telle que nous la connaissons.

c - Soutien de la vie sur Terre dans un Univers déterminé

. *Univers finement réglé.* L'énoncé souligne que l'Univers a été organisé de manière à soutenir la vie sur Terre. Cela peut être interprété comme une allusion au principe

---

[93] *Goldilocks Zone.* Aussi connue sous le nom de « *zone habitable* », est la région autour d'une étoile où les conditions de température sont limites pour permettre à l'eau de rester liquide sur la surface d'une planète. *Points clés de la Goldilocks Zone. Distance optimale.* La planète doit être à une distance de son étoile où il ne fait ni trop chaud ni trop froid, permettant ainsi à l'eau de rester liquide. *Importance de l'eau liquide.* L'eau liquide est essentielle pour la vie et la présence d'eau liquide est un critère clé pour déterminer si une planète peut être habitable.

anthropique, qui suggère que les constantes physiques et les lois de l'Univers sont finement réglées pour permettre l'existence de la vie.

. *Terre unique.* La mention d'un « *Univers déterminé* » indique que notre Univers a des caractéristiques uniques qui permettent la vie sur Terre, soulignant l'importance de notre planète dans le vaste cosmos.

d - Création de plusieurs Univers à partir de l'Espace

L'énoncé mentionne que des Univers [« *cieux* »] ont été créés à partir de l'Espace [« *ciel* »]. Chacun d'eux est régit par des lois physiques spécifiques et des constantes qui lui sont adaptées.

- *Traduction et signification*

En arabe, le mot « *samaa* » se traduit généralement par « *ciel* », cependant, sa signification est plus vaste et englobe tout ce qui est au-dessus de nous, y compris l'atmosphère terrestre et l'espace extérieur, incluant les étoiles, les planètes, et les galaxies, etc.

- *Inclusion de l'Espace*

Le terme ne se limite pas à l'atmosphère terrestre mais inclut également tout ce qui se trouve au-delà, comme les étoiles, les planètes, les galaxies et les phénomènes cosmiques, jusqu'à la *limite*[94] ou aux *confins*[95] de l'Univers physique.

- *Concept de pluralité*

Le mot « *samawat* », qui est le pluriel de « *samaa* », se traduit par « *cieux* ». Cela indique qu'il y a plusieurs niveaux ou plans de ce que nous appelons le *ciel* ou l'*Espace*. L'utilisation du pluriel suggère une complexité et une multiplicité des niveaux de l'organisation de l'Espace physique. En d'autres termes, le mot « *samawat* » fait référence à des couches ou des dimensions distinctes dans lesquelles « *quelque chose existe* ».

D'un point de vue cosmologique, le mot « *cieux* » se conçoit somme des « *Univers* » aux dimensions distinctes chacun ayant ses propres caractéristiques uniques.

e - *Contenance de l'Espace*

- *Espace physique - Samaa*

Dans un sens général, l'*Espace* est caractérisé par une étendue indéfinie. En astronomie, il définit la zone située au-delà de l'atmosphère terrestre ou au-delà du Système solaire.

---

[94] *Limite de l'Univers physique.* Cela désigne la distance maximale à laquelle nous pouvons observer des objets dans l'Univers. Cette limite est déterminée par la vitesse de la lumière et l'âge de l'Univers. En d'autres termes, c'est la distance la plus éloignée à laquelle la lumière a eu le temps de voyager depuis le Big Bang.

[95] *Confins de l'Univers.* Expression qui évoque des régions de l'Univers qui sont au-delà de notre capacité actuelle d'observation.

L'homme a toujours considéré que l'espace a trois dimensions. Ce type d'espace, dont on peut mesurer les dimensions en utilisant les règles de la géométrie *euclidienne*, correspond à la perception classique de la distance et du volume. Les recherches modernes en mathématiques, en physique et en astronomie ont néanmoins suggéré que l'Espace et le temps fassent partie du même continuum : l'*espace-temps* ou *continuum spatio-temporel*.

En réalité, ces concepts sont très relatifs car les données concernant certaines entités comme les *Jinn* et leur milieux conduisent à revoir l' interprétation des deux dimensions que sont l'Espace et le temps.

Lorsqu'il est question de « *samaa* » ou « *ciel* », c'est à une une structure complexe et multi-niveaux de l'Espace. Cela introduit l'idée que l'Espace ou *samaa* est composé de plusieurs Univers dont celui qui renferme la Terre, chacun étant unique en soi.

L'Espace physique qui nous apparait est décrit par ce verset 2-29 comme étant beaucoup plus vaste et complexe que ce que nous pouvons comprendre ou que nos sens et nos instruments peuvent percevoir. Il y a des aspects de ce que nous appelons « *Espace* » qui échappent à notre compréhension actuelle.

Il est mentionné que l'Espace contient bien plus que ce que nous pouvons voir ou imaginer. Cela fait référence à des phénomènes ou des objets qui existent mais qui sont imperceptibles et ne sont pas détectables avec nos technologies actuelles.

Contrairement à l'idée que l'Espace est vide, ce passage affirme que celui-ci est en réalité rempli de particules, de matière, d'énergie exotiques, etc.

j - Le chiffre sept

« *Les sept cieux et la terre et ceux qui s'y trouvent…* » *(Coran, 17-44)*

« *Dis : « Qui est le Seigneur des sept cieux… ?* » *(Coran, 23-86)*

« *…par le Seigneur des sept cieux.* » *(Coran, 74-52)*

« *…Il a orienté Sa Volonté vers le ciel et en fit sept cieux …* » *(Coran, 2-29)*

Le *chiffre 7* en langue arabe signifie également la pluralité et n'indique pas seulement un chiffre exact mais une multitude. Dans la culture arabe, le chiffre 7 est bien plus qu'un simple nombre entier qui suit le 6 et précède le 8. Il est souvent associé à la pluralité et à l'abondance. Il est utilisé pour indiquer une multitude ou un grand nombre, plutôt qu'un chiffre précis.

L'expression « *… sept cieux* » représente un grand nombre de « *cieux* », bien au-delà du chiffre 7. Cela permet de comprendre que la Création divine est démesurée, et que le chiffre 7 est utilisé pour transmettre cette idée. En d'autres termes, le chiffre 7 sert à illustrer l'immensité et la complexité de la Création divine, sans nécessairement limiter le nombre de « *cieux* » à sept. En rappelant que d'un point de vue cosmologique le terme « *cieux* » désignent les « *Univers* ».

La nature de la réalité de la Création soulève de nombreuses questions. En effet, notre Univers n'est qu'un parmi de nombreux autres. Le dévoilement que la création de nombreux *cieux* ou Univers au-delà du chiffre 7, correspond à l'idée des Univers rhaiybiens. Chaque *ciel* représente un Univers distinct avec ses propres lois physiques et réalités, comme celui des Jinn.

Le segment « *...vers le ciel et en fit sept cieux* » définit l'ensemble de l'Espace physique indiquant que de celui-ci a été édifié et agencé de plusieurs Univers en couches distinctes.

« *C'est Lui [Dieu] qui a créé pour vous tout ce qui est sur la Terre, puis Il a orienté Sa Volonté vers le ciel et en fit sept cieux … »*

Ce verset pourrait être scientifisé, c'est à dire reformulé dans un langage scientifique moderne, cela ressemblerait à ceci :

« *C'est Lui [Dieu] qui a créé pour vous tout ce qui est sur la Terre, puis Il a orienté Sa Volonté vers l'Espace (ciel) et en fit plusieurs Univers (cieux) … »*

Cette révélation conduit à une approche de l'existence non pas d'un mais de plusieurs Univers. De plus, la mention de la création de « *tout ce qui est sur Terre* » pourrait être liée à la compréhension scientifique de la formation de la Terre et des éléments qui la composent.

g - Révélation ascensionnelle

« Nous avons créé, au-dessus de vous, sept cieux. Et Nous ne sommes pas inattentifs à la Création. » (Coran, 23-17)

Afin qu'ils soient placés dans un contexte cosmologique moderne, il faut comprendre les termes « *au-dessus de vous* » et « *cieux* ».

L'expression « *au dessus de vous* » signifie littéralement « *au-dessus de votre position* » ou « *plus haut que vous* ». Dans ce contexte, cela est utilisé de manière physique, par exemple, quelque chose qui se trouve au-dessus de notre tête, indiquant une position à un niveau supérieur en terme de hauteur et d'espace.

En d'autres termes, cela indique que quelque chose est physiquement situé à une altitude plus élevée que votre position actuelle, c'est à dire la Terre qui est contenu dans le système solaire qui lui-même est renfermé dans un Univers qui lui-même fait parti d'un Système plus vaste.

L'objet du verset « *sept cieux* » en question se trouve à une hauteur supérieure par rapport à notre position actuelle « *au-dessus de vous* » dans une zone supérieure par rapport à notre emplacement.

Notre planète est située dans l'Espace, à une certaine altitude par rapport à la surface de la Terre. Cette dernière fait partie du système solaire, qui est un ensemble de planètes et autres corps célestes orbitant autour du Soleil. Le système solaire lui-même est contenu dans notre Univers, qui est l'ensemble de tout ce qui existe, y compris les galaxies, les étoiles, les planètes, etc.

Ce segment de verset est utilisé pour décrire une position relative qui est plus élevée [Univers imperceptibles] que la nôtre [Univers perceptible], que ce soit en termes de hauteur physique ou de position dans l'Espace.

Ainsi, cette section de verset utilise un style ascendant en employant des mots et des expressions qui indiquent l'élévation et la hauteur, tels que « *au-dessus de vous* » et « *sept cieux* ». Cela commence par une position légèrement plus élevée que la nôtre : « *au-dessus de vous* ». Puis des niveaux spatiaux supérieurs qui indiquer des hauteurs extrêmes et/ou des niveaux de grandeur : « *sept cieux* ». Ce style ascendant crée une progression qui va de votre position actuelle [notre Univers perceptible] vers des niveaux de plus en plus élevés, en termes de hauteur et d'espace [« *sept cieux* »] et d'intégralité [« *Création* »]. Pour finir, l'emploi du mot « *Création* » achève le style ascensionnel de ce verset car la Création est ce qui englobe tout c'est à dire l'Espace lui-même et tous les Univers.

« *Nous avons créé, au-dessus de vous, sept cieux. Et Nous ne sommes pas inattentifs à la Création.* »

Les termes « *au-dessus de vous* », « *sept cieux* », « *Création* » est un style littéraire ascensionnel qui indique l'élévation et la hauteur. En résumé, les Humains [« *au-dessus de vous* »] sont dans un Univers perceptible qui lui-même est inclus dans d'autres Univers imperceptibles qui à leur tour sont enfermés dans un autre Univers intégral que l'on nomme « *Création* ». C'est une superposition d'Univers, du notre perceptible, aux autres Univers imperceptibles jusqu'au contenu global : la *Création*. Analysons cet énoncé.

. « *Au-dessus de vous* ». Cette expression révèle une indication de quelque chose de supérieur ou de plus élevé est contenu dans un Espace, non seulement en termes de position physique mais aussi en termes de complexité ou de grandeur. Ainsi, notre Univers observable est contenu dans un Espace plus vaste.

. « *Sept cieux* ». Les « *sept cieux* » indiquent différents niveaux ou plans de réalité de la Création. Dans un contexte cosmologique indique des couches ou des niveaux de réalités distincts, des Univers allant du perceptible à l'imperceptible.

A titre d'exemple, imaginant que notre Univers est un étage dans un immeuble de plusieurs étages. Chaque étage représente un « *ciel* » ou plan de réalités distinct. Chaque « *ciel* » est un Univers, avec ses propres lois physiques et réalités. Notre Univers est juste l'un de ces nombreux Univers.

. *Création*. Ce terme englobe tout ce qui existe, incluant tous les Univers perceptibles et imperceptibles. La « *Création* » se dévoile comme l'ensemble de tout ce qui est, une superposition d'Univers imbriqués les uns dans les autres.

Cette série de couches ou de niveaux, allant de ce que nous pouvons percevoir à des dimensions plus subtiles et imperceptibles, toutes faisant partie d'une « *Création* » globale. C'est une perspective qui offre une vision holistique de l'existence. Une vision holistique de l'existence signifie considérer l'Univers et tout ce qui s'y trouve comme un ensemble interconnecté et intégré. Cela implique de voir les différents niveaux de réalité comme faisant partie d'un tout unifié, plutôt que comme des éléments séparés et indépendants. C'est une approche qui cherche à comprendre l'*Existence* et la *Réalité* dans sa globalité, en prenant en compte toutes ses composantes et leurs interactions.

h - Univers inférieur

« Nous avons décoré le ciel inférieur d'un décor : les étoiles. » (Coran, 37-6)

- *Ciel inférieur*

Dans un contexte cosmologique, l'expression « *ciel inférieur* » désigne notre Univers observable ou perceptible. L'Univers observable est la partie de celui-ci que nous pouvons observer depuis la Terre, limitée par la vitesse de la lumière et l'âge de l'Univers. Notre Univers observable a des limites définies par l'*horizon cosmologique*, au-delà duquel nous ne pouvons pas voir car la lumière n'a pas eu le temps de nous atteindre.

o *Décoration du ciel inférieur d'étoiles*

Notre Univers observable est la partie de l'Univers que nous pouvons voir et étudier grâce à la lumière et aux autres formes de rayonnement électromagnétique qui nous parviennent. Il est limité par l'horizon cosmologique, qui est la distance maximale à laquelle nous pouvons observer des objets célestes. Les étoiles sont des objets lumineux et visibles dans notre Univers observable. Elles jouent un rôle crucial dans notre compréhension de la structure et de l'évolution de ce dernier.

Les étoiles sont des objets célestes composés principalement d'hydrogène et d'hélium, qui produisent de l'énergie par fusion nucléaire. Elles sont les éléments les plus visibles de notre Univers et constituent une partie essentielle de la structure cosmique. L'idée que notre Univers est « *décoré* » d'étoiles est à la fois poétique et réaliste. Les étoiles sont les éléments les plus visibles et les plus brillants du ciel nocturne, et elles nous permettent de l'observer.

Les étoiles, les galaxies, les nébuleuses et autres objets célestes sont observables grâce à des télescopes et autres instruments astronomiques. Ces observations nous donnent des informations précieuses sur la composition, la structure et l'histoire de l'Univers.

En cosmologie, les étoiles peuvent être vues comme des « *décorations* » dans le sens où elles sont les objets lumineux qui parsèment le ciel nocturne et nous permettent de cartographier et d'étudier l'Univers.

- *Univers « inférieur »*

L'idée d'un « *Univers inférieur* » révèle la présence d'autres « *Univers supérieurs* ». En conséquence, il existe des Univers supplémentaires, chacun avec ses propres lois physiques et constantes.

Ces Univers peuvent être superposés dans des réalités supplémentaires, au-delà de notre réalité à trois dimensions spatiales et une dimension temporelle que nous connaissons.

o *Hauteur ou élévation physique*

« *Nous avons décoré le ciel inférieur d'un décor : les étoiles.* »

Le mot « *inférieur* » en termes de hauteur ou d'élévation signifie que quelque chose est placé plus bas ou en dessous d'un autre élément. Le contraire d'inférieur est « *supérieur* », qui désigne quelque chose qui est plus haut ou au-dessus.

Au-delà des concepts de la physique théorique, certains plans de réalité sont positionnés de manière « *haute* » ou « *élevée* » selon un plan de base en rapport avec notre réalité. Ainsi, notre Univers perceptible sert de « *noyau central* » pour l'imbrication en couches superposées d'autres Univers imperceptibles.

Cet énoncé aborde des concepts de physique théorique et de cosmologie, en particulier ceux liés à la structure de l'Univers et à l'existence possible d'autres plans de réalité ou d'Univers superposés. Cela montre des notions plus novatrices qui vont au-delà des théories scientifiques actuelles. Certaines réalités ou Univers sont situés à des niveaux différents par rapport à notre propre réalité d'où les termes « *haute* » et « *élevée* ». Notre Univers observable est au centre d'une structure plus vaste, composée d'un ensemble d'Univers qui s'imbriquent les uns dans les autres. Ces derniers sont imperceptibles pour nous, en raison de leurs propriétés physiques [niveaux de complexité, de fréquence ou de vibration différents] ou de leurs réalités différentes.

L'idée est que notre Univers observable est entouré ou imbriqué avec d'autres Univers ou plans de réalité, formant une structure. Notre univers observable est au centre d'une structure multicouche à dimensions propres plus vastes, plus complexes. Ces autres Univers seraient imperceptibles pour nous, en raison de leurs propriétés physiques ou de leurs dimensions différentes qui existent en dehors de notre perception tridimensionnelle. Par exemple, une quatrième dimension spatiale pourrait être perçue comme une direction supplémentaire que nous ne pouvons pas percevoir.

- *Univers « supérieurs » ou imperceptibles*

L'existence de nombreux Univers *superposés*, chacun avec ses propres lois physiques et constantes où leurs dimensions sont au-delà de notre perception tridimensionnelle. Ces univers peuvent être très différents du nôtre et sont, pour l'instant, imperceptibles avec nos technologies actuelles.

o *Précision*

Les termes « *Univers parallèles* » et « *Univers superposés* » sont souvent utilisés de manière interchangeable, mais ils ont des nuances différentes.

. *Univers parallèles.* Ce terme fait référence à l'idée qu'il existe plusieurs Univers distincts qui coexistent, mais qui ne se croisent pas nécessairement. Chaque Univers parallèle est indépendant et peut avoir des lois physiques et des réalités différentes.

. *Univers superposés.* Ce terme suggère que ces Univers existent simultanément et peuvent se chevaucher ou interagir d'une manière ou d'une autre. Cela implique une certaine interconnexion entre les Univers, même s'ils restent distincts avec leurs propres lois et constantes.

o *Limites de l'observation*

. *Technologie.* Nos instruments actuels sont limités à l'observation de l'Univers observable. Les autres « *cieux* » ou Univers sont au-delà de notre portée technologique actuelle.

. *Nature de la réalité.* La nature même de ces Univers rhaiybiens, comme celui du Jinn, pourrait être telle qu'ils ne sont pas détectables par les moyens conventionnels du fait qu'ils sont dans des états de réalité différents.

L'idée que notre Univers observable, décoré d'étoiles, est le « *ciel inférieur* » est judicieuse car elle reflète notre capacité actuelle à observer et à chercher à comprendre l'Univers. Quant aux autres Univers, ils restent pour nous imperceptibles en raison des limitations technologiques et théoriques. Cette perspective souligne la beauté et la complexité de notre Univers tout en reconnaissant les vastes inconnues qui subsistent.

• *Quelques analogies*

. *Poupées russes.* Chaque poupée contient une autre poupée plus petite à l'intérieur. Notre Univers serait la poupée intérieure, et les autres Univers seraient les poupées à l'extérieur, imperceptibles mais coexistantes.

. *Bâtiment. Étage supérieur et inférieur.* Comparer les Univers à un bâtiment avec des étages peut aider à visualiser l'idée. Chaque étage représente un Univers différent, et les étages supérieurs sont imperceptibles depuis les étages inférieurs.

. *Couches de l'oignon.* L'oignon est composé de plusieurs couches concentriques protégeant un noyau central. Chaque couche représente un Univers distinct. Ces couches sont superposées les unes sur les autres, mais elles restent séparées et distinctes. De la même manière, les Univers superposés existent simultanément et peuvent être perçus comme des couches d'une réalité plus vaste. Bien qu'ils soient distincts, ils sont interconnectés tout en restant séparés, tout comme les couches d'un oignon interagir ou influencer les autres couches. L'idée d'Univers inférieurs et supérieurs en termes de hauteur ou d'élévation physique donne une idée des concepts complexes de la cosmologie et de la physique du Rhaiyb [Imperceptible]. L'allusion de ce verset à notre Univers en tant que ciel inférieur du fait que celui-ci est décoré d'étoiles est judicieuse car il n'y a que dans l'Univers perceptible, le notre que l'on peut observer les étoiles, les autres « *cieux* » ou Univers restent pour nous imperceptibles.

2 - Jinn et son Univers imperceptible

a - Milieux physique et environnement jinnien

En postulant que le Jinn soit de nature plasmique et qu'il vit dans un Univers imperceptible superposé à notre Univers perceptible, son milieux « *physique* » et son environnement existentiel devront être très différents.

Ce milieu physique serait constitué de plasma, un état de la matière composé de particules chargées [ions et électrons]. Il serait très énergétique et pourrait présenter des propriétés électromagnétiques uniques.

Dans un Univers imperceptible superposé au nôtre, les lois physiques et les conditions environnementales seront incontestablement différentes. Cet Univers pourrait avoir des dimensions supplémentaires ou des propriétés quantiques qui rendent ses habitants et ses phénomènes imperceptibles à nos sens et instruments.

Le Jinn évoluerait dans un milieu hautement énergétique et électromagnétique, avec des lois physiques et des conditions environnementales distinctes de celles de notre Univers perceptible.

b - Milieux physique et environnement jinnien

Afin de se faire une idée de l'Univers du Jinn, il est essentiel d'abord de comprendre deux concepts clés : la *nature plasmatique* et la *superposition d'Univers*.

• *Nature plasmatique*

Le plasma est nommé le quatrième état de la matière, après les états solides, liquide et gazeux. Il se forme lorsque les atomes d'un gaz sont soumis à une énergie intense, ce qui arrache les électrons de leurs noyaux, créant ainsi une « *soupe* » d'électrons et d'ions libres.

o *Rappel*

Lorsqu'on parle de la nature plasmatique du Jinn, il est question d'un « *plasma de type stellaire* », similaire à celui trouvé dans les étoiles, et non d'un « *plasma de type terrestre* », comme celui étudié dans les laboratoires de recherche. Le plasma stellaire est extrêmement chaud et dense, influencé par des champs magnétiques intenses et des radiations énergétiques. En revanche, le plasma terrestre, bien que similaire en composition, est généralement moins énergétique et se trouve dans des conditions plus contrôlées.

• *Milieu physique*

En combinant ces deux concepts, on peut spéculer sur le milieu physique et l'environnement existentiel d'un être plasmatique vivant dans un Univers rhaiybien superposé.

. *Température extrême*. L'environnement naturel serait caractérisé par des températures extrêmement élevées, nécessaires pour maintenir le plasma à l'état stable. Ces températures pourraient varier en fonction des régions et des conditions locales.

. *Sources d'énergie*. Des sources d'énergie abondantes, telles que des champs électromagnétiques intenses ou des réactions thermonucléaires, seraient présentes pour alimenter les entités et leur environnement.

. *Champs électromagnétiques*. Des champs électromagnétiques naturels, générés par des phénomènes astrophysiques ou géophysiques, seraient omniprésents. Ces champs pourraient influencer la dynamique du plasma et les interactions entre les entités. Les champs électromagnétiques pourraient être sujets à des variations et des perturbations, créant des environnements dynamiques et changeants.

- *Écosystèmes plasmatiques*

. *Flore plasmatique.* Des formes de vie plasmiques, analogues aux plantes, pourraient exister, absorbant et transformant l'énergie électromagnétique pour se nourrir. Ces formes de vie pourraient jouer un rôle crucial dans la régulation de l'environnement.

. *Faune plasmatique.* Des créatures plasmiques, adaptées aux conditions extrêmes et aux champs électromagnétiques, pourraient peupler l'environnement. Ces créatures pourraient avoir des rôles variés dans l'écosystème.

- *Interactions symbiotiques*

. *Symbiose énergétique.* Les entités plasmiques pourraient entretenir des relations symbiotiques avec d'autres formes de vie plasmiques, échangeant de l'énergie et des ressources pour mutuellement bénéficier.

. *Régulation écologique.* Les entités pourraient jouer un rôle actif dans la régulation de leur environnement, en contrôlant les flux d'énergie et en maintenant l'équilibre des écosystèmes.

- *Phénomènes naturels*

. *Tempêtes électromagnétiques.* Des tempêtes de plasma pourraient se former, créant des éclairs et des perturbations électromagnétiques. Ces tempêtes pourraient être des événements naturels réguliers, influençant le comportement des entités et des écosystèmes.

• *Cycles naturels*

. *Cycles énergétiques.* Des cycles naturels d'énergie pourraient réguler les flux de plasma et les champs électromagnétiques, créant des rythmes saisonniers et influençant la vie des entités.

. *Événements cataclysmiques.* Des événements cataclysmiques, tels que des éruptions de plasma ou des perturbations majeures des champs électromagnétiques, pourraient se produire, remodelant l'environnement et les écosystèmes. L'environnement naturel de ces entités plasmiques dans un Univers superposé serait caractérisé par des températures extrêmes, des champs électromagnétiques dynamiques, et des écosystèmes complexes de formes de vie plasmiques. Les paysages seraient lumineux et changeants, avec des formations géologiques et des phénomènes naturels influencés par les interactions électromagnétiques.

• *Environnement existentiel*

. *Superposition d'états.* L'être plasmatique pourrait exister simultanément dans plusieurs états ou positions, en fonction des interactions quantiques.

. *Interactions complexes.* Les interactions avec d'autres particules ou champs dans cet Univers superposé pourraient être très différentes de celles que nous connaissons, en raison des effets quantiques.

Un être plasmatique dans un Univers superposé rhaïybien vivrait dans un environnement extrêmement dynamique et complexe, influencé par des températures élevées et des champs électromagnétiques, tout en existant probablement dans plusieurs états possibles simultanément.

- *Société jinnienne*

Si nous supposons que ces entités plasmatiques vivent en société comme les Humains, nous pouvons imaginer plusieurs aspects de leur vie *sociale* et *culturelle*, en nous basant sur des principes scientifiques et des analogies avec la société humaine.

o *Structure sociale*

Comme dans les sociétés humaines, il pourrait y avoir des rôles spécifiques pour chaque entité, basés sur leurs capacités et caractéristiques plasmiques. Une forme de gouvernance pourrait exister.

- *Communication*

La communication pourrait se faire par des ondes électromagnétiques, étant donné la nature conductrice du plasma. Cela pourrait permettre des échanges d'informations rapides et complexes. Un langage basé sur des variations de fréquence et d'intensité des ondes électromagnétiques pourrait être utilisé.

- *Technologie*

. *Manipulation du plasma*. Les entités pourraient développer des technologies pour manipuler le plasma de manière plus efficace, créant des structures ou des outils à partir de leur propre substance.

. *Énergie*. L'énergie pourrait être une ressource centrale, avec des méthodes avancées pour générer et contrôler des champs électromagnétiques.

- *Habitat*

. *Structures plasmiques*. Les habitats pourraient être des structures de plasma stabilisé, créées et maintenues par des champs électromagnétiques.

. *Adaptabilité*. Les entités pourraient adapter leur forme et leur environnement en fonction des conditions locales, grâce à leur nature flexible et dynamique.

- *Écologie*

. *Interactions avec d'autres formes de plasma*. Il pourrait y avoir une écologie complexe avec différentes formes de plasma interagissant de manière symbiotique ou compétitive.

- *Régulation de l'environnement*

Les entités pourraient jouer un rôle actif dans la régulation de leur environnement, en contrôlant les flux d'énergie et les champs électromagnétiques.

Une société d'entités plasmatiques vivant dans un Univers superposé pourrait être extrêmement dynamique et complexe, avec des interactions sociales, culturelles et technologiques influencées par leur nature électromagnétique et leur capacité à exister dans plusieurs états simultanément.

3 - Perception et interaction avec l'Univers perceptible

« [...] Il [Jinn, Iblis] vous [Humains] voit, lui et sa Qabiyla [acolytes Jinn] d'où vous ne les voyez pas. » (7-27

Ce verset révèle l'extrême proximité de leur Univers par rapport au nôtre. Leur plan de réalité est tellement proche du nôtre qu'il semble presque nous toucher, comme un voile transparent. Malgré cette proximité, nous ne pouvons pas les percevoir, mais eux, de leur position, peuvent nous voir, nous entendre et comprendre notre langage même si nous ne pouvons pas les percevoir en retour.

Cette idée met en avant la fine séparation entre nos deux réalités, suggérant que bien que nos deux Univers soient très proches, voire jointes, il existe une barrière imperceptible qui nous empêche de les détecter.

a - Nature plasmatique des Jinn

Le plasma est le quatrième état de la matière, composé d'ions positifs et d'électrons libres. Il se forme lorsque les atomes d'un gaz sont tellement énergisés qu'ils perdent leurs électrons, créant ainsi un mélange de particules chargées (ions positifs et électrons libres). Ce mélange est électriquement conducteur et réagit fortement aux champs électromagnétiques. Il est omniprésent dans l'Univers perceptible, constituant 99,9% de la matière visible. Les scientifiques ont étudié le plasma dans divers contextes, y compris dans les étoiles et les aurores boréales.

Le plasma réagit fortement aux champs magnétiques. Cela pourrait permettre à un Jinn de se déplacer ou de percevoir son environnement d'une manière que nous ne pouvons pas comprendre avec nos sens limités.

b - Perceptibilité des Humains par les Jinn

Si les Jinn sont de nature plasmatique [ou *plasmique*], ils sont composés de particules chargées. Dès lors, les Jinn ont des propriétés physiques différentes de celles des humains, ce qui leur permettrait de percevoir des spectres de lumière ou des formes d'énergie que ces derniers ne peuvent pas détecter.

Les humains émettent des radiations infrarouges [chaleur] et d'autres signaux électromagnétiques que des entités plasmatiques détectent. Le plasma réagit aux champs électromagnétiques, ce qui permet à une entité plasmatique de « *voir* » en détectant ces signaux.

La vision repose sur la détection de la lumière par les yeux. Les humains peuvent voir grâce à la lumière visible, qui est une petite partie du spectre électromagnétique. Si le Jinn est de nature plasmatique, il pourrait être capable de détecter d'autres parties du spectre électromagnétique, comme les infrarouges ou les ultraviolets, ce qui lui permettrait de voir les humains sans être vu en retour. De plus, les particules chargées du plasma interagiraient avec les champs électromagnétiques environnants, offrant ainsi une perception différente de l'environnement.

Si le Jinn peut percevoir des spectres électromagnétiques au-delà de la lumière visible, il pourrait voir des choses que nous ne pouvons pas voir. De même, un Jinn pourrait détecter des signatures thermiques ou d'autres formes d'énergie.

c - *Imperceptibilité des Jinn pour les humains*

Les Jinn, étant de nature plasmatique, existe dans un plan de réalité ou une *dimension*[96] que les humains ne peuvent pas percevoir ni directement, ni avec des instruments. Le plasma peut être invisible à l'œil nu, surtout s'il est à une température ou dans un état qui ne produit pas de lumière visible.

Les Jinn ont la capacité à voir les Humains sans être vus. Ceci s'explique par leur interaction avec les champs électromagnétiques et leur existence dans des un Univers imperceptible. Les humains ne peuvent voir que la lumière visible. Si le Jinn émet ou réfléchit de la lumière dans des spectres non visibles, il pourrait rester imperceptible à nos yeux tout en étant capable de nous voir. Cela pourrait expliquer pourquoi il peut nous observer sans être vu.

---

[96] *Dimension.* En physique, une dimension est une direction dans laquelle on peut mesurer quelque chose. Par exemple, nous vivons dans un Univers à trois dimensions spatiales [longueur, largeur, hauteur] et une dimension temporelle [temps].

d - Interaction avec les humains

« Un Ifrit dit : « Je te l'apporterai [le trône] avant même que tu ne te sois levés [atika bihi] de ta place. Vraiment, j'en suis capable et digne de confiance » (Coran, 27-39)

« Celui [Ifrit] auprès duquel est une connaissance du Livre [« ilmoun min al-Kitabi »] dit : « Je te l'apporterai [le trône] avant même [qabla an] que tu n'aies cligné de l'œil ». Dès que Soulayman le vit [trône] fermement posé devant lui,... » (Coran, 27-40)[97]

« Et lorsque Nous avons dirigé un groupe de Jinn vers toi pour qu'ils écoutent la récitation. Puis, lorsqu'ils y assistèrent, ils dirent aux autres de faire silence. Ensuite, quand ce fut terminé, ils retournèrent auprès des leurs : « Ô notre peuple, nous avons entendu une Lecture révélée après Mouwça, confirmant ce qui le précédait et guidant vers la vérité et le droit chemin. » (Coran, 46- 29/30)

« Un Ifrit dit », « « Celui [Ifrit] auprès duquel est une connaissance du Livre dit », « un groupe de Jinn vers toi pour qu'ils écoutent la récitation », « nous avons entendu une Lecture révélée »

Les versets 27-39/40 font référence à des Ifrit qui parlent à Soulayman. Dans les versets 46-29/30, où il est mentionné qu'un groupe de Jinn a écouté la récitation du Coran.

---

[97] À propos de cette histoire, ce conférer aux versets : « *Coran, 27-15/44* » Saba est l'ancien royaume du Yémen dont la capitale était Marib, nom d'une ville actuelle proche de Sana [ou Sanaa].

Le fait que les Jinn parlent à Soulayman et qu'ils aient écouté et compris la récitation en langue arabe implique qu'ils possèdent une compréhension de cette langue. Cela suggère qu'ils ont des capacités cognitives avancées pour comprendre et interpréter le langage humain, en particulier l'arabe dans ce contexte.

Les Jinn, bien qu'étant des entités plasmatiques vivant dans un Univers superposé au nôtre, possèdent des capacités sensorielles et cognitives qui leur permettent de comprendre et d'interagir avec le monde humain.

- *Capacités sensorielles et cognitives des Jinn*

. *Compréhension Linguistique.* Les Jinn peuvent comprendre des langues humaines, y compris l'arabe, ce qui leur permet de saisir le Message du Coran.

. *Perception sensorielle.* Bien qu'ils soient imperceptibles à l'œil humain, les Jinn ont leurs propres moyens de percevoir notre environnement et d'interagir avec lui. Pour comprendre la langue arabe, les Jinn auraient besoin de mécanismes sensoriels pour percevoir les sons et les mots, un mécanisme auditif efficace similaire à l'ouïe humaine. Cela leur permettrait de percevoir les sons de la récitation, à distinguer les phonèmes, les intonations et les nuances de la langue arabe.

Les Jinn vivent dans un Univers superposé imperceptible, mais ils peuvent interagir avec le nôtre de diverses manières. Ils peuvent entendre, voir et ressentir des choses dans leur propre dimension et dans la nôtre. Leur capacité à comprendre la révélation en arabe montre qu'ils ne sont pas limités par les barrières de leur propre existence.

. *Intelligence.* Les Jinn sont des êtres intelligents et capables de réflexion et de raisonnement. Ils peuvent comprendre des concepts complexes et prendre des décisions basées sur leur compréhension.

. *Contexte cognitif.* Les Jinn sont des créatures complexes et intelligentes, dotées de capacités sensorielles et cognitives. Le Jinn aurait besoin de capacités cognitives pour formuler des pensées et les exprimer verbalement. Cela inclut la compréhension du langage, la structuration des phrases et la transmission d'idées de manière cohérente. Ainsi, ils peuvent comprendre la grammaire, le vocabulaire et les structures syntaxiques de la langue arabe. Cela inclut la capacité à interpréter les significations des mots et des phrases, ainsi qu'à comprendre le contexte culturel et religieux des textes récités. Ce sont leurs capacités cognitives qui leur permettent de reconnaître la nature divine de la lecture. Cela inclut la capacité à discerner les messages spirituels, à réfléchir sur leur signification et à intégrer ces enseignements dans leur compréhension de leur Univers et d'interagir avec lui de manière significative.

o *Communication*

Les Jinn peuvent interagir ou communiquer avec l'Univers perceptible des humains bien que cela soit généralement limité et soumis à la volonté divine. Dans certains cas, les Jinn peuvent se manifester sous des formes visibles pour les humains, bien que cela soit rare. La compréhension de la langue arabe permettrait à certains Jinn [Ifrit] de communiquer avec les humains qui parlent cette langue. Pour qu'un Jinn puisse parler, il aurait besoin d'un mécanisme similaire à la voix humaine, capable de produire des vibrations sonores compréhensibles. Cela impliquerait des organes vocaux ou un équivalent permettant la modulation des sons. Cela pourrait être un analogue plasmatique des cordes vocales humaines, capable de moduler les vibrations pour créer des sons compréhensibles.

« … Mais, lorsque les deux groupes furent en vue l'un de l'autre, il [Ifrit, Iblis] tourna les talons et dit : « Assurément, je vous désavoue. Je vois ce que vous ne voyez pas [les Malayka]… »[98] *…» (Coran, 8-48)*

Les Jinn ont également l'aptitude à apprendre d'autres langues humaines car ils possèdent des capacités cognitives suffisamment flexibles. Cela leur permettrait de comprendre et d'interagir avec des personnes de différentes cultures et langues. La faculté des Jinn à comprendre la langue arabe montre qu'ils possèdent des mécanismes sensoriels et cognitifs avancés, leur permettant de percevoir et d'interpréter le langage humain.

---

[98] Les *Mecquois* hostiles à la Révélation coranique craignaient, s'ils marchaient jusqu'à *Badr*, de se faire attaquer par une tribu ennemie. Iblis [*Ifrit*], se montrant sous la forme d'un chef de tribu, leur apparut pour dire qu'il était solidaire et les aiderait à combattre le Raçoul et sa troupe. Mais lorsque Iblis vit les Malāyka arriver, il se sauva en disant aux Mecquois : *« Assurément, je vous désavoue. Je vois ce que vous ne voyez pas… » (Coran, 8-48)*

o *Contexte des versets 46-29/30*

Les versets 46-29/30 racontent un événement où un groupe de Jinn a été dirigé vers le Raçoul pour écouter la récitation du Coran. Les Jinn, étant des créatures imperceptibles créées par Dieu, ont également été exposés à ce Message. Leur réaction montre que le Coran a un impact universel, transcendant les barrières entre les différentes créatures et les divers Univers.

o *Révélation en arabe*

Le fait que la révélation soit en arabe une langue riche et complexe et que les Jinn comprennent cette langue montre leur capacité à comprendre et à à saisir le Message divin. Cela souligne également l'universalité du message du Coran, qui s'adresse à toutes les créatures intelligentes, qu'elles soient humaines ou jinniennes.

o *Signification des versets*

. *Écoute attentive.* Les Jinn ont demandé à leurs compagnons de faire silence pour écouter attentivement la récitation du Coran. Cela montre leur respect et leur intérêt pour le Message divin.

. *Retour à leur peuple.* Après avoir écouté la récitation, les Jinn sont retournés auprès de leur peuple pour les avertir et partager le message qu'ils ont écouté. Ils ont reconnu que le Coran confirme les révélations précédentes, notamment celles apportées par Mouwça, et guide vers la vérité et le droit chemin.

Après avoir écouté la récitation, les Jinn retournent auprès de leur peuple pour les avertir et partager le Message qu'ils ont écouté. Dans ce contexte le verbe « *écouter* » [un message] implique de prêter attention et de comprendre ce qui est dit. C'est un processus actif qui nécessite de la concentration et de l'engagement. Le fait d'écouter « *une lecture* » signifie non seulement entendre les mots, mais aussi comprendre et réfléchir à leur signification. Les Jinn ont prêté attention et compris le message, ce qui les a motivés à retourner auprès de leur peuple pour partager ce qu'ils ont appris.

. *Implications spirituelles.* Les Jinn posséderaient une forme de conscience spirituelle et philosophique pour apprécier la profondeur des révélations. Ce verset montre que le Message du Coran est destiné à toutes les créatures intelligentes. Il met en évidence l'importance de l'écoute attentive et de la transmission du Message divin. Les Jinn, en reconnaissant la vérité du Coran, montrent que la guidance divine est accessible à tous ceux qui cherchent la vérité, indépendamment de leur nature, de leur origine ou de leur univers.

e - Le Jinn d'un point de vue ontologique

Le fait d'examiner et de comprendre la nature et l'existence des Jinn au-delà de leur simple description ou de leurs actions suscite des interrogations. Quelle est leur nature essentielle ? Comment existent-ils par rapport aux humains ? Quels sont leurs attributs fondamentaux ?

Comme les humains, les Jinn ont la capacité de choisir entre l'*Ordre* et le *Désordre*. Détenteur du *Nafs*[99], ils sont responsables de leurs actes.

. *Libre arbitre*. Les Jinn, tout comme les Humains, ont la capacité de prendre des décisions par eux-mêmes. Ils ne sont pas prédestinés à suivre un chemin particulier et peuvent choisir entre différentes actions.

. *Choisir entre l'Ordre et le Désordre*. Les Jinn ont la possibilité de choisir entre des actions bonnes [*Ordre*] et des actions mauvaises [*Désordre*]. Cela reflète leur capacité à distinguer ces deux notions et à agir en conséquence.

. *Détenteur d'un Nafs*. Comme les Humains, les Jinn possèdent un *Nafs*, ce qui leur confère une dimension spirituelle et morale. Le Nafs définit la conscience, une capacité à ressentir des émotions et la responsabilité, l'individualité. Il inclut aussi les aspects de la vie tels les valeurs, les croyances personnelles [religiosité], la connaissance, la cognition, la faculté d'abstraction, l'art, la technologie, etc.

. *Responsables de leurs actes*. Les Jinn, à l'instar des Humains, ont la capacité de faire des choix moraux et sont responsables de leurs actions car possesseurs d'un Nafs. Ils doivent répondre de leurs choix et des conséquences de ceux-ci et ils seront jugés par Dieu lors de la *Rencontre universelle*.

---

[99] Nas E. Boutammina, « L'Homme caractérisation ontologique - Le Complexe CRN », Edit. BoD, Paris [France], novembre 2019.

VI - Jinn, Humains et Shaytanisme

A - Shaytanisme - Définition

Le mot « *Shaytan* » [plur. *Shayatin*] dérive de la racine arabe « *sh-T-n* » qui signifie « *s'égarer* » ou « *être éloigné* ». Cette racine est utilisée pour décrire un être qui est éloigné de la miséricorde de Dieu qu'il soit un Jinn ou un Humain. Par extension, le terme « *Shaytan* » se définit comme « *celui qui sème le Désordre* ». En semant le *Désordre*, on s'éloigne de l'*Ordre divin* et de la voie droite, ce qui correspond bien à l'idée de s'égarer ou d'être éloigné de la miséricorde de Dieu.

C'est une définition très pertinente et qui enrichit la compréhension du terme.

Shaytan représente souvent les forces du Désordre. Il est l'antithèse de l'*Ordre divin* et de la droiture. En semant le Désordre, il cherche à détourner de la vérité et de la lumière. Shaytan est souvent identifié avec Iblis, un Jinn qui a refusé de se prosterner devant la création divine qu'est Adam et a été banni du Janna. Iblis est l'archétype du Shaytan et il est considéré comme l'ennemi juré de l'Humanité, cherchant constamment à l'égarer et à l'éloigner de la voie de Dieu.

Le vocable « *Shaytanisme* » pourrait être utilisé pour caractériser une doctrine, un système de croyances ou un comportement prônant le *Désordre*, en se basant sur l'interprétation du mot « *Shaytan* » comme « *semeur de Désordre* ».

B - Dévotion des Jinn

« Et ils ont donné à Dieu comme associés des Jinn, alors qu'Il les a créés. Et ils Lui ont controuvé des fils et des filles sans aucun savoir.… » (Coran, 6-100)

1 - Le concept de polythéisme

Le terme « *associés* » fait référence à l'acte de donner à Dieu des partenaires ou des égaux, ce qui est considéré comme un acte d'*associationnisme* [*shirk*][100]. Attribuer des associés à Dieu, que ce soit des Jinn ou d'autres entités, est une violation directe du principe de l'unicité de Dieu [*Tawhid*]. Ce verset met en lumière cette erreur grave commise par certaines personnes et présente dans diverses religions et cultures.

2 - La création des Jinn

Les Jinn sont mentionnés à plusieurs reprises dans le Coran. Ce sont des créatures plasmatiques imperceptibles

---

[100] L'*associationnisme* et le *polythéisme* sont des concepts liés mais distincts. *Polythéisme.* C'est la croyance en plusieurs dieux ou divinités. Les polythéistes vénèrent et adorent plusieurs entités divines, chacune ayant des attributs et des pouvoirs spécifiques. Par exemple, les religions de l'ancienne Grèce et de l'Égypte étaient polythéistes. *Associationnisme [Shirk].* L'associationnisme est le fait d'associer d'autres entités à Dieu dans l'adoration ou la divinité. Cela peut inclure le polythéisme, mais aussi d'autres formes d'association, comme attribuer des pouvoirs divins à des prophètes, des saints [Marabouts] ou des objets. Le shirk va à l'encontre du principe fondamental du monothéisme [*Tawhid*]. Le polythéisme est une forme d'associationnisme, mais l'associationnisme englobe également d'autres pratiques qui ne sont pas nécessairement polythéistes.

créées à partir d'une *réaction thermonucléaire*. De ce fait, ils possèdent des caractéristiques distinctes des humains. En attribuant aux Jinn un statut semi-divin ou divin, les humains ignorent le fait que ces créatures sont elles-mêmes soumises à la volonté de Dieu et ne possèdent aucun pouvoir indépendant.

3 - L'ignorance des croyances polythéistes

Le verset souligne que les croyances polythéistes sont fondées sur l'ignorance et non sur une connaissance ou une révélation divine. Les Jinn sont vénérés ou adorés aux côtés de Dieu en leur attribuant un statut divin ou semi-divin, les considérant comme des partenaires de Dieu. C'est ainsi qu'attribuer des fils et des filles à Dieu est une idée empruntée à d'autres cultures et religions, mais qui est totalement rejetée dans le Message coranique. Dieu est unique, éternel et n'a ni progéniture ni parents.

4 - L'importance de la connaissance divine

Ce verset incite les humains à rechercher activement la connaissance. La relation avec Dieu n'est pas seulement une question de conviction aveugle, mais aussi de compréhension et de réflexion. Les humains sont encouragés à étudier, à poser des questions, et à chercher des réponses à travers les Révélations divines. Comprendre la notion de Dieu est un objectif majeur. Cette compréhension ne peut être pleinement atteinte que par l'étude des Révélations divines. Les humains sont donc invités à explorer ces Révélations pour obtenir une image plus claire de la divinité.

La connaissance basée sur la Révélation divine est considérée comme supérieure à toute autre forme de connaissance humaine. Cela repose sur l'idée que la Révélation divine provient d'une source parfaite et infaillible, à savoir Dieu, contrairement à la connaissance humaine qui est sujette à l'erreur et à l'interprétation limitée.

Il existe une distinction claire entre la connaissance humaine basée sur l'observation, l'expérience et la raison et la connaissance divine révélée directement par Dieu. La première est souvent limitée et changeante, tandis que la seconde est absolue et immuable. Cette hiérarchie place la connaissance divine au-dessus de la connaissance humaine.

Enfin, ce verset souligne l'harmonie possible entre la conviction divine et la raison. Tandis que les humains cherchent à comprendre leur rapport à Dieu à travers la Révélation, ils sont également encouragés à utiliser leur raison pour approfondir leur compréhension et leur engagement. En effet, la raison est ce qui permet à l'Homme d'organiser ses pensées de manière cohérente, d'interagir avec le monde de façon intelligente et réfléchie, et d'avancer dans sa quête de compréhension et de vérité.

5 - *Le rejet des fausses croyances*

Ce segment de verset souligne l'absurdité de l'acte de donner des associés à Dieu, car Il est le Créateur de toutes choses, y compris des Jinn. Il est donc illogique de considérer Ses créatures comme des égales au Créateur.

En dénonçant ces fausses croyances infondées et contraires à la vérité divine, le verset appelle les gens à revenir à la vérité et à adorer Dieu seul, sans lui attribuer de partenaires ou de progéniture. Cela renforce l'importance de la pureté de la foi et de l'adoration de Dieu.

L'acte de donner à Dieu des partenaires ou des égaux, en particulier les Jinn, souligne que cela est une forme de polythéisme et une violation du principe de l'unicité de Dieu. Il encourage également les humains à rechercher la connaissance divine et à éviter les croyances basées sur l'ignorance.

« …Ils [humains] adoraient les Jinn, la plupart d'entre eux y croyaient. » (Coran, 34-41)

Le contexte général de ce verset se trouve dans la sourate 34 [Saba], qui traite de la reconnaissance de la puissance et de la sagesse de Dieu, ainsi que des conséquences de l'adoration des idoles et des créatures autres que Dieu.

Dans ce verset, il est mentionné que la majorité des gens de cette époque croyaient en l'existence et en la puissance des Jinn et qu'ils leur attribuaient des pouvoirs divins et les prenaient comme des divinités à adorer. Ils pensaient que ces entités pouvaient influencer leur vie de manière significative, ce qui les poussait à leur vouer un culte. Dans certaines cultures et traditions moyen-orientales, il est cru que les Jinn peuvent interagir avec les humains, parfois de manière bénéfique, mais souvent de manière maléfique. Cette croyance a conduit certains à chercher à apaiser ou à adorer les Jinn pour éviter leur colère ou obtenir des faveurs.

Le verset met en garde contre l'adoration des créatures autres que Dieu. Il rappelle que seul Lui mérite l'adoration et que se tourner vers d'autres entités, comme les Jinn, est une forme d'égarement.

Ce verset nous enseigne l'importance du monothéisme et souligne que toute forme d'adoration doit être exclusivement dirigée vers Dieu, et non vers des créatures ou des idoles.

« *Je n'ai créé les Jinn et les humains que pour qu'ils M'adorent* [*liya ahboudouni*]. » *(Coran, 51-56)*

Analyse critique des Jinn dans le Coran. Le Coran mentionne les Jinn comme des êtres créés par Dieu, de même que les Humains. Les Jinn sont des entités dotées d'un Nafs ayant des caractéristiques similaires aux humains, telles que la conscience, la capacité de raisonner, le libre arbitre, de suivre ou de désobéir aux recommandations divines, etc.

Sociétés des Jinn comparées aux sociétés humaines. Les Jinn, comme les Humains, forment des sociétés avec des structures sociales et des interactions. Ils ont des croyances, des comportements et des modes de vie qui peuvent être comparés à ceux des humains. Ces derniers ainsi que les Jinn sont responsables de leurs actions et seront jugés par Dieu lors de la *Rencontre universelle*. Certains Jinn sont croyants et pieux, tandis que d'autres sont rebelles. Ils vivent en communautés et ont des structures sociales qui peuvent inclure des familles, des tribus et des groupes. Ils ont des chefs et des leaders, tout comme les sociétés humaines.

Objectif de la création des Jinn et des Humains. Les Jinn et les Humains sont encouragés à se rappeler constamment de leur objectif ultime : leur existence a un but divin. Selon le Coran, les Jinn et les Humains ont été créés par Dieu dans un but précis : celui d'adorer Dieu et de suivre Ses recommandations.

Ce verset 51-56 souligne que la raison d'être des Jinn et des humains est l'adoration de Dieu. L'adoration ici ne se limite pas aux actes rituels, mais englobe une vie vécue en conformité avec les valeurs et les principes divins. Le verset rappelle aux Jinn et aux Humains l'importance de leur relation avec Dieu et leur devoir de vivre selon Ses préceptes et à orienter leurs actions vers Sa satisfaction. Cela inclut la justice, la compassion, l'honnêteté et d'autres valeurs morales importantes.

C - La Rencontre universelle

1 - Possession du Nafs

Le Coran révèle que les Jinn, tout comme les Humains, possèdent un Nafs. Celui-ci est l'essence de l'être, englobant la conscience, la cognition, les désirs, les émotions, etc. En d'autres termes, ce qui leur permet de penser, de choisir, de ressentir et agir. Le Nafs personnifie l'essence même de l'individualité d'une personne, englobant ses désirs, ses instincts et ses motivations intérieures.

Le Nafs est l'incarnation de la personnalité d'un individu. La manière dont une personne pense, ressent et se comporte est en grande partie influencée par son Nafs. La personnalité reflète l'ensemble des caractéristiques et des traits qui définissent un individu et la rendent unique. Le Nafs ne se limite pas à des aspects subconscients ou automatiques de la psyché humaine, mais inclut également la conscience et la réflexion. Cela implique que chaque être [humain jinnien] est conscient de son propre ego et de ses propres désirs, et peut ainsi exercer une certaine maîtrise et direction sur ses actions et ses choix.

Dans un contexte spirituel, le Nafs est un élément à discipliner et à purifier. Le développement spirituel suppose souvent la lutte contre les faiblesses, les aspects négatifs du Nafs, tels que l'égoïsme ou les désirs excessifs, pour atteindre un état de pureté et de connexion avec le divin. Ainsi, le Nafs représente une dimension fondamentale des Jinn et des Humains qui intègre à la fois la personnalité et la conscience individuelle, jouant un rôle crucial dans la définition de qui nous sommes et dans notre cheminement existentiel.

Les Jinn, bien qu'ils soient des créatures de nature plasmatique imperceptible et ayant des capacités prodigieuses, ils ont une durée de vie limitée. Ils peuvent vivre beaucoup plus longtemps que les Humains, mais ils ne sont pas immortels. Leur mortalité signifie qu'ils sont également soumis aux lois de la Création et qu'ils finiront par mourir, tout comme les Humains.

La possession d'un Nafs implique une responsabilité morale et éthique. Les Jinn, tout comme les Humains, ont le libre arbitre et peuvent choisir leurs actions qui entrent dans la catégorie soit de l'*Ordre* soit du *Désordre*. Ils sont donc responsables de leurs actions et doivent en assumer les conséquences. Les Jinn et les Humains doivent répondre de leurs actes devant Dieu lors de la Rencontre universelle qui est un événement eschatologique où tous les êtres dotés d'un Nafs comparaitront devant le Créateur. Les actions de chacun d'eux seront évaluées. Pour les Jinn que celles-ci aient été effectuées dans l'Univers perceptible [celui des Humains] ou dans l'Univers imperceptible [celui des Jinn]. Ce jugement déterminera leur sort ultime, que ce soit au *Janna* [« *Paradis* »] ou *Jahanama* [« *Enfer* »] en fonction de leurs actions.

« Tout Nafs goûtera la mort. Mais c'est seulement au Yawm al-Qiyama [« *Rencontre universelle* »] *que vous recevrez votre entière rétribution… » (Coran, 3-185)*

Chaque être vivant, qu'il soit Humain ou Jinn, est destiné à mourir. La mort est une réalité inévitable pour toutes les créatures. Personne n'échappe à cette vérité universelle. Ce verset souligne la nature temporaire de la vie et rappelle aux Jinn et aux Humains que la vie après la mort est une partie essentielle de la Révélation divine.

Yawm al-Qiyama est un terme qui signifie « Jour du Jugement » ou « *Rencontre universelle* ». C'est le temps où tous les êtres *nafsiens* [*nafsiques*] seront ressuscités, réunis et jugés par Dieu pour leurs actions. C'est un moment de vérité décrit comme un événement majeur où la Justice divine sera rendue et où chaque Nafs sera confrontée à ses actions et recevra sa rétribution. Celle-ci est la récompense ou la punition que chaque Nafs recevra en fonction de ses actions.

Cette rétribution équitable, proportionnelle aux actions de chaque individu, reflétant la nature miséricordieuse et juste de Dieu.

Ce verset rappelle l'importance de mener une vie juste loin du *Désordre*, car ils seront tenus responsables de leurs actions lors du Jour du Jugement. Il souligne également la nature éphémère de la vie et l'importance de se préparer pour la Rencontre universelle où aucun Jinn, ni aucun Humain ne sera exclu. La notion de *Rencontre universelle* souligne l'importance de la Justice et de l'équité dans le jugement divin.

2 - Le Nar

« Entrez dans le Nar [Feu] *[dira Dieu] avec les Jinn et les hommes des communautés qui vous ont précédés… » (Coran, 7-38)*

Dans ce verset, Dieu ordonne aux incroyants [athées, incrédules, et.] et aux transgresseurs à l'*Ordre divin* d'entrer dans le Feu de Jahanama en raison de leurs actions *shaytanistes*. Ces concepts mettent en lumière la *Justice divine* et la rétribution lors de la *Rencontre universelle*.

En langue arabe, le terme « *Nar* » signifie « *Feu* » et est souvent utilisé pour désigner *Jahanama* [Enfer] dans le Message coranique et symbolise la punition divine. Ce feu est décrit dans le Coran comme un lieu de punition pour les transgresseurs où les damnés sont entourés et brûlés, subissant divers tourments physiques.

Le concept de punition lors de la Rencontre universelle, que ce soit pour les Humains ou les Jinn, est adapté à la nature de chaque être. Ainsi, même si les Jinn sont de nature plasmatique, les tourments de Nar [Enfer] sont conçus pour être ressentis par eux de manière appropriée à leur constitution.

Jahanama [*Enfer*]. C'est le terme utilisé pour désigner l'Enfer. C'est un lieu de punition pour les Shayatin dans l'au-delà. Jahanama est décrit comme ayant plusieurs niveaux, chacun étant plus sévère que le précédent. Les habitants de Jahanama subissent des tourments physiques, psychologiques en fonction de la gravité de leurs transgressions.

Shaytanisme. Ce terme dérive de « *Shaytan* », qui signifie « *celui qui sème le Désordre* ». Shaytan peut être un Jinn ou un Humain qui prône le Désordre et la rébellion contre l'Ordre divin. Le Shaytanisme, donc, est la doctrine ou le comportement qui incite au Désordre.

Transgression et punition : L'énoncé met en avant l'idée que ceux qui transgressent l'Ordre divin ou suivent le Shaytanisme sont destinés à entrer dans le feu de Jahanama en raison de leurs actions.

Ce verset énonce la relation entre le comportement jinnien et humain, la transgression de l'Ordre divin, et la punition lors de la Rencontre universelle. Il met en lumière l'importance de suivre les préceptes divins pour éviter la punition.

3 - Ordre divin

L'Ordre divin fait référence à l'organisation et à l'harmonie que Dieu a instaurées dans Sa Création.

. *Organisation et harmonie.* L'Ordre divin implique que tout dans les Univers est créé et organisé de manière précise et harmonieuse. Par exemple dans l'Univers perceptible, le nôtre, cela inclut les lois de la nature, les cycles des saisons, le fonctionnement des corps célestes, etc.

. *Stabilité et immuabilité.* Contrairement aux lois humaines qui peuvent changer, les décrets divins sont immuables et éternels. Ils sont établis pour toujours et reflètent la stabilité et la constance de Dieu.

. *Application dans la vie des entités nafsiennes.* Pour les Jinn et les Humains, suivre l'Ordre divin signifie se conformer aux recommandations de Dieu et vivre selon Ses principes. Cela apporte une structure et une direction dans leur vie, les aidant à atteindre l'épanouissement spirituel.

. *Dieu d'Ordre.* Dieu est décrit comme un Dieu d'*Ordre*, et non de *Désordre*, de chaos ou de confusion. Tout ce qu'Il fait est ordonné et harmonieux.

L'Ordre divin est la manifestation de la sagesse et de la perfection de Dieu dans la Création et dans les lois qui la régissent. Il offre une base stable et cohérente pour la vie de Ses créatures nafsiennes. Aussi bien les Jinn que les Humains qui ont transgressé à l'Ordre de Dieu ou *Shayatin* seront punis ensemble. Le verset souligne que la punition n'est pas seulement pour les Shayatin Jinn et Humains de l'époque du

Raçoul. Dieu rappelle ici que les générations précédentes, qu'elles soient composées de Jinn ou d'Humains, ont également reçu des messages divins par l'intermédiaire des Messagers, mais beaucoup d'entre elles ont rejeté ces messages et ont été des transgresseurs à Dieu. En conséquence, elles ont subi les châtiments de « *Nar* « [*Feu*]. L'entrée dans le Feu symbolise la conséquence ultime du Shaytanisme. Ce verset souligne l'universalité du Message divin et la continuité de la mission des Messagers à travers les âges. C'est un message global qui sert d'avertissement aux *Shayatin*, leur rappelant les conséquences de leurs actions. Il souligne également l'universalité de la Justice divine qui sera la même et qui s'applique à toutes les générations et à toutes les créatures dotées de Nafs qu'elles soient jinniennes ou humaines. Dès lors, c'est une mise en garde des contemporains du Raçoul contre les mêmes erreurs.

« Nous [Dieu] avons assigné beaucoup de Jinn et d'hommes au Jahanama. Ils ont des cœurs mais ne comprennent pas. Ils ont des yeux, mais ne voient pas. Ils ont des oreilles, mais n'entendent pas… » (Coran, 7-179)

3 - Destinés à Jahanama

Ce passage indique que Dieu a destiné un grand nombre de Jinn et d'Humains au Jahanama. Le fait que Dieu ait assigné certains Jinn et Humains à l'Enfer peut sembler sévère, mais il est important de comprendre que cela repose sur la Justice divine. Dieu, dans Sa sagesse infinie, connaît les choix que chaque individu fera [Jinn et Humains]. Cela ne signifie pas une prédestination injuste, mais plutôt que Dieu, dans Sa connaissance infinie, sait déjà qui choisira de suivre la mauvaise voie. Ces individus Jinn et Humains, par leurs actions et leur désobéissance et le rejet de la vérité se destinent eux-mêmes à l'Enfer.

4 - Cœurs sans compréhension

Le passage « *Ils ont des cœurs mais ne comprennent pas.* » mentionnent les « *cœurs* » qui symbolisent ici la capacité de comprendre et de raisonner. Cependant, ces individus malgré leur capacité à comprendre, choisissent de ne pas utiliser cette faculté pour saisir la vérité divine. Leur cœur est endurci par l'ignorance et l'arrogance. Leur cœur est fermé à la compréhension spirituelle et morale.

- *Symbolisme du cœur*

Dans de nombreuses cultures anciennes, le cœur était considéré comme le centre intellectuel et émotionnel de l'être humain.

. *Égypte ancienne*. Dans l'Égypte ancienne, le cœur était vu comme le moteur organique du corps et le siège de l'intelligence. Il avait une importance religieuse et spirituelle majeure et était l'un des huit composants essentiels du corps humain[101].

. *Grèce antique*. Les Grecs anciens considéraient également le cœur comme le centre des émotions et de la pensée. Ils croyaient que le cœur était l'organe principal de

---

[101] B. ZISKIND, B. HALIOUA, « La conception du cœur dans l'Égypte ancienne », Edit. Med Sci, Paris, 2004, Vol. 20, N° 3 ; p. 367-373.

la sensation et de l'intellect, contrairement au cerveau qui servait principalement à refroidir le sang.

. *Symbolisme général.* Le cœur a été utilisé comme symbole de l'activité émotionnelle, spirituelle, morale et intellectuelle depuis l'Antiquité. Il représentait souvent l'amour, la vie et la santé.

. *Moyen Âge.* Au Moyen Âge, le cœur était souvent représenté dans l'art et la littérature comme le siège de l'amour et des émotions. Les premières représentations stylisées du cœur, telles que nous les connaissons aujourd'hui, ont commencé à apparaître à cette époque.

Le cœur a longtemps été perçu comme le centre des émotions et de l'intellect dans diverses cultures et époques historiques. Dans le contexte de ce verset, le langage utilisé par Dieu est symbolique et métaphorique.

. *Symbolisme culturel et historique.* Dans de nombreuses cultures anciennes, le cœur était considéré comme le centre des émotions et de l'intellect. Utiliser le terme « *cœur* » permet de communiquer efficacement avec les gens de l'époque, en utilisant des concepts qu'ils comprennent et auxquels ils peuvent s'identifier.

. *Langage universel.* Le cœur est un symbole universellement reconnu pour représenter les émotions, l'amour, la compassion et la conscience. Même aujourd'hui, nous utilisons des expressions comme « *avoir le cœur brisé* » ou « *parler avec le cœur* » pour exprimer des sentiments profonds. Le langage de ce verset utilise des symboles et des métaphores pour transmettre des vérités spirituelles de manière accessible et compréhensible.

. *Connotation spirituelle*. Le cœur, en tant que symbole, transcende la simple fonction biologique. Il représente l'essence de l'être humain, incluant ses émotions, sa morale et sa spiritualité. En utilisant le terme « *cœur* », le texte met l'accent sur l'importance de la pureté intérieure et de la sincérité dans la foi et les actions.

. *Impact émotionnel*. Le cœur est associé à des émotions fortes et profondes. Utiliser ce terme dans ce contexte peut avoir un impact émotionnel plus puissant sur les êtres, les incitant à réfléchir sur leur état spirituel et moral.

. *Transmission du Message*. Le but principal du Message divin est de transmettre une communication spirituelle et morale. L'utilisation de termes symboliques comme cœur permet de toucher l'auditoire à un niveau plus profond et de les encourager à introspecter et à améliorer leur relation avec Dieu.

Bien que Dieu sache que le cerveau est le centre des fonctions nafsiques [*intellectuelles*[102], *cognitives*[103],

---

[102] Les fonctions intellectuelles sont souvent mesurées par le quotient intellectuel [QI] et incluent des compétences verbales et visuelles, le raisonnement, ainsi que la mémoire de travail et la vitesse de traitement de l'information. Elles sont une partie des fonctions cognitives, mais se concentrent plus spécifiquement sur les capacités de raisonnement et de résolution de problèmes.

[103] Les fonctions cognitives se réfèrent aux processus mentaux qui nous permettent de percevoir, d'apprendre, de mémoriser, de raisonner et de

émotionnelles, etc.] l'utilisation du terme « *cœur* » dans le Message divin a une signification symbolique et émotionnelle qui transcende la simple biologie. Cela permet de transmettre des vérités spirituelles de manière plus accessible et impactante.

5 - Yeux sans vision

L'énoncé « *Ils ont des yeux, mais ne voient pas.* » utilise une métaphore pour exprimer une idée spirituelle profonde.

Les yeux caractérisent la capacité de voir les signes de Dieu dans la Création. Chaque élément de l'Univers jinnien et humain est un signe de la grandeur et de la puissance de Dieu. Cependant, ces individus sont aveugles à ces signes, soit par négligence, soit par refus délibéré de les reconnaître.

. *Les yeux comme symbole de perception divine.* Les yeux sont souvent considérés comme le moyen par lequel nous percevons le monde qui nous entoure. Dans ce contexte, ils symbolisent la capacité de percevoir les signes de Dieu dans l'Univers jinnien et humain. Cette perception n'est pas seulement physique, mais aussi spirituelle. Les yeux représentent donc la capacité de voir au-delà de l'apparence matérielle des choses pour reconnaître la présence et l'œuvre de Dieu.

. *Incapacité à voir les signes divins.* Malgré cette capacité innée de percevoir les signes divins, certains individus ne

---

résoudre des problèmes. Elles incluent des capacités telles que l'attention, la mémoire, la perception, le langage et les fonctions exécutives. Les fonctions cognitives englobent un large éventail de processus mentaux.

parviennent pas à les voir ou à les reconnaître. Cela peut être dû à diverses raisons, telles que le manque de conviction, l'ignorance, ou une vie trop centrée sur diverses préoccupations [matérielles, frivoles, etc.].

. *Aveuglement spirituel.* L'énoncé parle d'aveuglement, non pas au sens physique, mais au sens spirituel. Ces personnes sont « *aveugles* » aux signes divins, c'est-à-dire qu'elles ne parviennent pas à voir ou à comprendre les preuves de l'existence et de la grandeur de Dieu dans la Création.

Cet aveuglement peut être vu comme une métaphore de l'incapacité à percevoir la vérité spirituelle, malgré la présence évidente de signes dans l'Univers.

Les yeux représentent la capacité de percevoir ces signes de Dieu dans l'Univers. Malgré cette capacité, ces personnes ne parviennent pas à voir ou à reconnaître les preuves de l'existence et de la grandeur de Dieu dans la Création. Ils sont aveugles aux signes divins. Cette phrase souligne la différence entre la capacité de percevoir les signes divins et la réalité de cette perception.

6 - Oreilles sans écoute

Cet énoncé « *Ils ont des oreilles, mais n'entendent pas…* » utilise une métaphore pour illustrer une idée spirituelle importante.

Les oreilles symbolisent la capacité d'écouter et de comprendre les enseignements divins. Ces individus entendent les paroles de Dieu et les enseignements de Ses

Messagers, mais ils ne les écoutent pas réellement, ni ne les intègrent dans leur vie. Ils sont sourds aux messages divins. Cet énoncé souligne l'importance de non seulement entendre les enseignements divins, mais aussi de les écouter activement et de les intégrer dans sa vie pour un véritable développement spirituel.

. *Symbolisme des oreilles.* Les oreilles représentent la capacité d'écouter et de comprendre. Dans un contexte spirituel, cela signifie être réceptif aux enseignements de Dieu et aux messages de Ses Envoyés.

. *Écouter différent d'entendre.* L'énoncé fait une distinction entre entendre et écouter. Entendre est un acte passif, simplement percevoir des sons. Écouter, en revanche, implique une attention active et une volonté de comprendre et d'intégrer ce qui est entendu.

. *Intégration des enseignements.* L'énoncé souligne que ces individus entendent les paroles de Dieu et les enseignements des Messagers, mais ne les intègrent pas dans leur vie. Cela signifie qu'ils ne mettent pas en pratique ce qu'ils ont entendu, ce qui est essentiel pour une véritable compréhension et transformation spirituelle.

. *Sourds aux messages divins.* Être sourd aux messages divins signifie être fermé ou insensible à la guidance spirituelle. Cela peut être dû à un manque de conviction, de compréhension, ou simplement à une réticence à changer.

Ce verset 7-179 met en lumière l'état de ceux qui, malgré leurs capacités physiques et intellectuelles, choisissent de rester insensibles et indifférents aux signes et aux enseignements de Dieu. Ils sont comparés à des animaux, voire plus égarés encore, car ils ne font pas usage de leurs facultés pour atteindre la vérité et la guidance divine. Leur insouciance et leur négligence les mènent à une vie de perdition. Ce verset est un appel à la réflexion et à l'auto-évaluation, invitant chacun à utiliser ses capacités pour comprendre, voir et écouter les signes et les enseignements de Dieu afin de suivre le droit chemin.

7 - Conclusion

Ce verset 7-179 s'adresse à la fois aux Jinn et aux Humains.

. *Inclusivité des deux entités*. Le verset commence par mentionner explicitement les Jinn et les Humains : « *Nous avons assigné beaucoup de Jinn et d'hommes au Jahanama [Enfer]* ». Cela montre que le message s'adresse aux deux groupes.

. *Capacités similaires*. Les Jinn et les Humains sont tous deux dotés de capacités intellectuelles et sensorielles, comme les cœurs, les yeux et les oreilles. Ces capacités leur permettent de comprendre, de voir et d'entendre les signes et les enseignements divins.

. *Responsabilité commune*. Les deux entités sont responsables de l'utilisation de leurs facultés pour chercher la vérité et suivre la guidance divine. Le fait que certains ne comprennent pas, ne voient pas et n'entendent pas est une critique de leur négligence ou de leur refus délibéré de suivre le droit chemin.

. *Message universel.* Le message de ce verset est universel et s'applique à tous ceux qui ont la capacité de comprendre et de suivre les enseignements divins, qu'ils soient Jinn ou Humains. Il souligne l'importance de l'auto-évaluation et de l'utilisation correcte de ses facultés pour atteindre la vérité.

Dieu utilise ces termes pour s'adresser à la fois aux Jinn et aux Humains, soulignant leur responsabilité commune dans l'utilisation de leurs capacités pour suivre la guidance divine.

D - Déploiement du Shaytanisme

« Il dit encore : « Vois-Tu ? Celui que Tu as honoré plus que moi, si Tu me donnais du répit jusqu'au Yawm al-Qiyama [Rencontre Universelle], j'éprouverai certes, sa descendance, excepté un petit nombre » (Coran, 17-62)

« Il [Iblis] dit encore »

Iblis, Jinn [Ifrit] a refusé de se prosterner devant l'œuvre de Dieu : *Adam.* Ce verset commence par une déclaration d'Iblis, montrant son défi envers Dieu. Celle-ci est une manifestation claire de provocation et de son opposition à Dieu. En refusant de se prosterner devant la création Adam, Iblis exprime son mécontentement et son ressentiment envers la décision divine. Ce défi est non seulement un acte de désobéissance, mais aussi une tentative de prouver que les

Humains, malgré l'honneur qui leur est accordé, sont faibles, émotifs et susceptibles de succomber aux *tentations*[104].

Ce verset met en lumière la nature rebelle d'Iblis et son rôle en tant que tentateur, cherchant à égarer les Humains et à les détourner du droit chemin. Il souligne également l'importance de la conviction et de la persévérance pour résister aux tentations et rester fidèle à l'Ordre Divin. Il faut souligner une distinction importante. Iblis a refusé de se prosterner non seulement devant Adam en tant que créature, mais aussi devant l'œuvre de Dieu, la création elle-même. Il est nécessaire d'approfondir cette idée.

. *Refus de se prosterner devant l'œuvre de Dieu.* Iblis voit Adam comme une création inférieure, faite d'*atomes* [« *argile* »], alors que lui-même est fait de plasma, il est un *être plasmatique* [« *feu d'une chaleur ardente* », « *feu sans fumée* »]. Son refus est donc un rejet de l'acte créatif de Dieu et de l'Ordre divin.

---

[104] Les *tentations* et les *émotions* sont distinctes mais liées. *Émotions.* Ce sont des réactions psychologiques et physiologiques à des situations ou des stimuli. Elles peuvent inclure la joie, la tristesse, la colère, la peur, etc. Les émotions sont naturelles et font partie de l'expérience humaine. *Tentations.* Ce sont des incitations ou des désirs de faire quelque chose qui peut être moralement ou éthiquement incorrect. Les tentations peuvent être influencées par des émotions, mais elles impliquent souvent un choix ou une décision à prendre. Par exemple, une individu peut ressentir de la colère [émotion] et être tentée de se venger [tentation]. Les émotions sont des états internes qui peuvent influencer nos pensées et nos comportements, alors que les tentations sont des incitations à agir d'une certaine façon, souvent en opposition à nos valeurs ou principes. Les deux sont interconnectés, mais distincts.

Observation

A ce propos la métaphore de l'*argile* utilisée dans de nombreux versets coraniques pour décrire la création de l'homme peut être vue sous un angle scientifique. L'*argile*, comme toute matière, est composée d'atomes, tout comme le corps humain. D'un point de vue scientifique, on peut dire que l'homme est un *être atomique*, car notre corps est constitué de divers éléments chimiques, principalement de l'oxygène, du carbone, de l'hydrogène et de l'azote, qui sont tous des atomes.

. *Réaction atomique*. Cette expression concilie la science moderne avec le Message divin. Une réaction atomique implique des changements au niveau des atomes, qui sont les constituants fondamentaux de la matière. En disant qu'Adam a été créé à partir d'une réaction atomique, révèle que la création de l'Homme implique des processus chimiques et physiques complexes.

. *Argile*. L'argile est composée de minéraux et de particules fines, et elle contient divers éléments chimiques. Dans une perspective scientifique, la vie sur Terre a émergé à partir de composés chimiques simples qui se sont combinés pour former des structures plus complexes. L'argile, en tant que matériau riche en minéraux, symbolise les éléments de base nécessaires à la vie.

L'expression « *Adam était créé d'une réaction atomique* » relie les récits coraniques de la création de l'Homme avec les connaissances scientifiques modernes sur la chimie et la biologie. Elle suggère que la création de l'Homme implique des processus où l'argile représente les éléments de base nécessaires à la réaction atomique qui symbolise les processus chimiques et physiques qui ont conduit à l'émergence de la structure corporelle de l'Homme.

L'argile est un type spécifique de terre avec des propriétés particulières, tandis que la terre est un terme plus général qui englobe différents types de sols. Selon la Révélation coranique, Adam a été créé à partir de l'*argile* ou de la *terre*. Ces descriptions montrent que les termes « *terre* » et « *argile* » sont utilisés de manière interchangeable pour décrire la matière première utilisée par Dieu pour créer le premier Homme.

L'argile est une terre fine et douce au toucher, composée principalement de silice et d'alumine. La terre est un terme plus générique qui inclut différents types de sols, comme le sable, le limon, et l'argile. Une terre équilibrée, appelée terre franche, contient environ 50 à 70 % de sable, 15 à 20 % d'argile, et une bonne proportion de matière organique.

. L'Homme et l'argile [terre] : connexion profonde. Lorsque le Coran dit que l'Homme a été créé d'argile [ou de terre], il signifie par là que celui-ci et la terre partagent les mêmes éléments chimiques ce qui souligne notre connexion profonde avec le monde terrestre. Les éléments comme l'eau, les minéraux et même le microbiote sont essentiels à la vie humaine et se trouvent également dans la terre. Ainsi, l'affirmation que l'homme a été créé d'argile provenant de la terre révèle comme une reconnaissance de notre composition chimique commune. Les éléments comme le carbone,

l'hydrogène, l'oxygène, et l'azote sont présents à la fois dans le corps humain et dans la terre. Ces éléments sont les blocs de construction de la vie et sont essentiels pour les processus biologiques.

L'eau est un composant majeur de la terre et du corps humain. Environ 70% de la surface de la Terre est couverte d'eau, et le corps humain est composé d'environ 60% d'eau. L'eau est cruciale pour la survie, la régulation de la température corporelle, et le transport des nutriments. Les minéraux présents dans la terre, comme le calcium, le magnésium, et le potassium, sont également essentiels pour la santé humaine. Ils jouent un rôle clé dans la formation des os, la fonction musculaire, et la transmission nerveuse.

Le sol est riche en microbiote, des micro-organismes qui jouent un rôle crucial dans la décomposition des matières organiques et la fertilité du sol. De même, le corps humain abrite un microbiote diversifié, particulièrement dans l'intestin, qui est essentiel pour la digestion, le système immunitaire, et la santé globale.

L'idée que l'homme a été créé d'argile ou de terre met en évidence notre lien profond avec la nature, notamment en termes de composition chimique. Les éléments chimiques présents dans notre corps, comme le carbone, l'oxygène et l'hydrogène, sont également trouvés dans la terre. Cela montre que l'Homme partage les mêmes matériaux de base avec notre environnement, soulignant notre interdépendance avec la planète Terre.

. *Orgueil et arrogance.* Le refus d'Iblis est motivé par son orgueil et son arrogance. Il se situe dans l'échelle de la Création comme supérieur à Adam et ne peut accepter que Dieu ait choisi de donner à l'Humain une position d'honneur.

. *Défi à l'autorité divine.* En refusant de se prosterner, Iblis défie directement l'autorité de Dieu. Ce n'est pas seulement un acte de désobéissance, mais aussi une remise en question de la Sagesse et de la Volonté divine.

. *Conséquences du refus.* Le refus d'Iblis a des conséquences profondes. Il est banni du Janna et devient un ennemi juré de l'Humanité, cherchant à égarer les descendants d'Adam.

. *Le rôle de l'épreuve.* La réaction d'Iblis met en lumière le rôle de l'épreuve dans la vie humaine. Les Humains sont constamment mis à l'épreuve par les tentations d'Iblis, mais ils ont aussi la capacité de choisir de rester fidèles à l'Ordre de Dieu.

Le refus d'Iblis de se prosterner devant Adam est un acte complexe qui englobe le rejet de la création divine, l'orgueil, et le défi à l'autorité de Dieu. Cela souligne l'importance de l'humilité, de l'obéissance et de la conviction en Dieu

« *Vois-Tu ? Celui* [*Humain*] *que Tu as honoré plus que moi* »

Iblis exprime son ressentiment et sa jalousie envers l'Humain [*Adam*] que Dieu a mis à l'honneur et l'a élevé au-dessus de lui. Il se sent supérieur et ne comprend pas pourquoi celui-ci, qu'il considère comme inférieur, a été préféré.

« si Tu me donnais du répit jusqu'au Yāwm al-Qiyama [Rencontre Universelle] »

Lorsque Iblis s'est opposé à Dieu en refusant de se prosterner devant Adam, il a été maudit. Au lieu d'être immédiatement jeté en Enfer, il a demandé à Dieu de lui accorder un délai jusqu'à la Rencontre universelle [Yawm al-Qiyama] pour prouver son point de vue et tenter de détourner les Humains du droit chemin.

Iblis souhaite ce temps supplémentaire pour tenter de détourner les Humains de la Voie de Dieu, de les conduire vers le Shaytanisme et prouver son point de vue selon lequel ils ne méritent pas la faveur divine. Dieu a accepté cette demande, ce qui lui permet de les tenter jusqu'à ce jour. Cette période de répit est une partie de l'épreuve que les humains doivent surmonter, en restant fidèles et justes malgré les tentations et les défis posés par Iblis.

Le concept du Nafs dans la destinée humaine et jinnienne est crucial. Ce dernier représente la libre volonté et la capacité de chaque être à faire des choix moraux et éthiques. La responsabilité individuelle est cruciale, car chaque personne est responsable de ses actions et de ses décisions, qui influencent sa destinée. Dans le contexte des Humains et des Jinn, cette libre volonté permet à chacun de choisir entre l'*Ordre divin* et le *Désordre shaytaniste*, de suivre le droit chemin ou de provoquer et succomber aux tentations. Cette dualité et cette lutte intérieure sont des thèmes récurrents qui soulignent l'importance de la persévérance, de la conviction et de la droiture.

« j'éprouverai certes, sa descendance »

Iblis promet de tenter et de tester les descendants d'Adam pour prouver leur faiblesse et leur incapacité à rester fidèles à Dieu. Il croit que les Humains, en raison de leurs désirs et de leurs faiblesses, succomberont facilement à ses tentations et s'éloigneront du droit chemin. Il utilise cette promesse pour justifier son opposition à Dieu et pour prouver que les Humains ne méritent pas Sa faveur.

« Oui l'homme a été créé instable [très préoccupé, angoissé] Quand le malheur le touche, il est abattu ; » (Coran, 70-19/20)

1 - Création de l'homme

D'un point de vue psychologique, ce verset est une reconnaissance des états émotionnels fluctuants de l'Homme. Les préoccupations et l'angoisse peuvent être des réponses naturelles aux défis et aux incertitudes de la vie. Spirituellement, ce verset rappelle que l'instabilité et l'angoisse de l'Homme peuvent l'inciter à chercher refuge et réconfort auprès de Dieu.

a - Sa nature spécifique

Le verset 70-19 commence par affirmer que l'Homme a été créé avec une nature spécifique, signifiant par là que certaines caractéristiques sont inhérentes à l'humanité dès sa création.

Par « *nature spécifique* », on entend que certaines qualités ou traits sont intrinsèques à l'humanité et qui sont essentiels à l'expérience humaine.

. *Aspects physiques.* Les traits physiques comme la structure corporelle, les capacités sensorielles et les besoins biologiques [comme la nourriture et le sommeil] sont des aspects fondamentaux de la nature humaine. L'homme est physiquement vulnérable, il est sujet à des maladies, des blessures et au vieillissement, ce qui souligne la fragilité physique de la condition humaine.

. *Aspects émotionnels.* L'homme éprouve une gamme d'émotions, allant de la joie à la tristesse, de l'amour à la peur. Ces émotions sont naturelles et font partie de l'expérience humaine. Les réactions aux événements de la vie, comme le stress, l'angoisse et l'instabilité émotionnelle, sont des aspects intrinsèques de la nature humaine.

. *Aspects spirituels.* L'homme a une tendance innée à chercher un sens à la vie et à se poser des questions existentielles. Cela peut inclure la quête de la vérité, de la moralité et de la spiritualité. Beaucoup de personnes ressentent un besoin de se connecter avec le divin ou de suivre des pratiques religieuses et spirituelles pour trouver du réconfort et de l'orientation.

. *Instabilité et angoisse.* Ces émotions sont des aspects inhérents à la nature de l'Homme. Elles ne sont pas des anomalies, mais des éléments naturels de son expérience. L'humain est émotionnellement variable, passant facilement de la joie à la tristesse, ou qu'il est constamment préoccupé par les incertitudes de son existence. Cela renforce l'idée qu'il est souvent en proie à des soucis et des peurs qui peuvent être liés à des aspects matériels, spirituels ou émotionnels de la vie. L'instabilité peut se manifester par des fluctuations émotionnelles, des doutes ou des incertitudes. L'angoisse, quant à elle, peut être une réaction à des situations stressantes ou inconnues.

. *Réaction au malheur*. Ce verset décrit la réaction humaine face aux difficultés. Il montre que l'Homme, lorsqu'il est confronté à des épreuves ou des malheurs, tend à se sentir abattu et découragé.

. *Vulnérabilité*. Cela met en lumière la vulnérabilité de l'Homme face aux adversités. Malgré sa force apparente, l'Homme peut être profondément affecté par les événements négatifs soulignant une vérité universelle sur la nature humaine : la tendance à être instable et à se laisser abattre par les difficultés.

L'observation de la condition humaine dans un contexte social révèle que les préoccupations et l'angoisse peuvent être exacerbées par les pressions sociales, économiques et culturelles. L'instabilité de l'Homme peut être aussi une quête incessante de sens et de connexion avec le divin. L'angoisse se déclare comme un appel intérieur à chercher une vérité plus profonde. Ces versets offrent des perspectives variées pour comprendre la nature humaine et les défis émotionnels. Cette promesse d'Iblis de tenter les Humains est souvent vue comme une épreuve pour l'Humanité, où chaque individu doit démontrer sa conviction, sa droiture et sa capacité à résister aux tentations. Cela souligne l'importance de l'agissement du Nafs dans la destinée humaine.

« excepté un petit nombre »

Iblis reconnaît qu'il y aura un petit nombre d'Humains qui resteront fidèles et ne succomberont pas à ses tentations. Ce verset met en lumière le défi constant entre l'Ordre divin et le Désordre shaytaniste, et la lutte des Humains pour rester sur la Voie de Dieu malgré les tentations. Il souligne également la miséricorde de Dieu, qui permet à l'Humain de choisir son propre chemin et de prouver sa *conviction divine*[105].

2 - Reconnaissance de la résistance

Iblis représente le Désordre et la tentation, tandis que les Humains ont la capacité de choisir l'Ordre et de rester fidèles au Message de Dieu. Cela montre que même dans les

---

[105] La *conviction divine* se caractérise comme la guidance et la lumière que Dieu accorde à ceux qui cherchent sincèrement la vérité et la droiture. Le Coran mentionne à plusieurs reprises que c'est Dieu qui guide ceux qu'Il veut vers le droit chemin [*Coran, 2-272*]. La conviction divine est souvent associée à la lumière et à la clarté intérieure [*Coran, 24-35*]. La conviction divine apporte également la paix et la tranquillité au cœur des croyants [*Coran, 13-28*]. Le Coran souligne que chaque individu a la liberté de choisir son propre chemin. Cette liberté est un test de conviction, permettant aux individus de prouver leur dévotion envers Dieu. La conviction divine dans le Coran est un mélange de guidance, de lumière, de paix intérieure et de liberté de choix, permettant aux humains de rester fermes dans leur foi et de suivre le droit chemin malgré les tentations et les défis de la vie.

moments de grande tentation, il y a toujours des individus qui maintiennent leur foi et leur intégrité.

. *Défi constant.* Le verset souligne le défi constant entre l'Ordre divin et le Désordre shaytaniste. Cela représente leur lutte perpétuelle, et la nécessité pour les Humains de rester vigilants et déterminés à suivre la voie du Message divin.

. *Lutte humaine* : La lutte des Humains pour rester sur le chemin des recommandations divines malgré les tentations est un thème central. Cela reflète la réalité de la vie quotidienne où les individus sont constamment confrontés à des choix moraux et éthiques.

. *Miséricorde divine* : Le verset met également en avant la miséricorde de Dieu, qui permet aux Humains de choisir leur propre voie. Cette liberté de choix est un aspect fondamental de la *conviction divine*, car elle permet aux individus de prouver leur attachement et leur dévotion envers Dieu.

Cet énoncé souligne la complexité de la lutte spirituelle et morale que les Humains doivent affronter, tout en mettant en avant la miséricorde et la justice divine. C'est un rappel de l'importance de la conviction divine, de la résistance aux tentations et de la liberté de choix dans la quête de la *Voie de Dieu* [« *Dine Allah* »].

3 - Rébellion d'Iblis

« *J'en jure par Ta puissance ! dit* [Iblis], *je les dévoierais tous* [*les Humains*], » *(Coran, 38-82)*

Ce verset se situe dans le récit où Dieu s'adresse aux Malayka et à Iblis [Ifrit, Jinn].

. *Création d'Adam.* Dieu informe les Malayka qu'Il va créer un être humain. Une fois Adam créé, Dieu demande à ces derniers de se prosterner devant Sa création en signe de respect. Tous obéissent, sauf Iblis, qui refuse par orgueil.

. *Rébellion d'Iblis.* En refusant de se prosterner, Iblis montre son arrogance et son mépris pour Adam. Dieu le réprimande et le maudit. En réponse, Iblis jure de détourner les descendants d'Adam de Sa voie droite pour se venger.

. *Serment d'Iblis.* Malgré sa rébellion, Iblis reconnaît la puissance de Dieu en jurant par elle. Cela montre que même s'il est en rébellion contre Lui, Iblis reconnait Sa grandeur et Son autorité. En jurant par la puissance de Dieu, Iblis utilise une formule qui souligne la reconnaissance implicite de l'autorité suprême de Dieu. De ce fait, Iblis est conscient de la source ultime de pouvoir et de grandeur. Ce serment est une forme de reconnaissance indirecte de la souveraineté de Dieu, car jurer par quelque chose implique une certaine forme de respect ou de reconnaissance de son importance. par tous, y compris par ceux [Iblis, Jinn] qui cherchent à égarer l'Humanité.

L'acte de jurer par la puissance de Dieu indique que même ceux qui s'opposent à Lui reconnaissent Sa grandeur. Cela démontre une reconnaissance implicite de l'autorité divine, même parmi les adversaires.

La puissance de Dieu est si grande et si évidente qu'elle est décrite comme transcendant toute opposition. En effet, malgré les résistances ou les oppositions, la puissance divine reste incontestable et suprême.

L'énoncé souligne que la grandeur et l'autorité de Dieu ne peuvent être niées, même par ceux qui s'opposent à Lui. Cela renforce l'idée que l'autorité divine est absolue et universelle.

En d'autres termes, cet énoncé met en lumière la reconnaissance universelle de la grandeur et de l'autorité de Dieu, ainsi que la transcendance de Sa puissance face à toute opposition. Cela renforce l'idée que la reconnaissance de Sa puissance sont des éléments essentiels de l'Ordre divin.

. *Intention de dévoiement.* Iblis exprime son intention de détourner tous les Humains de la Voie de Dieu. Cela montre sa détermination à égarer l'Humanité en raison de sa jalousie et de son ressentiment envers Adam et ses descendants.

« sauf parmi eux Tes gens sincères » (Coran, 38-83)

. *Exception.* Iblis reconnaît qu'il ne pourra pas égarer les serviteurs sincères de Dieu. Cela montre que malgré sa détermination, il est conscient des limites de son pouvoir et de la protection divine accordée aux gens sincères.

. *Gens sincères.* Les gens sincères sont ceux qui sont dévoués à Dieu, qui ont une conviction pure et qui sont protégés par Dieu contre les tentations et les ruses d'Iblis.

. *Protection divine.* Ce verset souligne la protection spéciale que Dieu accorde à Ses gens sincères [Humains], les préservant des tentations et des égarements d'Iblis.

. *Analyse thématique.* Ces versets mettent en lumière la lutte entre l'*Ordre divin* et le *Désordre shaytaniste*, la détermination d'Iblis à égarer l'Humanité, et la protection divine accordée aux gens sincères. Ils leur rappellent l'importance de la sincérité et de la dévotion envers Dieu pour être protégés des ruses de Iblis.

« [Dieu] dit : « En vérité, et c'est la vérité que je dis, ». (*Coran, 38-84*)

Ce verset vient après la déclaration d'Iblis de détourner les Humains, sauf les gens sincères. Dieu répond en affirmant la vérité de Ses paroles et de Ses promesses. Cette déclaration souligne que tout ce que Dieu dit est la vérité absolue et incontestable. En disant cela, Dieu réaffirme Son autorité et Sa puissance. Cela montre que Ses paroles sont définitives et ne peuvent être contestées. Ce verset rappelle aux Humains qu'ils doivent avoir confiance en Ses promesses et en Sa justice.

4 - Mission d'Iblis

« Certes, je [Iblis] ne manquerai pas de les [Humains] égarer, je leur donnerai de faux espoirs, je les captiverai, et ils marqueront les bêtes à l'oreille ; je les captiverai, et ils altèreront la création de Dieu ». Celui qui prend le Shaytan [celui qui sème le Désordre] pour allié au lieu de Dieu, sera, certes, voué à une perte évidente. » (*Coran, 4-119*)

« Certes, je [Iblis] ne manquerai pas de les [Humains] égarer »

. Intention de tromperie. Iblis exprime clairement son objectif de détourner les Humains de la Voie de Dieu. C'est une volonté délibérée de semer la confusion et de les éloigner des enseignements divins. Cette tromperie peut se manifester de diverses manières, telles que la diffusion de mensonges, la manipulation des désirs humains et l'incitation à des comportements immoraux.

« Je leur donnerai de faux espoirs »

Illusions et promesses vaines. Iblis promet de donner de faux espoirs, qu'il incitera les Humains à poursuivre des objectifs qui semblent attrayants mais qui sont en réalité vides et décevants. Ces faux espoirs peuvent inclure des promesses de bonheur matériel, de succès rapide ou de satisfaction immédiate, qui ne mènent finalement qu'à la frustration et à la désillusion.

« Je les captiverai »

Séduction et tentation. Iblis utilise des moyens de séduction pour attirer les Humains vers des actions et des comportements contraires aux enseignements divins. Cela peut inclure des plaisirs éphémères, des distractions mondaines et des tentations qui détournent les individus de leur spiritualité et de leur relation avec Dieu. La captivation par Iblis peut aussi se manifester par une obsession pour les désirs matériels et les plaisirs sensuels.

« Ils marqueront les bêtes à l'oreille »

Cette phrase fait référence à des pratiques païennes et superstitieuses où les gens marquaient les animaux pour des raisons rituelles et superstitieuses ou de croyances erronées. C'est le symbole même de la déviation de la Voie divine authentique et l'adoption de coutumes qui n'ont pas de fondement dans la conviction divine. Ces pratiques peuvent être vues comme des tentatives de manipuler ou de contrôler la création de Dieu à des fins personnelles ou superstitieuses.

. *Marquage des animaux.* Dans les temps anciens, il était courant de marquer les animaux pour les identifier. Cela pouvait se faire en coupant ou en perçant les oreilles des animaux, ou en utilisant des marques au fer rouge. Ces marques permettaient de reconnaître les animaux appartenant à différentes tribus ou propriétaires.

. *Pratiques superstitieuses.* Le marquage des animaux était également associé à des croyances superstitieuses. Par exemple, le fait de marquer les animaux pouvait les protéger des mauvais esprits ou apporter de la chance. Cependant, ces pratiques étaient souvent contraires aux enseignements religieux authentiques.

. *Symbolisme dans le verset.* Dans le contexte du verset, le marquage des bêtes à l'oreille symbolise la déviation des pratiques religieuses authentiques et l'adoption de coutumes païennes ou superstitieuses. Cela montre comment Iblis incite les Humains à altérer la création de Dieu et à suivre des pratiques qui ne sont pas en accord avec les enseignements divins.

« Ils altèreront la création de Dieu »

Iblis incite les Humains à altérer la création divine, que ce soit par des modifications physiques, des comportements immoraux ou des inventions religieuses qui dénaturent l'Ordre naturel et divin. Il s'agit des actes de destruction environnementale, des manipulations génétiques ou des comportements qui vont à l'encontre des lois naturelles établies par Dieu. L'altération de la création de Dieu est vue comme une rébellion contre l'Ordre divin et une tentative de s'approprier le pouvoir créateur de Dieu.

a - Modifications physiques

• *Manipulations génétiques*

Les avancées scientifiques permettent aujourd'hui de modifier le code génétique des êtres vivants. Bien que cela puisse avoir des applications positives, comme la guérison de maladies, cela soulève également des questions éthiques sur la modification de la création divine. Le concept de l'Ordre divin stipule que toute altération qui va à l'encontre de l'Ordre naturel établi par Dieu est vue comme une transgression.

. *Thérapie génique.* Utilisée pour traiter des maladies génétiques, la thérapie génique modifie les gènes d'une personne pour corriger des anomalies. Bien que bénéfique, elle soulève des interrogations éthiques sur les limites de l'intervention humaine dans la création de Dieu.

. *Organismes génétiquement modifiés [OGM]*. Les OGM sont des plantes ou des animaux dont l'ADN a été modifié pour améliorer certaines caractéristiques. Cela peut améliorer la production alimentaire, mais suscite un questionnement sur les impacts environnementaux et la sécurité alimentaire.

b - Comportements immoraux

- *Déviation des valeurs morales*

Iblis incite les humains à adopter des comportements immoraux qui corrompent l'ordre social et spirituel. Ces comportements altèrent l'harmonie et l'équilibre que Dieu a instaurés dans la Création.

. *Injustice et corruption*. Les actes d'injustice, tels que la corruption, l'oppression et l'exploitation, altèrent l'ordre social voulu par Dieu. Ces comportements shaytanistes créent des inégalités et des souffrances, allant à l'encontre des principes de justice et de compassion.

. *Débauche et immoralité*. Les comportements immoraux, tels que la débauche, la perversion, la promiscuité et l'abus de substances, corrompent le Nafs et le corps. Ils détournent les individus de la spiritualité et de la moralité, créant un désordre social et personnel.

c - Inventions religieuses

. *Ajouts de pratiques religieuses*. Introduire des doctrines, des pratiques ou des croyances qui ne sont pas fondées sur les enseignements divins dénature la conception divine. Iblis encourage de telles inventions pour semer la confusion et l'égarement. Celles-ci cultivent le Shaytanisme, sèment la confusion et divise les Humains.

. *Elaborations et déformations doctrinales.* Modifier les doctrines religieuses pour les adapter à des intérêts personnels ou culturels peut altérer la pureté de la foi. Cela peut inclure des interprétations erronées des textes sacrés ou l'introduction de rites non authentiques.

d - Utilisation destructrice de la Science

La science, lorsqu'elle est utilisée de manière éthique, peut apporter d'énormes bénéfices à l'Humanité. Cependant, son utilisation destructrice peut mener à des conséquences désastreuses. Cela inclut le développement d'armes de destruction massive, la manipulation génétique sans considération éthique, et l'exploitation irresponsable des ressources naturelles. Cette utilisation de la science, motivée par des intentions égoïstes ou malveillantes, s'éloigne des principes divins de préservation et de respect de la création.

. *Armes de destruction massive.* Le développement et l'utilisation d'armes nucléaires, biologiques et chimiques peuvent causer des destructions massives et de considérables pertes de vies humaines.

e - Destruction environnementale

La destruction de l'environnement naturel est considérée comme une altération de la création de Dieu. Toute action qui nuit à l'environnement est vue comme une rébellion contre l'Ordre divin.

. *Pollution et déforestation.* Les activités humaines qui polluent l'air, l'eau et le sol, ou qui détruisent les forêts, nuisent à l'équilibre écologique. Dieu enseigne la responsabilité de préserver l'environnement [faune, flore, etc.] et de ne pas lui causer de dommages inutiles [gaspillage, pollution, destruction, etc.].

. *Exploitation excessive des ressources.* L'exploitation irresponsable excessive des ressources naturelles, comme les minéraux, l'eau et les combustibles fossiles, peut épuiser ces ressources et entraîner la perte de biodiversité, des changements climatiques et causer des dommages irréversibles à l'environnement. L'altération de la création de Dieu, sous toutes ses formes, que ce soit par des modifications physiques, des comportements immoraux, des inventions religieuses ou la destruction environnementale, est perçue comme une rébellion contre l'Ordre divin. Iblis incite les Humains à de telles actions pour les détourner de la Voie divine, les entraîner dans le Shaytanisme et semer le Désordre.

5 - *L'alliance avec Shaytan*

« *Celui qui prend le Shaytan [semeur de Désordre] pour allié au lieu de Dieu, sera, certes, voué à une perte évidente* »

Le verset conclut en avertissant que ceux qui choisissent de suivre la voie de Shaytan [Iblis, Jinn, Humain] au lieu de celle de Dieu seront inévitablement perdus. Cela souligne l'importance de la fidélité à Dieu pour éviter la destruction nafsienne. L'alliance avec Shaytan est présentée comme une voie vers la perdition, car elle mène à l'éloignement de la miséricorde divine et à l'embrassement du Désordre et de la corruption.

a - La coalition

L'alliance avec Shaytan représente une décision consciente de suivre une voie qui s'oppose aux enseignements divins. Shaytan est vu comme l'incarnation du Désordre, de la tentation et de la tromperie. En s'alliant avec lui, un individu choisit de se détourner des valeurs de vérité, de justice et de compassion. Cette alliance peut se manifester par des actions, des pensées et des comportements qui sont en contradiction avec les principes divins.

- *La perte évidente*

La « *perte évidente* » évoquée dans le verset est une perte qui est claire et indéniable. Cette perte n'est pas seulement matérielle, mais surtout spirituelle et morale. Elle peut se traduire par une perte de sens, de direction et de paix intérieure. Une personne qui s'éloigne de Dieu et s'allie avec Shaytan peut ressentir un vide intérieur, une absence de but et une désorientation morale. Cette perte est « *évidente* » car les conséquences de telles actions sont souvent visibles et ressenties profondément.

b - L'importance de la fidélité à Dieu

La fidélité à Dieu est présentée comme une ancre qui maintient un individu sur la Voie de Dieu. Être fidèle à Dieu signifie suivre Ses recommandations, vivre selon Ses principes et chercher Sa guidance dans toutes les actions.

Cette fidélité offre une protection contre les influences négatives et les tentations. Elle permet de rester connectée à la source de la miséricorde divine, ce qui apporte paix, clarté et direction dans la vie.

6 - La Voie de la perdition

a - Dégradation nafsienne

La perdition, dans ce contexte, représente une dégradation progressive de l'état *nafsien* [spirituel et moral] d'une personne. En s'alliant avec Shaytan, cette dernière commence à adopter des comportements et des valeurs qui sont contraires à ceux prônés par Dieu.

Il s'agit des actions immorales, des mensonges, des injustices et d'autres comportements destructeurs. Cette dégradation est souvent insidieuse, se produisant lentement au fil du temps, jusqu'à ce que la personne se retrouve complètement éloignée des principes divins.

- *Éloignement de Dieu et de Sa Miséricorde*

S'éloigner de Dieu signifie perdre la connexion avec la source de toute miséricorde, guidance et bénédiction. Une personne sur la voie de la perdition peut ressentir un vide spirituel, une absence de paix intérieure et une perte de direction.

Les bienfaits divins, qui incluent la protection, la guidance et la paix, deviennent inaccessibles à ceux qui choisissent de suivre Shaytan.

- *Désordre, confusion et corruption*

La voie de la perdition est marquée par le Désordre, la confusion et la corruption. Le Désordre peut se manifester par une vie chaotique, sans but ni direction claire. La confusion peut se traduire par une incapacité à discerner l'Ordre et le Désordre, et la corruption par des actions qui nuisent à soi-même et aux autres. Ces états sont contraires à l'Ordre divin et mènent à la souffrance et à l'injustice.

- *Séparation de la société humaine*

Une personne sur la voie de la perdition peut également se retrouver isolée de la société humaine. Cette séparation peut être due à des comportements qui sont en contradiction avec les valeurs humaines, ou à un choix délibéré de s'éloigner. La perte de soutien et de guidance spirituelle peut aggraver la dégradation morale et spirituelle, car la personne n'a plus accès aux conseils et à l'encouragement de ses semblables.

- *Immersion dans des comportements destructeurs*

La perdition peut mener à une immersion dans des comportements destructeurs tels que des addictions, des attitudes autodestructrices, et des actions qui nuisent aux autres. Ces comportements sont souvent le résultat d'une perte de sens et de direction, et peuvent entraîner des conséquences graves tant pour l'individu que pour ceux qui l'entourent.

La « *Voie de la perdition* » est une métaphore puissante qui illustre les dangers de s'éloigner de Dieu et de Ses enseignements. Elle nous rappelle l'importance de rester fidèles aux valeurs divines et de chercher constamment la guidance et la miséricorde de Dieu.

En évitant l'alliance avec Shaytan, nous protégeons notre intégrité nafsienne, et nous nous assurons une vie de paix, de clarté et de droiture.

- *Accaparement des richesses mondiales*

L'accaparement des richesses par une minorité d'individus crée des inégalités profondes et des injustices sociales. Lorsque les richesses mondiales sont concentrées entre les mains de quelques familles ou groupes, cela mène à l'exploitation des ressources et des personnes, à la pauvreté et à la marginalisation des plus vulnérables. Cette concentration de richesses est souvent motivée par la cupidité et l'égoïsme, des traits associés à Shaytan.

. *Inégalités économiques.* Une petite élite détient une grande partie des richesses mondiales, laissant une grande majorité dans la pauvreté.

. *Exploitation des salariés.* Les travailleurs peuvent être exploités, avec des salaires bas et des conditions de travail précaires, pour maximiser les profits des riches.

. *Marginalisation des vulnérables.* Les groupes vulnérables, tels que les femmes, les enfants et les minorités, sont souvent les plus touchés par ces inégalités.

- *La Finance comme divinité*

La *Finance*, lorsqu'elle est idolâtrée, devient une force destructrice. La quête frénétique et incessante du profit, au détriment des valeurs humaines et éthiques, mène à des comportements immoraux et à la corruption. Ceci met en lumière les conséquences négatives de la recherche incessante de profits.

Lorsque la Finance est considérée comme une divinité, elle détourne les individus de leur spiritualité et de leur connexion avec Dieu, les poussant à adopter des comportements qui nuisent à eux-mêmes et à la société.

La quête frénétique du profit est une obsession pour l'augmentation des gains financiers, souvent au détriment d'autres valeurs ou considérations éthiques. Pour maximiser les profits, certaines entreprises adoptent des comportements commerciaux immoraux et contraires à l'éthique.

. *Fraude*. Tromperie ou falsification pour obtenir un avantage financier.

. *Corruption*. Utilisation de moyens illégaux ou non éthiques pour influencer des décisions en faveur de l'entreprise.

. *Exploitation humaine*. Abus des travailleurs, souvent en leur offrant des conditions de travail injustes ou dangereuses.

. *Gaspillage*. Utilisation inefficace ou excessive des ressources, menant à des pertes inutiles.

. *Misère.* Les pratiques immorales peuvent aggraver la pauvreté et les conditions de vie difficiles pour certaines populations.

. *Conflits et guerres.* La quête de ressources ou de marchés entraîne des tensions et des affrontements entre nations ou groupes.

La recherche de profits par tous les moyens engendre des comportements et des conséquences néfastes pour la société et l'environnement.

. La *déshumanisation* se produit lorsque les individus ne sont plus considérés comme des êtres humains avec des droits et des besoins, mais plutôt comme des objets ou des ressources à exploiter.

. *Traitement comme des chiffres.* Les personnes sont réduites à des statistiques ou des données, sans considération pour leur individualité ou leur humanité. Par exemple, dans certaines entreprises, les employés peuvent être vus uniquement comme des unités de production ou des coûts à minimiser.

. *Ressources à exploiter.* Les individus sont perçus comme des moyens pour atteindre des objectifs économiques ou productifs, plutôt que comme des êtres humains avec des sentiments, des aspirations et des besoins. Cela peut mener à des conditions de travail inhumaines, où les droits des travailleurs sont bafoués ou tout simplement supprimés.

. *Droits et besoins ignorés.* La déshumanisation implique souvent que les droits fondamentaux des individus, tels que le droit à des conditions de travail justes, à la dignité et au respect, sont négligés. Les besoins émotionnels, sociaux et physiques des personnes sont également souvent ignorés.

Certaines pratiques peuvent réduire les individus à des numéros, à de simples outils ou chiffres, en oubliant leur humanité et leurs droits fondamentaux.

- *Crises financières*

La spéculation excessive et les pratiques financières irresponsables provoquent des crises économiques, affectant des millions de personnes.

. *Spéculation excessive*. L'achat et la vente d'actifs financiers dans le but de réaliser des gains rapides, souvent ne tiennent pas compte des risques sous-jacents. La spéculation peut créer des bulles économiques, où les prix des actifs augmentent de manière démesurée par rapport à leur valeur réelle.

. *Pratiques financières irresponsables*. Cela inclut des comportements tels que l'octroi de prêts à des emprunteurs non solvables, la prise de risques excessifs sans évaluation adéquate, et la manipulation des marchés financiers. Ces pratiques peuvent déstabiliser le système financier.

. *Crises économiques*. Lorsque les bulles spéculatives éclatent ou que les pratiques irresponsables mènent à des pertes massives, cela provoque des crises financières. Celles-ci se caractérisent par des faillites bancaires, des chutes des marchés boursiers, et une contraction de l'économie.

. Impact sur des millions de personnes. Les crises financières ont des répercussions profondes sur la société. Elles entraînent des pertes d'emplois, des réductions de salaires, des augmentations de la pauvreté et des inégalités, et une détérioration des conditions de vie pour d'innombrables personnes.

- *Corruption des mœurs par les détenteurs de l'Économie, de la Finance et de la Communication*

Les individus qui détiennent le pouvoir économique, financier et médiatique ont une influence considérable sur la société. Lorsqu'ils utilisent ce pouvoir de manière corrompue, ils manipulent l'opinion publique, promeuvent des valeurs matérialistes et égoïstes, et encouragent des comportements destructeurs. Cette corruption des mœurs mène à une dégradation morale et spirituelle de la société dans son ensemble.

. Manipulation de l'opinion publique. Les médias peuvent être utilisés pour manipuler l'opinion publique, promouvoir des idéologies spécifiques et imposer des doctrines, des mœurs et prescrire une certaine politique.

. Promotion de valeurs matérialistes. La publicité et les médias peuvent encourager la consommation excessive et les valeurs matérialistes, au détriment des valeurs spirituelles et éthiques. Les publicités incitent souvent les gens à acheter des produits dont ils n'ont pas vraiment besoin, créant une culture de surconsommation. Pour suivre les tendances et posséder les derniers produits, certaines personnes peuvent s'endetter, ce qui peut entraîner des problèmes financiers à

long terme. La poursuite constante de biens matériels peut mener à une insatisfaction chronique, car le bonheur basé sur les possessions matérielles est souvent éphémère. En mettant l'accent sur les possessions matérielles, les médias détournent l'attention des valeurs spirituelles et éthiques, qui sont essentielles pour une vie équilibrée et épanouie.

- *Normalisation et glorification des comportements destructeurs par les médias*

Encouragement par les médias [cinéma, TV, etc.] des comportements destructeurs, tels que la violence et l'égoïsme.

. *Normalisation.* La normalisation se produit lorsque des comportements qui étaient autrefois considérés comme inacceptables deviennent perçus comme acceptables ou ordinaires. Les médias jouent un rôle crucial dans ce processus en exposant fréquemment le public à ces comportements. Les films, les séries télévisées et les jeux vidéo montrent souvent des scènes de violence. À force de les voir, les spectateurs peuvent devenir insensibles à la violence, la considérant comme une partie normale de la vie quotidienne. Les émissions de télé-réalité et certains contenus sur les réseaux sociaux mettent souvent en avant des comportements égoïstes et narcissiques. Cela peut amener les gens à penser que ces comportements sont acceptables et même souhaitables.

. *Glorification.* La glorification se produit lorsque les médias présentent ces comportements de manière positive, les rendant attrayants ou enviables de plusieurs manières.

Dans de nombreux films et séries, les personnages violents sont souvent les héros ou les protagonistes. Ils sont présentés comme forts, courageux et admirables, ce qui peut inciter les spectateurs à imiter ces comportements.

Les médias montrent souvent des personnes égoïstes qui réussissent dans la vie, que ce soit en termes de richesse, de pouvoir ou de popularité. Cela peut donner l'impression que l'égoïsme est une voie vers le succès.

o *Conséquences de cette normalisation et glorification*

. *Impact sur les valeurs sociales.* La normalisation et la glorification de ces comportements peuvent éroder les valeurs sociales telles que l'empathie, la coopération et le respect mutuel. Les gens peuvent devenir plus tolérants envers la violence et l'égoïsme, ce qui peut conduire à une société plus conflictuelle et moins solidaire.

. *Influence sur les jeunes.* Les jeunes sont particulièrement vulnérables à l'influence des médias. En voyant des comportements destructeurs normalisés et glorifiés, ils peuvent les adopter comme modèles de comportement. Cela peut avoir des effets négatifs sur leur développement personnel et social.

. *Augmentation des comportements destructeurs.* En rendant ces comportements plus acceptables et attrayants, les médias contribuent à une augmentation réelle de la violence et de l'égoïsme dans la société. Les gens peuvent être plus enclins à accepter ces comportements s'ils pensent qu'ils sont socialement acceptables ou valorisés.

- *Banalisation des comportements destructeurs et immoraux par les médias*

La banalisation signifie rendre quelque chose ordinaire ou moins choquant. Lorsqu'il s'agit de comportements destructeurs et immoraux, cela signifie que ces derniers deviennent perçus comme normaux ou acceptables. Les médias jouent un rôle clé dans ce processus en exposant fréquemment le public à ces comportements.

o *Comportements destructeurs et immoraux*

Ces comportements incluent la violence, l'agression, le vandalisme, etc. Ils causent des dommages physiques ou psychologiques aux individus ou à la société et vont à l'encontre des normes éthiques et morales de la société, comme la malhonnêteté, la tricherie, l'égoïsme, la déviation sexuelle, la sexualité, la perversion, etc.

o *Rôle des médias*

Les médias, qu'il s'agisse de la télévision, des films, des jeux vidéo ou des réseaux sociaux, ont une grande influence sur les perceptions et les comportements des humains.

. *Exposition fréquente.* En montrant régulièrement des scènes de violence, de tricherie ou d'égoïsme, les médias rendent ces comportements moins choquants et plus acceptables aux yeux du public.

. *Présentation positive.* Lorsque les médias présentent des personnages qui réussissent ou sont admirés malgré [ou à cause de] leurs comportements destructeurs ou immoraux, cela peut donner l'impression que ceux-ci sont acceptables ou même enviables.

. *Absence de conséquences.* Souvent, les médias montrent des comportements destructeurs ou immoraux sans montrer les conséquences négatives qui en découlent. On a l'impression que ces attitudes n'ont pas de répercussions graves.

o *Conséquences de la banalisation*

. *Changement des normes sociales.* La banalisation de ces comportements peut entraîner un changement des normes sociales, où des actions autrefois considérées comme inacceptables deviennent tolérées ou même encouragées.

. *Influence sur les jeunes.* Les jeunes, en particulier, sont impressionnables et peuvent adopter ces agissements comme modèles de conduite, ce qui peut avoir des effets négatifs sur leur développement et leur comportement social.

. *Augmentation des comportements destructeurs.* En rendant ces comportements plus acceptables, les médias contribuent à une augmentation réelle de la dépravation, de la violence, de l'égoïsme et d'autres conduites destructrices dans la société. Les médias ont un pouvoir considérable pour façonner les perceptions et les comportements. La normalisation et la glorification des comportements destructeurs et immoraux par les médias c'est ce qui définit la banalisation qui engendre des effets profonds et durables sur les individus et la société.

b - *Désordre et corruption*

Le Désordre et la corruption sont les résultats directs de l'alliance avec Shaytan. Le Désordre peut se manifester par une vie chaotique, sans but ni direction claire. La corruption, quant à elle, peut se traduire par des actions immorales, des injustices et des attitudes égoïstes. Ces états sont contraires à l'Ordre divin et aux valeurs de justice, de compassion et de vérité. Ils mènent à la souffrance, non seulement pour l'individu, mais aussi pour la société dans son ensemble.

- *Désordre shaytaniste*

Le Désordre se décrit comme une conséquence directe de l'alliance avec Shaytan. Il se manifeste par une vie chaotique, sans but ni direction claire, une vie désorganisée où les priorités ne sont pas définies ; absence de direction ou d'objectifs clairs, ce qui peut mener à une sensation de vide ou de confusion. Enfin, des changements fréquents et imprévisibles dans la vie quotidienne, créant un sentiment de déséquilibre.

. *Mental.* Un esprit désordonné est souvent envahi par des pensées négatives, des doutes et des peurs, ce qui peut entraver la clarté mentale et la prise de décisions. L'absence de structure mentale peut mener à une confusion constante, rendant difficile la concentration sur des tâches importantes.

. *Émotionnel.* Les émotions peuvent fluctuer de manière imprévisible, passant rapidement de la joie à la tristesse ou à la colère, ce qui peut affecter les relations interpersonnelles.

Un état émotionnel désordonné peut augmenter les niveaux de stress et d'anxiété, impactant la santé mentale globale.

- *Corruption*

La corruption est également présentée comme un résultat de l'influence de Shaytan. Elle se traduit par des comportements qui vont à l'encontre des normes éthiques et morales, des pratiques qui créent ou perpétuent des inégalités et des traitements injustes ;des actions motivées par l'intérêt personnel au détriment des autres.

o *Personnelle*

. *Comportements immoraux*. Des choix individuels qui vont à l'encontre des normes éthiques, comme mentir, tricher ou voler.

. *Égoïsme*. Des actions motivées par l'intérêt personnel au détriment des autres, créant des injustices et des inégalités.

- *Institutionnelle*

. *Pratiques corrompues*. Lorsque des organisations ou des gouvernements adoptent des pratiques corrompues, comme le détournement de fonds, le favoritisme ou la fraude.

. *Perte de confiance*. La corruption institutionnelle mène à une perte de confiance dans les institutions, affaiblissant le tissu social et économique.

• *Sociétale*

. *Inégalités*. La corruption généralisée peut exacerber les inégalités sociales et économiques, créant des divisions au sein de la société.

. *Conflits*. Les comportements corrompus peuvent engendrer des conflits et des tensions, tant au niveau local qu'international.

c - Ordre divin

Le Désordre et la corruption sont contraires à l'Ordre divin et aux diverses valeurs.

• *Justice*

. *Équité*. L'Ordre divin prône l'équité et le respect des droits de chacun, assurant que chaque individu est traité de manière juste et impartiale.

. *Responsabilité*. Encourager la responsabilité individuelle et collective pour maintenir l'harmonie et l'équilibre dans la société.

• *Compassion*

. *Bienveillance*. La compassion implique la bienveillance et l'empathie envers autrui, favorisant des relations harmonieuses et solidaires.

. *Aide mutuelle*. Encourager l'entraide et le soutien mutuel, renforçant les liens communautaires et sociaux.

- *Vérité*

. Honnêteté. L'Ordre divin valorise l'honnêteté et la sincérité dans les actions et les paroles, créant un climat de confiance et de respect.

. Transparence. Promouvoir la transparence dans les relations et les transactions, réduit les risques de corruption et d'injustice.

d - Conséquences du Désordre shaytaniste

- *Souffrance individuelle*

. Culpabilité et remords. Les individus qui vivent dans le Désordre ou qui pratiquent la corruption peuvent ressentir de la culpabilité et des remords, affectant leur bien-être mental et émotionnel.

. Insatisfaction personnelle. Une vie désordonnée et corrompue peut mener à un sentiment de vide et d'insatisfaction, malgré des gains matériels ou personnels.

- *Impact sociétal*

. Conflits et tensions. Le Désordre et la corruption engendrent des conflits et des tensions au sein de la société, affaiblissant les liens sociaux et communautaires.

. Détérioration des relations. Les comportements désordonnés et corrompus peuvent nuire aux relations familiales, amicales et professionnelles, créant un climat de méfiance et de division.

Les dangers du Désordre et de la corruption sont indubitables, en les associant à une influence négative et en soulignant leur opposition aux valeurs divines de justice, de compassion et de vérité. Le Message divin encourage à une réflexion sur l'importance de maintenir l'Ordre et l'intégrité, tant au niveau individuel que collectif.

e - Diffusion du mensonge

- *Vraie liberté*

Cette notion de « *vraie liberté* » est très subjective et controversée. Elle suggère que la véritable liberté réside dans la capacité de l'individu à suivre ses instincts et ses désirs sans restriction et où l'accent est mis sur la satisfaction immédiate des désirs et des besoins corporels. Cela fait référence aux impulsions biologiques [hormones] et aux réactions sensorielles [stimuli] qui sont la forme ultime de la liberté. L'idée est que l'Homme devrait être libre de suivre ses instincts naturels, ce qui caractérise l'individualisme et une forme d'*hédonisme*[106].

- *Vie par hasard*

Cet intitulé décrit une perspective scientifique et matérialiste sur l'origine de la vie. Selon cette vision, la vie

---

[106] *Hédonisme.* L'hédonisme est une doctrine philosophique qui considère la recherche du plaisir et l'évitement de la douleur comme le but ultime de la vie humaine. Le terme « *hédonisme* » vient du grec ancien « *hédonê* », qui signifie « *plaisir* ». Les hédonistes croient que le plaisir est le bien suprême et que toutes les actions humaines devraient viser à maximiser le plaisir et à minimiser la souffrance.

est apparue par hasard, sans intervention divine ou dessein intelligent. Elle soutient que la vie est le résultat de processus aléatoires et naturels, tels que les réactions chimiques et les conditions environnementales favorables, qui ont conduit à la formation de molécules complexes et, éventuellement, à des organismes vivants.

Cette perspective est souvent associée à la *théorie de l'Evolution* et à la quête scientifique sur l'origine de la Vie, qui cherchent à comprendre comment des processus naturels peuvent expliquer l'apparition de la vie sur Terre. Elle contraste avec le Message et l'Ordre naturel qui révèlent l'origine de la vie à une force supérieure ou à un Créateur.

- *Responsabilité envers Dieu*

Cette affirmation rejette l'idée que les humains ont des obligations morales ou spirituelles envers une divinité. La responsabilité envers Dieu est considérée comme un mythe au même titre que le Message divin qui enseigne que les actions humaines sont jugées par une entité Supérieure.

- *Rendre compte de rien*

L'idée suggère qu'il n'y a pas de jugement ou de conséquences après la mort, ce qui est en opposition avec le Message divin qui prône une vie après la mort et un jugement final mors de la *Rencontre Universelle* avec le Créateur.

- *Mort comme néant*

Cette vision voit la mort comme une fin absolue, sans continuation de la conscience ou de l'existence. C'est une perspective *nihiliste*[107] qui considère que la mort est simplement le retour au néant.

La diffusion du mensonge par le Shaytanisme présente une vision du monde qui est à la fois nihiliste et *matérialiste*[108], rejetant les concepts adamiques de moralité, de responsabilité divine et de vie après la mort au profit d'une philosophie centrée sur l'individu et ses désirs immédiats.

- *Négation de l'existence divine*

. *Rejet de la divinité*. Les Shayatin adoptent une position athée ou agnostique, niant l'existence de toute entité divine. Ils peuvent s'appuyer sur des arguments philosophiques, scientifiques ou rationnels pour soutenir leur point de vue.

. *Impact sur la société*. La négation de l'existence de Dieu peut avoir des répercussions profondes sur la spiritualité et les valeurs de la société, remettant en question les fondements des recommandations divines.

---

[107] *Nihilisme*. Le nihilisme est une théorie philosophique qui affirme l'absurdité de la vie, l'inexistence de la morale et de la vérité. Le terme « *nihilisme* » vient du latin « *nihil* », qui signifie « *rien* ». Cette philosophie soutient que les valeurs et les croyances traditionnelles sont infondées et que la vie n'a pas de sens intrinsèque.

[108] *Matérialisme*. Doctrine philosophique qui soutient que toute chose est composée de matière et que tous les phénomènes, y compris la pensée et la conscience, résultent d'interactions matérielles. En d'autres termes, il n'existe pas de substance immatérielle ou spirituelle indépendante de la matière. Le matérialisme a évolué pour inclure des concepts plus sophistiqués comme le *physicalisme*, qui postule que tout ce qui existe est une manifestation physique, y compris des notions comme l'espace-temps et l'énergie.

. *Propagande active.* Les Shayatin utilisent divers moyens de communication, tels que des publications, des conférences, des réseaux sociaux, pour diffuser activement leurs idées et convaincre les autres de l'inexistence de Dieu.

. *Doute et confusion.* En remettant en question la conviction divine établie, le Shaytanisme crée une incertitude chez les humains. Cela peut conduire à une crise spirituelle, où les individus se sentent perdus et cherchent de nouvelles réponses à leurs questions existentielles.

. *Image négative de Dieu.* En présentant Dieu comme une entité punitive et vengeresse, les Shayatin cherchent à discréditer Le Message divin qui prônent un Créateur bienveillant et miséricordieux.

. *Conséquences psychologiques.* Cette représentation peut provoquer de la peur, de l'angoisse et du ressentiment chez les individus, les poussant à s'éloigner du Message divin pour éviter cette image négative.

. *Perte de foi.* En semant le doute et en dépeignant Dieu de manière négative, le Shaytanisme amène les individus à abandonner leur quête ou leur renforcement spirituel. Cela peut entraîner un sentiment d'isolement.

. *Rejet des valeurs divines.* En s'éloignant du divin, les individus peuvent également rejeter les valeurs morales et éthiques associées à ces préceptes. Cela peut avoir des implications sur leur comportement, leurs relations et leur vision du monde.

Les Shayatin cherchent à éroder le spirituel en niant l'existence de Dieu et en présentant une image négative de la divinité. Cela peut entraîner une perte de foi, un rejet des valeurs divines et une confusion parmi les individus. Ces actions peuvent avoir des répercussions profondes sur eux et la société dans son ensemble.

f - Le fait accompli

« tout comme Tu m'as mis devant le fait accompli, dit [Shaytan], je me tiendrai en embuscade sur Ta voie de rectitude, » (Coran, 7-16)

Iblis se plaint de la décision divine, affirmant que Dieu l'a mis dans une situation où il n'avait d'autre choix que de désobéir. Il se considère comme une victime de la volonté divine, ce qui reflète son refus de prendre la responsabilité de ses propres actions. Il s'agit d'une vision déterministe où Iblis refuse de reconnaître son libre arbitre.

. *Rejet de la responsabilité*. Ce segment de verset révèle une tentative d'Iblis de se dédouaner de sa responsabilité. Il cherche à justifier son acte de désobéissance en blâmant Dieu, ce qui est une attitude courante chez ceux qui refusent d'assumer leurs erreurs. Il refuse d'accepter qu'il a fait un choix conscient de désobéir à Dieu. Cette phrase montre l'arrogance et l'orgueil de Shaytan. Il blâme Dieu pour sa propre désobéissance, refusant d'admettre sa faute.

. *Vision fataliste*. Iblis adopte une perspective fataliste, suggérant que ses actions étaient prédéterminées par Dieu. Cela soulève des questions sur le libre arbitre et la

« *prédestination* ». Cette notion s'oppose aux préceptes qui insistent sur le fait que chaque individu qu'il soit Jinn ou Humain est doté d'un Nafs et par conséquent qu'il a le libre arbitre et est donc responsable de ses propres actions.

- *La prédestination*

La *prédestination*[109] est un concept théologique chrétien selon lequel Dieu a choisi, depuis toute éternité, ceux qui seront sauvés et auront droit à la vie éternelle. Selon la Révélation coranique, la prédestination est un non-sens car le concept de libre arbitre est central. Chaque individu peut choisir ses actes et par conséquent en est responsable.

. *Libre arbitre et responsabilité*. Le Coran enseigne que chaque individu a la capacité de choisir entre l'Ordre [divin] et le Désordre [shaytaniste]. Par conséquent, chacun est responsable de ses actions et sera jugé en conséquence.

« *Et dis : La vérité émane de votre Seigneur. Quiconque le veut, qu'il croie, et quiconque le veut, qu'il dénie.* » *(Coran, 18-29)*

Ce verset met en avant le libre arbitre de l'être humain en matière de conviction divine signifiant par-là que la vérité ultime et absolue provient de Dieu. Il est la source de toute vérité et de toute guidance. Dieu donne à chaque individu la liberté de choisir de croire en Lui et en Ses enseignements. La conviction divine est une décision personnelle et volontaire. De la même manière, chacun a également la

---

[109] « BIBLE, Romains 8 : 28-30, Ephésiens 1 : 11, 1 Pierre 1 : 20 »

liberté de rejeter la foi. Ce verset souligne que cette dernière ne peut être forcée et doit venir d'une certitude personnelle.

Ce verset souligne l'importance du libre arbitre et de la responsabilité individuelle dans le choix de la conviction en Dieu. Il rappelle que la vérité divine est accessible à tous, mais que chacun est libre de l'accepter ou de la rejeter.

. *Guidance divine*. Dieu guide les individus [jinniens, humains], mais ne les force pas à suivre un chemin particulier. Le Coran mentionne que Dieu envoie des Messagers et la Révélation pour guider l'Humanité et la Jinnité mais c'est à chaque être de choisir de suivre cette guidance ou non.

. *Décret divin*. Acte par lequel Dieu a décidé depuis toute éternité [notion d'infinité dans le passé et le futur]. Cela signifie que Dieu a déjà déterminé de tout ce qui se passe et a un plan pour la Création [Univers, Jinn, Humains, etc.]. En d'autres termes, c'est l'expression de la volonté souveraine de Dieu, qui détermine tout ce qui arrive. Le décret divin est universel, il s'étend sur absolument tout ce qui existe et ne laisse rien au hasard. Il détermine certainement tout ce qui arrive, rendant la volonté de Dieu inévitable. Bien que Dieu ait décrété tout ce qui arrive, cela n'annule pas le libre arbitre. Les décrets divins sont hors de portée de la raison humaine ou jinnienne.

Par exemple la *mort* est un décret divin, c'est-à-dire que le moment et les circonstances de la mort de chaque individu sont prédéterminés par Dieu. Cependant, cela ne signifie pas que les Humains n'ont aucun libre arbitre ou responsabilité dans leurs actions. Le libre arbitre permet aux individus de faire des choix dans leur vie y compris des choix qui peuvent affecter leur santé et leur bien-être. Par exemple, prendre soin de sa santé, éviter les comportements dangereux, et suivre des pratiques de sécurité sont des choix personnels qui peuvent influencer la qualité et la durée de la vie. Cependant, malgré ces choix, le moment exact de la mort reste sous le contrôle de Dieu. Bien que nous ayons le libre arbitre pour prendre des décisions qui peuvent affecter notre vie, le moment de notre mort est finalement déterminé par un décret divin.

« En vérité, Dieu ne modifie point l'état des gens, tant qu'ils n'ont pas modifié ce qui est en eux-mêmes. » (Coran, 13-11)

L'amélioration personnelle et le développement spirituel sont au cœur de la conviction divine. Ce verset incite les humains à se tourner vers une introspection sincère et à chercher des moyens d'améliorer leur comportement, leurs pensées et leurs intentions. L'importance du libre arbitre et de la responsabilité individuelle est un fait. Tout individu est garant de ses actions et de son propre cheminement. Ce verset indique que Dieu accorde aux gens le pouvoir et la capacité de changer leur propre destin par leurs efforts personnels. Bien que le verset parle de l'état individuel, il a également des implications pour la société dans son ensemble. Si chaque individu travaille à s'améliorer, cela conduira à une transformation collective positive. Ainsi, le changement intérieur individuel est vu comme la base d'un changement social plus large.

Dans la vie quotidienne, ce verset encourage les humains à adopter une attitude proactive envers leur développement personnel [quête de la connaissance, de l'autoréflexion, de la discipline physique, spirituelle et morale, etc.]. Au final, ce verset inspire l'idée que pour créer un monde meilleur, il faut commencer par soi-même. Chaque individu a le potentiel d'influencer positivement son environnement en devenant la meilleure version de lui-même.

. *Jugement et rétribution.* Le Coran insiste sur le fait que lors de la Rencontre universelle, chaque individu [Jinn et Humain] sera jugé selon ses actions. Ceux qui choisissent l'Ordre divin seront récompensés, tandis que ceux qui choisissent le Désordre shaytaniste seront punis. Quoi qu'il en soit, chaque individu a la liberté de choisir ses actions et est responsable de ces choix.

« Celui qui aura accompli ne fût-ce qu'un grain de poussière de bien le verra. Tandis que celui qui aura accompli ne fût-ce qu'un grain de poussière de mal le verra. » (Coran, 99-7)

Ce verset souligne l'importance de chaque action, aussi petite soit-elle. Il indique que toute action positive, même si elle est aussi insignifiante qu'un grain de poussière, sera vue et récompensée par Dieu. C'est dire l'encouragement à rechercher l'Ordre divin, même dans les plus petits gestes. De la même manière, toute action négative, aussi petite soit-elle, sera également vue et jugée. L'importance est de mise à se comporter de manière éthique et de s'abstenir de semer le Désordre, même dans les plus petites actions. Le verset met en avant la Justice divine et la responsabilité individuelle, en soulignant que rien n'échappe à la connaissance de Dieu

- *Implications morales et psychologiques*

. *Déni et projection.* En blâmant Dieu, Iblis projette ses propres défauts et erreurs sur une autre entité. Cette attitude est courante chez ceux qui refusent d'accepter leurs propres responsabilités et cherchent à justifier leurs actions en blâmant les autres.

. *Arrogance et orgueil.* Iblis montre son arrogance en refusant d'admettre sa faute. Il se considère supérieur et incapable de commettre une erreur, ce qui est une caractéristique de l'orgueil.

. *Symbolisme de la rébellion.* La rébellion d'Iblis symbolise la lutte entre l'Ordre et le Désordre. En blâmant Dieu, Il représente ceux qui refusent de reconnaître leurs erreurs et cherchent à détourner les autres du droit chemin.

« dit [Shaytan] »

Ce verbe conjugué indique que c'est Iblis qui parle. Cela met en évidence son défi et son opposition directe à Dieu.

. *Contexte linguistique.* Le Coran utilise souvent des dialogues pour illustrer des points théologiques et moraux. Ici, le discours direct d'Iblis permet de comprendre sa mentalité et ses intentions.

. *Signification narrative.* En attribuant ces paroles directement à Iblis, le verset met en lumière la nature de son défi et de son opposition à Dieu. Cela sert également à avertir des dangers de l'orgueil et de la rébellion.

. *Responsabilité individuelle*. Ce verset rappelle aux Jinn et aux Humains l'importance d'assumer la responsabilité de leurs actions. Chaque individu est responsable de ses choix et doit être prêt à en accepter les conséquences.

. *Vigilance contre l'orgueil*. Les Jinn et les Humains sont avertis des dangers de l'orgueil et de l'arrogance. Ils doivent rester humbles et reconnaître leurs erreurs pour pouvoir se repentir et chercher le pardon de Dieu.

« je me tiendrai en embuscade sur Ta voie de rectitude »

Cette phrase illustre la détermination d'Iblis à s'opposer à Dieu en détournant les Humains de Sa voie. Cela montre également la nature perfide et trompeuse d'Iblis.

. *Stratégie de Shaytan*. Iblis annonce son intention de détourner les Humains de la voie droite. Il se positionne comme un ennemi actif de l'Ordre divin, prêt à tendre des pièges à ceux qui sont fidèles aux préceptes divins.

. *Implications spirituelles*. Cette déclaration souligne la vigilance nécessaire pour les humains. Ils doivent être conscients des tentations et des pièges qu'Iblis peut mettre sur leur chemin. Cela renforce l'importance de la persévérance et de la conviction pour rester sur la voie de la rectitude.

- *Observations*

. *Rôle du libre arbitre.* Ce verset soulève des questions sur le libre-arbitre et la conséquence des choix. Iblis choisit de désobéir, mais il blâme Dieu pour sa situation. Cela invite à réfléchir sur la responsabilité individuelle et la capacité de choisir entre l'Ordre divin et le Désordre shaytaniste.

. *Leçon pour les convaincus.* Les convaincus sont avertis des intentions d'Iblis et de la nécessité de rester vigilants. Ce verset rappelle que la conviction et la droiture nécessitent une vigilance constante et une résistance aux tentations.

La différence entre « *croyance* » et « *conviction* » peut être subtile mais significative :

. *Croyance en Dieu.* La croyance est souvent perçue comme une acceptation intellectuelle ou mentale de l'existence de Dieu. Elle peut être influencée par la culture, l'éducation, ou les traditions. La croyance peut être plus fragile et sujette à des doutes ou des remises en question. Ainsi, la croyance peut être vue comme une acceptation intellectuelle.

. *Conviction en Dieu.* La conviction, en revanche, est plus profonde et enracinée. Elle implique une certitude intérieure, une foi inébranlable en et une absence de doute concernant la vérité de cette conviction en Dieu. La conviction est souvent le résultat d'expériences personnelles et spirituelles qui renforcent cette certitude. Elle est moins susceptible de vaciller face aux défis ou aux questions.

La conviction est une certitude profonde et personnelle. Ce verset met en lumière la nature rebelle d'Iblis et son intention de détourner les Humains du droit chemin. Il utilise la projection et le déni pour justifier sa désobéissance.

Iblis reflète son arrogance et son refus de prendre la responsabilité de ses actions. En blâmant Dieu pour son propre égarement, Iblis montre son caractère provocateur et son opposition à la volonté divine. Ce paragraphe est une leçon édifiante sur l'importance de la responsabilité individuelle et de l'humilité.

7 - Iblis et associés shayatin

« puis je les assaillirai par devant, par l'arrière, par leur droite et par leur gauche. Et, la plupart d'entre eux, Tu ne les trouveras pas reconnaissants. » (Coran, 7-17)

a - Jinn shayatin

Iblis n'agit pas seul. Il est souvent décrit comme ayant des acolytes, notamment des Jinn, qui l'aident dans sa mission de détourner les êtres Humains de l'Ordre divin.

- *Rôle des acolytes d'Iblis*

. *Mission commune.* Les Jinn qui choisissent de suivre Iblis partagent sa mission de détourner les Humains du droit chemin. Ils utilisent diverses stratégies pour semer le doute, la tentation et la désobéissance.

. *Influence subtile.* Les Jinn peuvent influencer les pensées et les actions des Humains de manière subtile, en exploitant leurs faiblesses et leurs désirs.

Les Jinn sont des entités plasmatiques, ils pourraient influencer les pensées et les actions humaines en interagissant avec les champs électromagnétiques du cerveau humain. Le cerveau humain fonctionne grâce à des signaux électriques, et des perturbations dans ces signaux pourraient potentiellement affecter les pensées et les comportements. Les Jinn exploiteraient ces perturbations pour influencer subtilement les Humains.

En continuant à explorer ce thème, les Jinn qui sont pourvus d'imperceptibilité, de vélocité accrue et d'une longue longévité leur permettant d'exploiter les faiblesses et les désirs humains de manière subtile.

. *Imperceptibilité.* En tant qu'entités plasmatiques, les Jinn sont imperceptibles ce qui leur offre la faculté de se déplacer et d'interagir avec leur environnement sans être détectés.

. *Rapidité.* Les particules plasmatiques peuvent se déplacer à des vitesses très élevées, ce qui pourrait permettre aux Jinn de réagir rapidement aux changements dans leur environnement et d'influencer les Humains de manière instantanée.

. *Longévité.* Les Jinn sont constitués de plasma ce qui leur octroie une longévité accrue, car les plasmas peuvent exister pendant de longues périodes dans des conditions appropriées. Cela leur donnerait le temps nécessaire pour observer et comprendre les faiblesses et les désirs humains.

En exploitant ces caractéristiques, les Jinn peuvent influencer les Humains en perturbant les signaux électriques dans le cerveau, comme mentionné précédemment. Ils pourraient cibler des moments de vulnérabilité ou de désir intense pour maximiser leur influence.

- *Stratégies des Jinn*

  o *Tentations matérielles*

. *Richesse et pouvoir.* Les Jinn peuvent inciter les Humains à poursuivre des objectifs matériels, comme la richesse et le pouvoir, au détriment de leur spiritualité. Les Jinn, en tant qu'entités influentes, pourraient encourager les Humains à se concentrer sur des gains financiers, les biens matériels, le statut social et l'influence plutôt que sur leur développement spirituel. La recherche de richesse peut inclure l'accumulation d'argent, de biens et de ressources, tandis que la quête de pouvoir peut impliquer l'obtention de positions d'autorité et de contrôle sur les autres. En se concentrant exclusivement sur des objectifs matériels, les individus peuvent négliger ou sacrifier leur développement spirituel, leur éthique et leurs valeurs morales. La spiritualité implique souvent une connexion avec des aspects plus profonds de la vie, comme la paix intérieure, la compassion, et la compréhension de soi. En incitant les humains à poursuivre la richesse et le pouvoir, les Jinn pourraient exploiter leurs désirs tels que l'avidité, l'ambition et l'orgueil. Cela pourrait détourner les individus de leur quête du divin, de sens et de spiritualité, les amenant à adopter des comportements qui peuvent être moralement discutables ou nuisibles à leur bien-être mental. Les Jinn, en tant qu'entités influentes, pourraient inciter les humains à rechercher des plaisirs terrestres et à adopter des comportements considérés comme moralement répréhensibles.

. *Plaisirs mondains.* Cela fait référence aux plaisirs et aux distractions de la vie quotidienne qui sont souvent éphémères et matériels, comme la recherche de richesse, de pouvoir, de plaisir physique, etc. Ces plaisirs sont souvent perçus comme superficiels et temporaires.

. *Comportements immoraux.* Cela inclut des actions qui sont généralement considérées comme contraires aux normes éthiques et morales d'une société, comme la tromperie, la malhonnêteté, l'égoïsme, la perversion, les déviations sexuelles, les crimes, etc. En encourageant ces plaisirs et comportements, les Jinn exploitent les faiblesses humaines, telles que la cupidité, la luxure, et l'orgueil, pour détourner les individus de leurs valeurs et principes moraux et donc de la Voie divine.

o   *Doutes spirituels*

Les Jinn, en tant qu'entités influentes, pourraient introduire des incertitudes et des questionnements dans l'esprit des individus concernant leurs convictions spirituelles.

. *Questionnement de la foi.* Processus par lequel une personne commence à douter de ses croyances religieuses ou spirituelles. Ce questionnement peut être déclenché par des événements, des expériences ou des influences extérieures qui remettent en cause les fondements de sa foi.

. *Semer des doutes.* Les Jinn pourraient, selon cette perspective, exploiter les moments de vulnérabilité ou de crise personnelle pour introduire des pensées sceptiques ou des incertitudes dans l'esprit des croyants. Cela pourrait les amener à remettre en question leurs certitudes et leur relation avec le divin.

En semant des doutes, les Jinn profitent des faiblesses humaines telles que l'incertitude, la peur et le besoin de certitude. Cela détourne les humains de leur chemin spirituel et les amener à chercher des réponses ailleurs, parfois en adoptant des comportements, des philosophies ou des croyances extrêmement malveillantes « *diaboliques* » ou « *démoniaques* » dirons-nous, qui s'éloignent de leurs valeurs initiales. En d'autres termes Shaytanistes.

o *Confusion*

Iblis, le Jinn, et ses acolytes exercent une influence négative sur les Humains en créant de la confusion et des malentendus sur les enseignements divins.

. *Influence négative.* Iblis et certains Jinn tentent de détourner les Humains de la Voie divine en semant des doutes et des tentations. Ils peuvent les inciter à commettre des actes répréhensibles ou à s'éloigner des enseignements divins.

. *Confusion et malentendus.* En créant des malentendus et en semant la confusion, Iblis et les Jinn amènent les Humains à mal interpréter la Révélation divine, à la corrompre ou tout simplement à en inventer une autre. Naturellement, cela conduit à des pratiques religieuses incorrectes, dénuées de sens ou diaboliques.

Par pratiques religieuses « *diaboliques* » ou « *sataniques* » on entend des croyances et des rituels qui vont à l'encontre de l'Ordre divin, des normes de la raison et sociales. Ces pratiques peuvent inclure des cérémonies, des invocations, et des symboles qui sont comme étant en opposition avec les valeurs morales et éthiques de la société.

. *Tentations et doutes.* Les tentations peuvent prendre diverses formes, comme des désirs matériels ou des comportements immoraux. Les doutes, quant à eux, peuvent concerner la foi elle-même, les enseignements religieux ou la validité des textes divins.

. *Interprétations erronées.* En influençant les Humains, Iblis et les Jinn encouragent des interprétations erronées des enseignements divins, ce qui entraîne des divisions au sein des sociétés humaines et l'éloignement des Humains de la Voie divine.

Le rôle potentiel d'Iblis et des Jinn dans la création de confusion et de malentendus, est de nuire à la compréhension des enseignements et à la pratique des recommandations divines.

o *Division et conflits*

. *Discorde.* Les Jinn peuvent semer la discorde et les conflits parmi les Humains [familles, sociétés, nations] affaiblissant ainsi leur unité. Les Jinn peuvent semer des tensions et des malentendus entre les membres d'une famille, ce qui peut entraîner des disputes et des ruptures familiales. Cela affaiblit les liens familiaux et crée un environnement de méfiance et de conflit.

Au sein des sociétés, les Jinn peuvent provoquer des divisions et des querelles entre les individus ou les groupes. Cela peut se manifester par des désaccords sur des questions religieuses, sociales ou politiques, menant à une fragmentation de la société. À une échelle plus large, les Jinn peuvent influencer les relations entre les nations, en exacerbant les tensions et en incitant à la guerre ou à d'autres formes de conflit. Cela peut affaiblir la coopération internationale et la paix mondiale.

En semant la discorde et les conflits, les Jinn affaiblissent l'unité des humains. Cela peut rendre les communautés religieuses moins cohésives et moins capables de travailler ensemble pour atteindre des objectifs communs.

En résumé, le potentiel des Jinn à créer des divisions et des conflits à différents niveaux de la société, ce qui peut nuire à l'unité et à la solidarité humaine.

. *Isolement.* Ils peuvent encourager l'isolement des Humains, les éloignant de leur semblable et de leur soutien. Les Jinn peuvent inciter les individus à se retirer de la société et à éviter les interactions sociales. Cela peut conduire à un sentiment de solitude et d'isolement, rendant les personnes plus vulnérables aux influences négatives. En encourageant l'isolement, les Jinn peuvent pousser les individus à s'éloigner de leurs proches [famille, amis]. Cela peut affaiblir les réseaux de soutien et rendre plus difficile la gestion des défis de la vie quotidienne. L'isolement peut également entraîner une perte de soutien de la part de la société.

Les personnes isolées peuvent se sentir déconnectées du monde et manquer de l'aide et des conseils dont elles ont besoin. En étant isolés, les individus peuvent devenir plus vulnérables aux influences négatives et aux tentations. Ils peuvent avoir du mal à trouver des solutions positives à leurs problèmes et être plus susceptibles de succomber à des comportements nuisibles.

b - Humains shayatin

Certains humains peuvent être influencés par Iblis et ses acolytes, et même les rejoindre dans leurs missions de détournement de la Voie divine.

- *Influence et collaboration humaine*

  o *Influence sur les humains*

Iblis et ses acolytes peuvent manipuler les pensées et les actions des Humains, les incitant à commettre des actes contraires aux enseignements divins. Ils exploitent leurs faiblesses, comme la cupidité, la jalousie, et l'orgueil, pour les détourner de la Voie divine.

o   *Humains comme alliés*

Certains humains, par leurs actions ou leurs paroles, peuvent involontairement ou délibérément aider Iblis à détourner les autres de la Voie divine. De ce fait, consciemment ou non, ils deviennent des alliés d'Iblis propageant des idées et des comportements négatifs.

. *Par choix ou par ignorance.* Certaines personnes peuvent choisir délibérément de suivre des comportements ou des idées qui ne sont pas en accord avec les principes divins, tandis que d'autres peuvent le faire par manque de connaissance ou de compréhension.

. *Propager des idées et des comportements.* Des Humains peuvent avoir de l'influence sur les autres en diffusant des idées ou des comportements qui s'éloignent des enseignements divins. Certains individus, par leur charisme, leur position sociale ou leur capacité à communiquer, peuvent influencer les autres. Ils propagent des pensées ou des actions qui ne sont pas en accord avec les enseignements divins ou la morale. Cette influence peut se manifester de différentes manières, comme par exemple en partageant leurs opinions et leurs croyances lors de discours et conversations ; en utilisant des plateformes pour atteindre un large public [médias et réseaux sociaux] ; en adoptant des comportements que d'autres peuvent imiter. Cette diffusion entraîne un éloignement des valeurs et des principes spirituels pour certaines personnes, ce qui peut être préoccupant pour ceux qui tiennent à ces enseignements.

. *Éloigner les autres de la Voie divine.* Quand une personne influence les autres de manière à les éloigner de la Voie divine, cela peut avoir des conséquences profondes sur leur chemin spirituel. En effet, les individus peuvent être détournés des enseignements et des pratiques qui sont considérés comme essentiels pour leur développement mental et leur relation avec le divin.

Les messages véhiculés par les médias peuvent promouvoir des valeurs contraires aux enseignements divins. La pression des pairs ou de la société peut pousser les individus à adopter des comportements ou des croyances différentes de celles qu'ils avaient initialement. Voici les résultats de ces actions.

- *Perte de foi* : les personnes influencées peuvent commencer à douter de leurs croyances et perdre leur foi.

- *Changement de comportement* : elles peuvent adopter des comportements qui ne sont pas en accord avec les principes religieux ou spirituels qu'elles suivaient auparavant.

- *Isolement spirituel* : elles peuvent se sentir isolées de la société, ce qui peut entraîner un sentiment de solitude ou de confusion.

L'influence négative que certaines personnes peuvent avoir sur la conscience des autres, que ce soit intentionnellement ou par ignorance alimente le Shaytanisme.

- *Stratégies communes jinno-humaines*

  o *Propagande et désinformation*

Certains humains, en s'alliant à Iblis, propagent des croyances et des idéologies erronées qui vont à l'encontre des enseignements et de l'Ordre divins.

. *Diffusion de fausses croyances.* Il s'agit de la propagation d'idées ou de doctrines qui ne sont pas en accord avec les vérités divines.

. *Humains alliés à Iblis.* Ces individus sont considérés comme des complices d'Iblis, soit par choix délibéré, soit par ignorance.

. *Idéologies qui contredisent les enseignements et l'Ordre divins.* Les croyances et les idéologies diffusées par ces personnes sont en opposition avec les principes et les valeurs divines. L'influence néfaste que certains humains peuvent avoir en propageant des idées qui s'éloignent des enseignements divins, contribue ainsi à égarer l'Humanité.

Certains individus, en s'alliant à Iblis, peuvent utiliser les plateformes médiatiques et les réseaux sociaux pour diffuser des messages négatifs.

Ces plateformes incluent la télévision, la radio, les journaux, ainsi que les réseaux sociaux comme Facebook, Twitter, Instagram, etc.

. *Propager des messages de haine, de division, et de tentation.* Ces Shayatin humains peuvent diffuser des contenus qui incitent à la haine, créent des divisions entre les gens, ou encouragent des comportements tentants et immoraux.

L'utilisation des médias et des réseaux sociaux pour influencer négativement les populations, en propageant des messages qui s'éloignent des valeurs et des enseignements divins est l'une des nombreuses facettes du Shaytanisme.

o *Division et conflits*

Les humains en s'alliant à Iblis, créent des divisions et des conflits au sein des communautés. Ils sont considérés comme des complices d'Iblis, soit par choix délibéré, soit par ignorance.

. *Rabaissement de l'unité sociale[110] et sociétale[111]*. Les actions de ces personnes peuvent diminuer la cohésion et l'harmonie parmi les groupes d'humains, rendant la société plus vulnérable et divisée.

---

[110] *Sociale*. Ce mot se réfère aux relations entre les individus au sein d'une société. Il englobe les interactions humaines, les conditions de vie, les inégalités économiques, et les questions de bien-être social. Par exemple, on parle de « *problèmes sociaux* » pour désigner des enjeux comme la pauvreté, l'éducation, et la santé. La locution « *sociale* » concerne principalement les relations et les conditions de vie des individus.

[111] *Sociétale*. Ce terme est plus récent et se concentre sur les aspects de la société en tant que collectif. Il traite des questions relatives aux valeurs, aux normes, et aux droits individuels au sein de la société. Par exemple, les débats sur le mariage pour tous, adoption d'enfants par les couples homosexuels, la bioéthique, ou les droits des minorités, etc. sont des questions sociétales. L'expression « *sociétale* » se concentre sur les enjeux collectifs et les valeurs de la société dans son ensemble.

Lorsqu'on parle de rabaissement de l'unité sociale, on parle des interactions et des relations entre les individus. Les actions qui divisent les gens, comme la discrimination raciale, les préjugés ethniques, ou la propagation de fausses informations, peuvent créer des tensions et des conflits. Cela peut mener à une société où les individus se sentent isolés ou marginalisés, réduisant ainsi la solidarité et le soutien mutuel.

Le rabaissement de l'unité sociétale, quant à lui, il touche les valeurs, les normes et les droits collectifs. Les actions qui remettent en question les principes fondamentaux de la société, comme l'égalité, la justice, et le respect des droits humains, peuvent affaiblir la structure sociale.

Par exemple, des politiques ou des discours qui privilégient certains groupes peuvent créer des divisions profondes et rendre la société plus vulnérable aux conflits internes. Voici quelques conséquences de cette dégradation sociale et sociétale.

- *Vulnérabilité accrue* : une société divisée est plus susceptible de faire face à des crises, qu'elles soient économiques, politiques ou sociales.

- *Perte de confiance* : les individus peuvent perdre confiance en leurs institutions et en leurs concitoyens, ce qui peut mener à une instabilité sociale.

- *Diminution de l'harmonie* : la perte de cohésion peut entraîner une diminution de la qualité de vie, car les gens sont moins enclins à coopérer et à s'entraider.

Les effets destructeurs que certains humains peuvent avoir en créant des conflits et des divisions, affaiblissent, voire régressent l'unité et la solidarité des sociétés humaines.

Les humains qui s'allient à Iblis encouragent et développent des comportements et des modes de vie qui sont considérés comme immoraux et contraires aux enseignements divins.

. Encourager l'immoralité. Il s'agit de la promotion de comportements qui sont jugés moralement répréhensibles, tels que la perversion, les crimes, les vices, les déviations sexuelles, etc. Inciter de tels comportements a des conséquences négatives sur les individus et la société dans son ensemble. Cela peut entraîner des dommages physiques, émotionnels et psychologiques, ainsi que des perturbations sociales. Le fait de promouvoir ces comportements porte atteinte au respect les droits et la dignité de chaque humain, tout en favorisant le mal-être collectif.

La notion de comportements répréhensibles par rapport à l'Ordre divin fait référence aux préceptes et principes moraux établis par Dieu. Promouvoir des comportements jugés répréhensibles par rapport à cet Ordre divin est une transgression des commandements divins et des valeurs morales fondamentales [crime, mensonge, vol, adultère, vices, etc.]. Les conséquences de telles incitations peuvent affecter la santé mentale et émotionnelle des individus et entraîner des tensions ou des divisions au sein de la population et de la société.

. *Modes de vie contraires à l'Ordre divin*. Les comportements et les modes de vie promus par ces personnes sont en opposition avec les principes et les valeurs divines. Les modes de vie contraires à l'Ordre divin sont ceux qui vont à l'encontre des principes et des valeurs établis par Dieu [crime, gaspillage, destruction de la faune et de la flore, accaparement des richesses, mensonge et tromperie, vol et fraude violence et haine, déviation sexuelle, vice, etc.].

. *Contribution à l'éloignement des Humains de la Voie divine*. En encourageant ces comportements, ces individus détournent les autres de la Voie divine. Encourager des comportements contraires aux principes et valeurs divines est effectivement une contribution à l'éloignement des humains de la Voie divine. Les individus qui promeuvent des conduites répréhensibles peuvent influencer les autres à adopter des modes de vie qui s'éloignent des enseignements divins. En s'écartant des valeurs divines, les Humains perdent leurs repères moraux, ce qui entraîne des comportements destructeurs pour eux-mêmes et pour la société qui perd sa structure et sa cohésion. Certaines personnes ont une influence négative en incitant des comportements immoraux, ce qui peut éloigner les autres des enseignements et des valeurs divines.

c - *Maître de la tromperie et de l'illusion*

Les Jinn, dont Iblis, sont des créatures imperceptibles aux Humains. Leur imperceptibilité les rend incompréhensibles et mystérieux, incompris et leur permet d'agir sans être détectés, ce qui peut engendrer des peurs et des superstitions chez ces derniers. Cette imperceptibilité est un des éléments clés de leur pouvoir et de leur influence.

- *Responsabilité humaine*

Les humains préfèrent attribuer les actes de malveillance et de détournement de la Voie divine à leurs propres semblables plutôt qu'à des entités imperceptibles en raison de la présence de personnes foncièrement mauvaises parmi eux. Cela peut être dû à une tendance naturelle à chercher à comprendre le Désordre [malveillance, destruction, etc.] à travers des actions visibles.

Cette perspective met en lumière la difficulté pour les Humains à chercher des explications tangibles et visibles pour les comportements déviants, plutôt que de considérer des influences imperceptibles et de les intégrer dans leur compréhension du monde. Cela peut également refléter une certaine réticence à accepter des responsabilités spirituelles ou métaphysiques.

- *Nature déséquilibrée et désordonnée*

Certains humains sont décrits comme ayant une nature intrinsèquement déséquilibrée et désordonnée, ce qui les pousse à semer le Désordre et à contester l'Ordre divin. Cette caractérisation souligne l'idée que semer le Désordre peut être une conséquence de la nature humaine elle-même, plutôt que d'une influence extérieure. Cela peut être interprété comme une reconnaissance des faiblesses et des imperfections humaines qui peut émerger de déséquilibres internes [psychiatriques] plutôt que d'influences extérieures.

- *Stratégie d'Iblis*

Une des grandes stratégies d'Iblis est qu'en persuadant les Humains qu'il n'est pas réel, qu'il est un mythe, une légende, il peut opérer sans être détecté, ce qui lui permet de semer le Désordre plus efficacement ; et ainsi peut manipuler leurs actions et leurs pensées sans qu'ils s'en rendent compte. Iblis est décrit comme un maître de la tromperie et de l'illusion, utilisant des stratégies subtiles pour influencer les gens de manière imperceptible. En d'autres termes, son pouvoir réside dans sa capacité à rester caché tout en exerçant une influence significative sur les comportements humains. En niant son existence, cette stratégie repose sur l'idée que la meilleure tromperie est celle qui passe inaperçue.

Cette étude explore la complexité de la perception du Désordre et des influences imperceptibles dans le comportement humain, tout en soulignant une stratégie de tromperie subtile attribuée à Iblis.

d - Mission d'Iblis

Selon la Révélation coranique, Iblis était un Jinn [Ifrit] qui, en raison de sa dévotion, avait été élevé au rang des Malayka. Cependant, lorsque Dieu créa Adam et ordonna aux Malayka de se prosterner devant Sa création, Adam, lui, Iblis refusa par orgueil. Après avoir été maudit et banni du Janna, Iblis demanda à Dieu un délai jusqu'au Jour de la Rencontre universelle [Jour du Jugement] et Lui fit une promesse, celle de détourner autant d'Humains [descendants d'Adam], que possible de la Voie divine en semant la confusion et le Désordre parmi eux.

- *Détournement des humains*

Iblis et certains Jinn utilisent diverses méthodes pour influencer les humains, telles que la tentation par les désirs matériels, les plaisirs éphémères, et les pensées négatives. Leur objectif est de les détourner de l'Ordre divin, qui représente la voie de la droiture et de la moralité.

En semant le Désordre, certains Jinn dont Iblis, perturbent l'harmonie et la paix dans la société humaine. L'introduction des éléments de chaos et de confusion dans la société est intentionnellement provoquée pour déstabiliser les structures sociales et créer un environnement de conflit. Cela a pour conséquence de briser l'équilibre et la tranquillité qui existent dans une société. L'harmonie et la paix sont des états où les individus coexistent de manière sereine et ordonnée. Le Désordre vient troubler cette coexistence pacifique qui peut se manifester de différentes manières.

- Disputes, guerres, et autres formes de confrontations violentes entre individus ou groupes.

- Pratiques malhonnêtes et abus de pouvoir qui sapent la confiance et l'intégrité des institutions.

- Actes de brutalité physique ou psychologique qui causent du tort aux individus.

- Actions qui nuisent à la société, comme le vandalisme, la criminalité, et d'autres formes de comportements antisociaux.

Iblis est la figure emblématique qui incarne la malveillance, le chaos et la tromperie. Sa mission est de détourner les humains de la Voie divine et de les entraîner avec lui au Jahanama [Enfer], comme il l'a promis à Dieu.

En semant le Désordre, Iblis cherche à maximiser le nombre de personnes qu'il peut influencer négativement et entraîner vers la perdition. Le Désordre, sous diverses formes, peut déstabiliser la société humaine. Iblis utilise ces tactiques pour accomplir sa mission de tromperie et de destruction.

La mission d'Iblis est de les détourner de la Voie divine et de les entraîner vers la perdition. Iblis utilise diverses méthodes pour influencer les humains.

. *Tentations*. Il incite les humains à céder à leurs désirs et à leurs passions, les détournant ainsi des enseignements divins.

. *Doutes*. Il sème des doutes dans l'esprit des gens concernant leur foi et leur spiritualité.

. *Illusions*. Il crée des illusions pour faire paraître le Désordre attrayant et l'Ordre repoussant.

. *Influence subtile*. Souvent, Iblis agit de manière subtile, influençant les pensées et les actions des gens sans qu'ils en soient conscients.

- *Objectif final*

Le but ultime ou la finalité de l'action d'Iblis est de ramener le maximum d'humains avec lui au Jahanama. Iblis a pour objectif de démontrer que ces derniers sont faibles et indignes de la faveur divine. Iblis veut montrer que les êtres humains manquent de force, de volonté ou de vertu : ils sont faibles. Il veut prouver que les humains ne méritent pas la grâce ou la bénédiction de Dieu. Cela reflète une vision où Iblis agit comme un adversaire des Humains, cherchant à les détourner du droit chemin et à les priver de la miséricorde divine.

« En vérité, Shaytan [Iblis] est pour vous un ennemi, prenez-le comme ennemi ! en vérité, il appelle ceux de sa coalition [Humains] à être au nombre des hôtes du brasier » (Coran, 35-6)

Le verset commence par une déclaration claire et directe que Iblis [Shaytan] est un ennemi des Humains. Iblis a des intentions malveillantes envers eux et cherche à leur nuire. L'inimitié de Shaytan est profonde et constante. Il est décrit comme un ennemi juré, ce qui implique une hostilité permanente et une intention effrénée de nuire.

Dieu avertit et conseille aux humains de considérer Iblis comme un ennemi. Ils doivent être vigilants et conscients de ses ruses et de ses tentations. ils sont encouragés à adopter une attitude proactive en reconnaissant Iblis comme un adversaire et en prenant des mesures pour se protéger contre ses influences.

Ce verset explique qu'Iblis appelle ses partisans [Jinn et Humains] à le suivre dans des actions qui les mèneront au brasier [Enfer]. Cela montre que l'objectif ultime d'Iblis est de dévoyer les humains de la Voie divine et de les pousser ver leur perte. Les individus qui suivent Iblis et succombent à ses tentations risquent de finir au brasier d'où l'importance de résister aux tentations et de rester sur le droit chemin. Cet énoncé coranique met en garde les humains contre les ruses d'Iblis et les exhorte à le considérer comme un ennemi. Il souligne sa nature malveillante et son objectif de les détourner pour les mener à la perdition. Ces derniers sont encouragés à être vigilants et à prendre des mesures pour se protéger contre les influences d'Iblis.

- *Faiblesse de la personnalité humaine*

Iblis fidèle à sa parole donnée à Dieu cherche à prouver que les humains sont fondamentalement faibles en raison de leur nature, intrinsèquement liée à leur tempérament et à leur caractère. Pour cela, il a promis de tenter les humains. Cette promesse est souvent vue comme un défi lancé à Dieu, pour montrer que les Humains ne méritent pas la position privilégiée qui leur a été accordée.

. *Tempérament.* Le tempérament est considéré comme la partie innée de la personnalité humaine. Il est déterminé par l'héritage génétique et représente les aspects biologiques et instinctifs de notre comportement. Le tempérament est difficilement modifiable car il est profondément enraciné dans notre constitution biologique. Ainsi, le tempérament est inné, biologique et difficilement modifiable.

. *Caractère.* Le caractère, en revanche, est acquis et se développe au fil du temps à travers l'expériences et l'environnement. Il représente les traits de personnalité que l'Humain développe en réponse à son environnement social et culturel. Finalement le caractère est acquis, influencé par l'environnement et les expériences et il est modifiable. Le tempérament est la base biologique de la personnalité d'un individu, tandis que le caractère est façonné par les interactions avec le monde qui l'entoure. Les deux sont des composantes essentielles de la personnalité globale. Par leur nature même, les Humains sont susceptibles de succomber à diverses formes de tentation et de commettre des erreurs.

o *Susceptibilité aux tentations*

Les tentations peuvent prendre de nombreuses formes, telles que les désirs matériels, les plaisirs terrestres, ou même des comportements égoïstes. Iblis utilise ces tentations pour détourner les humains de la Voie divine.

. Incapacité à résister aux désirs matériels. Les humains ont souvent du mal à se priver de biens matériels et de plaisirs terrestres. Cette incapacité à résister aux désirs matériels est vue comme une preuve de leur faiblesse.

. Tendance à commettre des erreurs et des transgressions. Les humains sont enclins à faire des erreurs et à commettre des transgressions qui sont des actions qui vont à l'encontre des enseignements divins. La tendance humaine à commettre de telles actions est une vulnérabilité utilisée par Iblis pour démontrer qu'ils sont faibles et indignes de la faveur divine.

Les humains, par leur nature même, sont vulnérables aux tentations et aux erreurs. Iblis utilise cette vulnérabilité pour prouver qu'ils ne sont pas dignes de la position privilégiée qui leur a été accordée par Dieu. Cette perspective souligne la lutte constante entre l'Ordre divin et le Désordre shaytaniste et la nécessité pour les humains de rester vigilants et de chercher à surmonter leurs faiblesses.

- *Jinn et Humains : comparaison physique*

  o *Nature plasmatique des Jinn*

. Postulat moderne : nature plasmatique. L'idée que les Jinn soient de nature plasmatique est une hypothèse moderne. Le plasma se décrit comme le quatrième état de la matière, constitué de particules ionisées. Il possède des propriétés uniques, telles que la conductivité électrique et la réponse aux champs magnétiques. Si nous appliquons ces caractéristiques aux Jinn, cela pourrait expliquer certaines de leurs capacités décrites dans les textes coraniques, comme leur capacité à se déplacer rapidement et leur puissance.

L'idée selon laquelle les Jinn soient constitués de plasma [un état de la matière composé de particules chargées] ouvre de nouvelles perspectives en introduisant une réflexion moderne et scientifique de ces créatures. Elle permet de combiner des concepts récents de la physique avec la Révélation coranique, offrant ainsi une nouvelle compréhension plus riche et multidimensionnelle sur ces mystérieuses entités.

En associant des concepts de la physique moderne avec les descriptions coraniques des Jinn, on peut offrir une nouvelle perspective sur ces entités. C'est une approche innovante pour comprendre les Jinn permettant ainsi de concilier le Message coranique avec des combinaisons de concepts modernes et des théories scientifiques, ouvrant ainsi la voie à une compréhension plus approfondie et nuancée.

o *Ethérés et moins tangibles*

En raison de leur nature plasmatique, les Jinn sont perçus comme étant plus éthérés, c'est-à-dire qu'ils ont une existence plus subtile et moins matérielle. Ils ne sont pas limités par les mêmes contraintes physiques que les humains de nature atomique [matérielle], ce qui les rend moins tangibles et potentiellement plus puissants ou résistants que les humains.

Les Jinn sont d'une puissance inouïe, peuvent changer de forme, se déplacer rapidement et sont moins affectés par les contraintes physiques qui limitent les humains.

o *Puissance et résistance*

Les Jinn sont souvent considérés comme étant plus puissants ou résistants que les humains. Leur nature leur confère des capacités qui n'ont aucune comparaison avec celles des humains, comme celle de changer de forme et de se déplacer rapidement.

o *Capacités des Jinn*

. *Changement de forme.* Les Jinn peuvent prendre l'apparence des humains, ce qui leur permet de se fondre dans leur environnement ou de les tromper.

. *Déplacement rapide.* Leur nature éthérée leur permet de se déplacer à des vitesses inimaginables.

. *Moins affectés par les contraintes physiques.* Contrairement aux humains, les Jinn ne sont pas limités par des besoins physiques au sens biologique [nourriture, sommeil, blessures physiques, etc.].

. *Entité nafsienne.* L'idée que les Jinn soient de nature plasmatique ne change pas leur rôle spirituel et moral. Ils restent des créatures dotées de Nafs [libre arbitre, intelligence, cognition, etc.] capables de choisir entre l'Ordre divin et le Désordre shaytaniste, et donc responsables de leurs actions devant Dieu. La nature plasmatique des Jinn les rend plus éthérés, moins tangibles et beaucoup plus puissants ou résistants que les humains. Ils possèdent des capacités uniques qui les distinguent de ces derniers et les rendent moins affectés par les contraintes physiques de notre Univers observable.

- *Nature atomique des Humains*

Les humains sont composés d'atomes qui forment des molécules et des structures matérielles. De ce fait, les humains ont un corps physique tangible et solide. Les atomes sont les unités de base de la matière et sont constitués de protons, de neutrons et d'électrons. Les molécules sont des groupes d'atomes liés entre eux, formant les différents composants de notre corps, tels que les cellules, les tissus et les organes. Cette nature atomique implique que les humains sont soumis aux lois physiques de la matière, telles que la gravité, la friction, et la dégradation biologique. Par exemple, les humains ressentent la douleur, peuvent être blessés, tombent malades et vieillissent.

o *Faiblesse physique*

Il est indubitable que les Humains sont physiquement plus faibles que les Jinn en raison de leur nature matérielle. Les corps humains sont sujets à la fatigue, aux blessures, aux maladies et au vieillissement. La dépendance aux ressources matérielles telles que la nourriture, l'eau et l'oxygène pour survivre est une autre preuve de leur faiblesse. Sans ces ressources, les humains ne peuvent pas maintenir leurs fonctions biologiques et finissent par mourir.

o *Fragilité physique*

La fragilité physique des humains est liée à leur vulnérabilité aux dommages physiques. Les os peuvent se casser, la peau peut être coupée, et les organes internes peuvent être endommagés. Cette fragilité est accentuée par le fait qu'ils sont constitués de tissus biologiques qui peuvent se détériorer avec le temps ou à cause de facteurs environnementaux. Par exemple, l'exposition à des toxines, des radiations ou des infections peut causer des dommages irréversibles au corps humain.

o *Longévité des humains*

La longévité humaine, c'est-à-dire la durée maximale de vie, a été un sujet de nombreuses études scientifiques. La limite biologique de la longévité humaine se situe entre 120 et 150 ans. Cela signifie que, biologiquement, il serait très difficile pour un humain de vivre au-delà de cet âge. L'espérance de vie moyenne a considérablement augmenté au fil des siècles et bien que celle-ci ait augmenté, il existe une limite biologique à la durée de vie humaine

Il existe une différence fondamentale entre la nature des Jinn et celle des humains pour expliquer pourquoi ces derniers sont considérés comme physiquement plus faibles et fragiles. Les Jinn, avec leur nature plasmatique, sont plus résistants et moins soumis aux limitations matérielles, tandis que les humains, avec leur nature atomique, sont plus vulnérables aux contraintes physiques et biologiques.

o   *Vulnérabilité des humains*

. *Faiblesse psychologique humaine.* La fragilité de l'esprit humain face aux pressions et aux tensions est patente. Les êtres humains, malgré leur résilience, peuvent être vulnérables aux stress émotionnels et mentaux, ce qui peut les amener à des comportements irrationnels ou à des décisions impulsives. La faiblesse psychologique humaine peut être vue sous plusieurs angles. D'une part, elle peut être liée à des facteurs biologiques et génétiques qui influencent sa résilience mentale. D'autre part, elle peut être le résultat de l'environnement et des expériences de vie. Par exemple, une personne ayant vécu des traumatismes peut être plus vulnérable aux pressions psychologiques. Cette faiblesse n'est pas nécessairement une caractéristique négative, mais plutôt une partie intégrante de la condition humaine qui nous rend sensibles et empathiques.

. *Fragilité face aux épreuves et défis.* Iblis, figure souvent associée à la tentation et au Désordre met en avant cette vulnérabilité. Les épreuves et les défis de la vie, qu'ils soient personnels, professionnels ou spirituels, testent constamment la force intérieure des Humains. Iblis cherche à démontrer que ces situations difficiles révèlent leur véritable nature, souvent marquée par la faiblesse. Les épreuves et défis de la vie peuvent prendre de nombreuses formes : perte d'un être cher, difficultés financières, problèmes de santé, etc. Ces situations mettent à l'épreuve notre capacité à rester fort et à maintenir notre intégrité. Iblis, en soulignant cette vulnérabilité, cherche à démontrer que même les personnes les plus vertueuses peuvent vaciller sous la pression. Cela soulève des questions sur la nature de la vertu et sur ce qui nous pousse à agir de manière éthique ou non.

. *Céder à la pression*. Iblis sait que sous pression, les humains ont tendance à céder. Cela peut se manifester par des comportements tels que l'abandon de principes moraux, la prise de décisions égoïstes ou la recherche de solutions de facilité. Par exemple, une personne peut mentir pour éviter des conséquences négatives, ou trahir un ami pour protéger ses propres intérêts. Ces actions, bien que compréhensibles dans des situations de stress intense, montrent comment la pression peut nous pousser à agir contre nos valeurs. Cela met en lumière la fragilité de notre moralité et la difficulté de maintenir des principes éthiques dans des circonstances adverses.

. *Éloignement des principes moraux et spirituels*. Face à des situations difficiles, les humains s'éloignent souvent de leurs principes moraux et spirituels. Cela peut signifier qu'ils renoncent à leurs convictions ou valeurs fondamentales pour surmonter une crise immédiate. Cet éloignement peut être temporaire ou permanent, et il peut avoir des conséquences profondes sur leur identité et leur bien-être spirituel plongeant l'individu dans le Shaytanisme. L'éloignement des principes moraux et spirituels peut avoir des conséquences profondes sur un individu. Cela peut entraîner un sentiment de culpabilité, de honte, ou de perte de soi. À long terme, cet éloignement peut affecter le bien-être mental et émotionnel. Néanmoins, il est également possible de voir ces moments de faiblesse comme des opportunités de croissance et de réflexion. En reconnaissant nos erreurs et en travaillant pour les corriger, nous pouvons renforcer notre résilience et notre engagement envers nos valeurs. Iblis joue sur la complexité de la nature humaine et sur la manière dont les humains réagissent face aux défis. Il sait que la vulnérabilité est une partie essentielle de l'expérience humaine et qu'en suivant la Voie divine les individus peuvent avoir la capacité de changer et de s'améliorer. Iblis sait que la quête du divin les encourage à réfléchir sur leur propre résilience et sur la manière dont ils peuvent renforcer leur esprit pour rester fidèles à leurs principes, même dans les moments les plus difficiles.

- *Humains indignes de la faveur divine*

. *Concept d'indignité.* L'indignité, dans ce contexte, est une notion qui implique que les humains ne sont pas à la hauteur des standards moraux et spirituels nécessaires pour mériter la grâce divine. Cela implique une évaluation et signifie que leurs actions et comportements sont jugés insuffisants ou inappropriés par rapport aux attentes divines. Cette idée peut être vue comme une critique sévère de la nature humaine, mettant en lumière ses imperfections et ses faiblesses.

Iblis incarne la figure du Désordre shaytaniste, joue le rôle d'accusateur mettant en lumière les faiblesses et les défauts humains et testant leur conviction divine et leur moralité. Un des objectifs de sa mission est de chercher à prouver que les humains sont indignes de la grâce et de la miséricorde de Dieu. En soulignant les défauts et les faiblesses humaines, Iblis tente de démontrer qu'ils ne méritent pas les bénédictions divines.

. *Actions et comportements humains.* Les actions et comportements humains sont au cœur de l'argument d'Iblis. Ils sont la preuve de leur indignité. Iblis met en avant des conduites comme la malveillance, l'égoïsme, la trahison, le mensonge et d'autres conduites moralement répréhensibles comme preuves de l'indignité humaine. Celles-ci sont considérées comme des violations des principes à l'Ordre divin. En soulignant ces actions, Iblis cherche à montrer que les humains ne sont pas capables de vivre selon les standards élevés moraux et spirituels exigés par Dieu.

. *Mérite des bénédictions divines.* La grâce et la miséricorde de Dieu sont souvent vues comme des récompenses pour ceux qui vivent selon des principes moraux et spirituels élevés. Iblis veut prouver que les humains, en raison de leurs actions et conduites, ne méritent pas ces bénédictions car ils sont fondamentalement imparfaits et indignes de la faveur divine. Cela soulève des questions sur ce qui constitue le mérite et comment les humains peuvent atteindre un niveau de moralité et de spiritualité suffisant pour recevoir la faveur divine. La perspective d'Iblis est de mettre en avant une vision pessimiste de la nature humaine et son indignité, telle qu'il la perçoit. Il souligne les faiblesses et les défauts humains, et remet en question leur mérite de recevoir la grâce et la miséricorde de Dieu.

o *Manque de mérite*

. *Stratégie d'Iblis.* Iblis utilise une stratégie psychologique pour discréditer les humains. Il met en avant leurs faiblesses [tentation, colère, envie, jalousie, etc.] et leurs transgressions envers l'Ordre divin pour montrer qu'ils ne sont pas dignes de l'estime divine.

. *Faiblesses et transgressions humaines.* Les humains, par nature, sont susceptibles de commettre des erreurs et des transgressions. Iblis exploite ces faiblesses pour argumenter qu'ils ne respectent pas les attentes divines. Par leurs actions, ils échouent à respecter les attentes divines. Celles-ci incluent des comportements moraux, des actes qui obéissent aux recommandations divines.

. *Objectif d'Iblis.* Le but ultime d'Iblis est de prouver que les humains ne méritent pas l'estime et la protection de Dieu. En soulignant leurs échecs, il cherche à démontrer qu'ils ne sont pas dignes de la faveur divine. Cela inclut la protection et les bénédictions de Dieu.

. *Conséquences pour les humains.* Si Iblis réussit à convaincre que les humains sont indignes, cela pourrait avoir des conséquences spirituelles graves. Ils pourraient perdre la protection divine, se sentir désespérés ou éloignés de Dieu, et être plus susceptibles de tomber dans la voie de l'égarement. Leur avenir eschatologique est alors compromis ou en péril.

e - Humains comparables à Iblis

• *Nature humaine*

Les humains partagent certaines caractéristiques avec Iblis. Leurs traits de caractère et leur tempérament révèlent leur nature et leurs tendances potentielles à adopter des comportements négatifs et à commettre des actions mauvaises ou immorales. faisant un parallèle avec Iblis, sous certains aspects, il est mis en évidence la similitude entre les inclinations humaines et celles attribuées à Iblis, associé à la rébellion à l'Ordre divin. Ainsi, certains aspects de la personnalité humaine peuvent les pousser à agir de manière immorale ou nuisible, tout comme Iblis.

. *Orgueil.* L'orgueil est un sentiment excessif de sa propre valeur ou de ses propres mérites. Une personne orgueilleuse peut se croire supérieure aux autres, ce qui peut la pousser à mépriser ou à maltraiter ceux qu'elle considère comme inférieurs. L'orgueil peut empêcher une personne d'admettre ses fautes[112], de reconnaître ses erreurs[113] ou de demander pardon, ce qui peut causer des conflits et des malentendus.

. *Égoïsme.* L'égoïsme est la tendance à ne penser qu'à soi-même et à ses propres intérêts, au détriment des autres. Un individu égoïste peut agir de manière à nuire aux autres pour satisfaire ses propres besoins ou désirs. Une personne égoïste peut avoir du mal à comprendre ou à se soucier des

---

[112] *Admettre ses fautes.* Cela implique de reconnaître et d'accepter que l'on a commis une faute ou une erreur. Il y a une notion d'acceptation personnelle et de confession.
[113] *Reconnaître ses erreurs.* Cela signifie identifier et accepter que l'on a fait des erreurs. Cela peut inclure une analyse plus objective des actions et des conséquences.

sentiments et des besoins des autres. Un individu égoïste a un comportement opportuniste et profite des gens pour atteindre ses propres objectifs, sans se soucier des conséquences pour ces derniers.

. *Cupidité.* La cupidité est un désir excessif de posséder des richesses ou des biens matériels. Une personne cupide peut être prête à tout pour accumuler des richesses, même si cela implique de causer du tort à autrui. La cupidité pousse à l'exploitation des autres pour obtenir des richesses, par exemple en sous-payant des employés ou en trichant dans les affaires.

. *Soif de pouvoir.* La soif de pouvoir est le désir intense de contrôler ou de dominer les autres. Une personne avide de pouvoir peut utiliser des moyens malveillants pour atteindre ses objectifs, comme la manipulation, la trahison, la violence, le crime. Une personne avide de pouvoir peut imposer ses décisions de manière autoritaire, sans tenir compte des opinions ou des besoins des autres.

- *Nature shaytaniste des humains*

Les comportements négatifs peuvent être intrinsèques à la nature humaine et peuvent pousser les humains à agir de manière malveillante, indépendamment de l'influence d'Iblis et des Jinn. Les comportements nuisibles peuvent être le résultat de la nature humaine elle-même, sans qu'il soit nécessaire d'invoquer des forces extérieures ou surnaturelles. La complexité de la nature humaine et la manière dont certains traits peuvent conduire à des comportements nuisibles est un fait indépendant des entités jinniennes.

Certains aspects de la nature humaine peuvent conduire à des actions malveillantes. En effet, les humains ont un Nafs et donc la capacité d'opter entre l'Ordre divin ou le Désordre shaytaniste, en fonction de leurs choix et de leurs traits de caractère.

. *Responsabilité personnelle*. Les humains sont libres de leurs actions. Même en l'absence d'influences extérieures [jinnienne], certains d'entre eux choisissent délibérément de s'écarter de la Voie divine.

. *Motivations partagées*. Les Humains partagent des objectifs similaires à ceux d'Iblis, tels que la domination, la satisfaction des désirs personnels, et la propagation du Désordre. Ces objectifs communs créent une alliance naturelle entre eux et Iblis. Ces deux entités nafsiennes créent un renforcement mutuel. En s'associant avec Iblis, ces Humains renforcent leurs propres capacités à semer le Désordre. De même, Iblis bénéficie de leur coopération pour atteindre ses propres objectifs.

. *Association avec Iblis*. Cette alliance est stratégique, car elle permet à Iblis de maximiser son influence en utilisant les actions des Humains comme levier. Ces derniers, en retour, trouvent en Iblis un allié puissant qui peut les aider à atteindre leurs propres objectifs. L'association entre Iblis et certains humains crée un impact accru sur la société, car elle combine les influences imperceptibles et les actions perceptibles pour créer un Désordre plus grand et plus complexe. Cette thématique explore la dynamique complexe entre les influences imperceptibles d'Iblis et ses acolytes les Jinn et les actions des humains. Il met en lumière la responsabilité partagée dans la propagation du Désordre jinno-humain.

- *Comparaison avec Iblis*

La comparaison de certains humains à Iblis s'établit sur le fait que tous deux sèment le Désordre et s'écarte de la Voie divine.

. *Semer le Désordre.* Iblis est connu pour semer le chaos et le Désordre parmi les humains. Cependant, certains de ces derniers possèdent cette même capacité à créer des conflits et des troubles dans la société et à corrompre l'Ordre divin, c'est à dire perturber ou altérer l'harmonie et les lois établies par Dieu.

En d'autres termes, cela modifie quelque chose de pur ou de bon en y introduisant des éléments négatifs ou nuisibles. Dans ce contexte, cela implique de dégrader ou de pervertir quelque chose de sacré en l'occurrence les lois, règles ou principes établis par Dieu qui régissent l'Univers et la vie. Cet ordre est un système qui est censé être parfait et harmonieux selon des principes divins.

. *Détourner de la Voie divine.* Iblis est également connu pour détourner les humains de la Voie divine, les incitant à s'écarter des principes et des valeurs spirituelles. De même, ces derniers peuvent influencer leurs semblables de manière négative, les éloignant des valeurs morales. Ces humains ont une tendance à nuire aux autres, que ce soit par des actions directes ou par des manipulations subtiles.

• *Capacité destructrice et malveillante des humains*

Les humains ont la capacité d'être aussi destructeurs et malveillants que les entités imperceptibles comme Iblis.

. *Destruction et malveillance.* Les humains peuvent causer autant de destruction et de malveillance que des entités jinniennes, montrant que ces agissements ne sont pas exclusifs aux forces de ces dernières.

. *Nature humaine.* La capacité à créer du désordre et à agir de manière malveillante peut être intrinsèque à la nature humaine elle-même. Ces comportements peuvent être le résultat des choix et des traits de caractère des seuls humains, plutôt que d'influences jinniennes. Certains humains peuvent être aussi nuisibles et destructeurs qu'Iblis, en partageant des caractéristiques similaires telles que la propension à causer du tort et à s'écarter des principes divins. Cette comparaison met en évidence la capacité des humains à créer du Désordre de manière intrinsèque, sans nécessiter l'influence d'entités imperceptibles.

. *Intérêt commun avec Iblis.* Les humains trouvent un intérêt commun avec Iblis. Cette association n'est pas nécessairement consciente ou volontaire. Les humains peuvent agir de manière à servir les desseins d'Iblis sans en être pleinement conscients. Leurs actions et celles d'Iblis peuvent se renforcer mutuellement, créant un cycle de comportements destructeurs et malveillants. Certains humains partagent des motivations similaires à celles d'Iblis, telles que le désir de pouvoir, de contrôle, de satisfaction personnelle et l'inclination à semer le Désordre. Cette similitude de motivations crée une association implicite entre ces humains et Iblis, où leurs actions servent les desseins d'Iblis. Cela souligne la capacité des humains à agir de manière destructrice et malveillante, indépendamment des influences extérieures.

- *Efficacité accrue à semer le Désordre*

. Association mutuellement bénéfique. Cette idée repose sur le concept que les deux parties, Iblis et certains humains, trouvent un avantage dans leur collaboration et les deux parties tirent profit de cette relation. Pour Iblis, ces humains deviennent des instruments pour propager ses intentions malveillantes. Pour les humains, cette association peut leur apporter des bénéfices matériels, du pouvoir, ou d'autres gains personnels, même si cela se fait au détriment de leur moralité ou de leur spiritualité.

. Alliés pour atteindre des objectifs. Iblis, représente une entité cherchant à égarer les humains, trouve en eux des alliés précieux, des facilitateurs de ses plans. Ces derniers peuvent, par leurs actions, influencer leurs semblables, propager des idées nuisibles, créer des situations de chaos et de les éloigner de la Voie divine. En retour, ils peuvent recevoir des récompenses ou des avantages qui les motivent à continuer dans cette voie.

. Influences du Désordre. Le Désordre, dans ce contexte, n'est pas seulement le résultat des actions d'Iblis, mais aussi des actions humaines qui peuvent être cultivées et amplifiées. Les influences du Désordre peuvent être subtiles, c'est-à-dire qu'elles ne sont pas toujours visibles ou évidentes, mais elles

peuvent avoir un impact significatif comme des lois sociales, des pensées négatives ou des comportements nuisibles ; mais elles peuvent aussi être plus manifestes, comme des actes de violence ou de corruption.

. *Renforcement mutuel.* Cette notion de renforcement mutuel signifie que les actions humaines et les influences d'Iblis se nourrissent l'une de l'autre. Les actions des humains peuvent amplifier les effets des forces jinniennes, et vice versa. Ensemble, ils peuvent créer un impact plus grand que s'ils agissaient seuls. Par exemple, un acte malveillant commis par un humain peut inspirer d'autres à faire de même, créant ainsi un cycle de Désordre qui se perpétue et s'amplifie. Les tentations ou les incitations d'Iblis peuvent amplifier les comportements destructeurs des humains, en particulier ceux qui ont le contrôle de la Politique, de l'appareil étatique, de l'*Economie*[114] [*détenteurs des moyens de production*[115]] de la

---

[114] Les *élites économiques* ou les *décideurs économiques* contrôlent l'Economie. Ces groupes décident sur la direction et la santé de l'économie grâce à leur pouvoir de décision et leurs ressources financières. *Les grands propriétaires d'entreprises.* Ceux qui possèdent des entreprises majeures ou des parts significatives dans des industries clés. *Les investisseurs institutionnels.* Comme les fonds de pension, les fonds souverains, et les grandes institutions financières. *Les dirigeants d'entreprises.* Les PDG et autres cadres supérieurs qui prennent des décisions stratégiques pour les grandes entreprises. *Les responsables politiques et régulateurs.* Ceux qui créent et mettent en œuvre des politiques économiques et des régulations qui influencent l'économie.

[115] Les *capitalistes* ou les *propriétaires d'entreprises et industries* sont ceux qui détiennent les moyens de production. Dans une économie capitaliste, ces individus ou entreprises possèdent les outils, les machines, les infrastructures et les ressources nécessaires pour produire des biens et des

Finance [Banques, etc.] et des communications. En d'autres termes, les influences négatives peuvent être exacerbées par le pouvoir et les ressources à disposition de certains individus, augmentant ainsi leur potentiel de nuisance. Il existe une réelle complexité ô combien subtile des interactions entre les forces du Désordre et les actions humaines. Les influences imperceptibles d'Iblis et des Jinn se combinent avec les actions de certains humains shaytanistes pour créer un Désordre plus imposant. Il montre comment, par une collaboration consciente ou inconsciente, le Désordre peut se propager et avoir un impact profond et durable sur la société. La responsabilité est partagée entre les entités imperceptibles et les humains dans sa diffusion.

f - Longévité des Jinn

Explorons l'idée que les Jinn ont une longue longévité en tenant compte des caractéristiques qui leurs sont attribuées.

- *Plasma et longévité*

Le plasma est un état de la matière qui se trouve naturellement dans les étoiles, y compris le soleil, et qui est extrêmement stable et durable. Dans cette perspective que les Jinn sont de nature plasmatique, cela expliquerait leur

---

services. Ils investissent du capital pour acheter et entretenir ces moyens de production et, en retour, ils cherchent à réaliser un profit. La possession des moyens de production donne un pouvoir économique et social certain, car elle permet de contrôler le processus de production et de distribution des biens et services. Cela influence également les relations de travail, car les travailleurs doivent vendre leur force de travail aux propriétaires des moyens de production pour gagner leur vie.

longévité exceptionnelle. Le plasma, étant un état énergétique élevé, permettrait aux Jinn de maintenir leur existence sur de longues périodes.

. *Conductivité électrique*. Le plasma peut conduire l'électricité, ce qui éclairerait sur certaines capacités des Jinn.

. *Réponse aux champs magnétiques*. Le plasma réagit aux champs magnétiques, ce qui pourrait être lié à la capacité des Jinn à se déplacer rapidement et à avoir une puissance phénoménale. Les Jinn ont une durée de vie beaucoup plus longue que celle des humains, mais leur longévité exacte n'est pas spécifiquement définie dans les textes coraniques. Ils peuvent vivre plusieurs siècles, voire plus, mais ils ne sont pas immortels. Cette longévité pourrait être attribuée à leur nature et à leur mode de vie dans leur Univers imperceptible.

- *Iblis et sa longévité exceptionnelle*

Iblis qui est un *Ifrit*, c'est à dire un Jinn extrêmement redoutable et puissant [Coran, 27-38 à 40] a demandé à Dieu de lui accorder un délai jusqu'au Jour de la Rencontre universelle afin d'éprouver les humains. Cette demande a été acceptée [Coran, 7-14/15]. Par conséquent, cela indique qu'Iblis a une longévité exceptionnelle qui dépasse celle des autres Jinn. Cette longévité incomparable est due à la permission divine plutôt qu'à sa nature intrinsèque. Cependant, si l'on considère la nature plasmatique comme un fait, cela fournit une explication supplémentaire à sa capacité à exister pendant une période aussi longue.

• *Demande de délai*

« *Il [Iblis] dit : « Ô mon Seigneur, donne-moi donc un délai jusqu'au jour où ils [Humains] seront ressuscités ! » (Coran, 15-36)*

Ce verset [Coran, 15-36] fait partie du dialogue entre Dieu et Iblis après que ce dernier ait refusé de se prosterner devant Adam. Iblis demande un délai jusqu'au Jour de la Résurrection, est riche en enseignements et en significations. Cet énoncé se situe après la création d'Adam. Dieu a ordonné aux Malayka et à Iblis de se prosterner devant Sa création Adam. Tous ont obéi sauf Iblis, qui a refusé par orgueil et arrogance. En conséquence, Dieu l'a maudit et l'a banni du Janna. C'est à ce moment qu'Iblis demande un délai pour prouver que les humains ne méritent pas la grâce divine.

. *L'objectif d'Iblis.* En demandant ce délai, Iblis exprime son intention de dévoyer les humains du droit chemin. Il veut prouver que ces derniers sont faibles et susceptibles de succomber à la tentation. Cela montre sa détermination à s'opposer à Dieu et à Ses plans.

. *Reconnaissance de la Résurrection.* En demandant ce délai, Iblis reconnaît implicitement la réalité au moment de la Rencontre universelle, un jour où tous les Jinn et tous les humains seront ressuscités pour être jugés par Dieu.

. *Défiance et arrogance d'Iblis.* La demande de délai montre également l'arrogance et la défiance d'Iblis. Plutôt que de se repentir, il choisit de continuer dans sa voie de désobéissance et de tenter les humains.

. *La réponse de Dieu.* Dans les versets suivants, Dieu accorde à Iblis ce délai, mais avec une condition : il n'aura aucun pouvoir sur les convaincus, ceux qui sont sincères et dévoués à Dieu. Cela montre la Justice et la Sagesse de Dieu, qui permet à Iblis de tenter les Humains, mais protège ceux qui suivent Ses enseignements.

. *Fin inévitable d'Iblis.* Dieu a accordé à Iblis un délai jusqu'au Jour de la Résurrection, lui permettant de tenter et d'égarer les Humains. Ce délai ne signifie pas une exemption de la mort ou de la Justice divine, mais plutôt une période pendant laquelle Iblis peut exercer son influence.

Bien qu'Iblis bénéficie d'une longévité exceptionnelle, cela ne le protège pas de la mort ultime. Il est souligné qu'Iblis, malgré son incroyable durée de vie, mourra un jour. Cela rappelle que même les êtres prodigieux ne sont pas immortels et sont soumis aux lois divines. Sa longévité est une partie du plan divin, permettant aux Humains de faire face à la tentation et de prouver leur conviction et leur observance aux recommandations de Dieu. Le Jour de la Rencontre universelle est inévitable et marque la fin des temps où tous les êtres nafsiens, y compris Iblis, seront ressuscités pour être jugés. C'est un moment de Justice divine est inéluctable où chaque acte, bon ou mauvais, sera évalué.

La Justice divine est inéluctable et aucune entité, pas même Iblis, n'échappera à ce Jugement. Chaque acte, bon ou mauvais, sera jugé en son temps, soulignant l'importance de la responsabilité individuelle et de la moralité. Malgré le délai exceptionnel accordé à Iblis, il ne pourra pas échapper à son destin. Le Jour de la Rencontre universelle viendra inévitablement, et Iblis sera jugé et puni pour sa désobéissance, rappelant ainsi que la Justice divine est une certitude et inévitable. Cela renforce l'idée que chaque être [Jinn et Humain] doit être responsable de ses actions, car elles seront jugées en temps voulu.

- *Délai accordé*

« Il répondit [Dieu] : « ainsi, te voilà au nombre de ceux à qui est accordé un délai, » (Coran, 15-37)

Le délai accordé à Iblis n'est pas une faveur, mais plutôt une opportunité pour lui de mener à bien son plan d'éprouver les humains mais avec des limites. Bien que Dieu accorde un délai à Iblis, cela ne signifie pas qu'il a un pouvoir absolu. Cela fait partie du plan divin pour tester la conviction et la résilience des humains. Dieu, dans sa sagesse infinie, permet à Iblis de les tenter pour que ceux-ci puissent prouver leur dévotion et leur fidélité.

. *Responsabilité des humains.* Le délai accordé à Iblis met en lumière la responsabilité des humains devant leurs décisions et actes. Ces derniers doivent être conscients des tentations et des pièges tendus par Iblis et doivent chercher la protection et la guidance de Dieu pour rester sur Sa voie.

. *La nature temporaire du délai.* Le délai accordé à Iblis est temporaire et limité. Cela signifie que, malgré les tentations et les épreuves, il y aura un Jour de Jugement où la Justice divine sera rendue. Iblis, ainsi que tous ceux qui ont suivi ses tentations, seront jugés et punis en conséquence. Cela rappelle à tous les êtres nafsiens que la Justice divine est inévitable et que chaque acte sera jugé en son temps.

- *Inclusion parmi les retardataires*

Dans ce verset, Dieu s'adresse à Iblis après qu'il ait refusé de se prosterner devant Sa création : Adam. Dieu lui accorde un délai jusqu'au Jour du Jugement, signifiant par là qu'Iblis ne sera pas immédiatement puni pour sa désobéissance. Ce sursis lui permet de continuer à exister et à agir jusqu'à une date ultérieure fixée par Dieu. Ce verset indique aussi qu'Iblis est ajouté à un groupe d'êtres qui ont été retardés ou qui ont reçu un délai supplémentaire.

- o *Iblis n'est pas unique dans sa demande*

Cet énoncé révèle qu'Iblis n'est pas le seul à avoir demandé un délai. Il y a d'autres créatures qui ont également fait une demande similaire et qui ont reçu un délai de la part de Dieu. En effet, tout comme Iblis, d'autres entités ont reçu des délais pour différentes raisons. Ces raisons peuvent inclure des tests, des épreuves ou d'autres plans divins que Dieu a pour ces créatures.

Le Coran ne spécifie pas toujours les raisons exactes pour lesquelles ces délais sont accordés, mais il est clair que cela fait partie du plan divin. Le texte mentionne simplement qu'Iblis fait partie de ceux à qui un délai a été accordé, sans entrer dans les détails sur les autres êtres concernés. Iblis n'est donc pas unique dans sa situation, et cela fait donc partie d'un plan divin plus large.

« jusqu'au Jour de l'instant connu [de Dieu] » (Coran, 15-38)

Ce verset est la réponse de Dieu à Iblis lorsqu'il demande un délai jusqu'au Jour de la Résurrection. Dieu le lui accorde, mais précise que ce jour est connu uniquement de Lui.

- *La Rencontre universelle*

Le *« Jour de l'instant connu [de Dieu] »* est une référence directe au Jour du Jugement ou de la Rencontre universelle. Ce jour est un concept central dans l'Ordre divin, où tous les êtres qu'ils soient jinniens ou humains seront ressuscités et jugés par Dieu pour leurs actions. Ce moment est décrit comme étant connu uniquement de Dieu, soulignant ainsi l'Omniscience divine. Bien qu'Iblis ait une longue durée de vie et une influence considérable, son destin est scellé et il sera finalement jugé.

o *Souveraineté et Omniscience de Dieu*

Ce verset met en avant la Souveraineté de Dieu et sa connaissance absolue. Dieu est le seul à connaître le moment exact du Jour du Jugement. Cela souligne sa suprématie et son contrôle absolu sur le temps et les événements futurs.

La mention que ce jour est connu uniquement de Dieu rappelle que tout est sous le contrôle de Dieu et que Sa connaissance est infinie et parfaite, contrairement à celle de Ses créatures nafsiennes. Dieu rappelle à ces dernières l'importance de la conviction divine et de la préparation à la Rencontre universelle avec Lui.

o *Responsabilité et libre arbitre humain*

En accordant ce délai à Iblis, Dieu souligne la responsabilité des Jinn et des Humains de choisir entre l'Ordre et le Désordre. Ces derniers ont le libre arbitre et sont responsables de leurs actions. Ce verset incite à la préparation pour le Jour du Jugement en menant une vie en empruntant la Voie divine et que la Justice divine s'accomplira inévitablement, même si un délai est accordé à ceux qui désobéissent.

o *Observations*

Dans le verset 15-38, il est important de noter qu'Iblis ne cherche pas à duper Dieu, car il sait que Dieu est Omniscient et Omnipotent. En demandant un délai jusqu'au Jour de la Résurrection, Iblis cherche plutôt à prolonger son temps pour égarer l'Humanité.

Concernant la question de la mort, le Coran affirme que « *Tout Nafs goûtera la mort* » [Coran, 3-185, Coran, 21-35, Coran, 29-57] et cela concerne les Jinn et les Humains. Iblis, en tant que Jinn, ne fait pas exception à cette règle. Il est destiné à goûter à la mort, mais son délai jusqu'au Jour de la Résurrection lui permet de continuer ses actions jusqu'à ce moment-là.

CONCEPTION COMPAREE DES ENTITES IMPERCEPTIBLES

CONCEPTION JUDEO-CHRETIENNE		CONCEPTION CORANIQUE	
CREATURE	**QUELQUES POUVOIRS DETENUS**	**Entité**	**FACULTES DETENUES**
Satan : *Diable, Ange déchu, Démiurge, Belzébuth, Lucifer, Démon…*	▪ Pouvoirs quasiment divins. ▪ Immortalité. ▪ Être pratiquement semblable à Celui que les Judéo-chrétiens nomme *Dieu*. ▪ Autorité sur les éléments, sur la nature, sur la mort, sur la vie, sur le Temps, sur la connaissance de l'inconnu, sur l'avenir, sur la finalité des choses, sur la destinée humaine, etc. ▪ Faculté de prendre l'apparence de n'importe quelle créature. ▪ Capacités de persuasion, tentation, ruse, etc. ▪ Faculté d'exaucer tout désir et tout souhait. ▪ Aptitude à pénétrer et à connaître la conscience et le psychisme de l'Homme. ▪ Faculté de posséder l'Humain.	*Iblis Jinn Ifrit*	• Aucune faculté ni pouvoir relevant de Dieu. • Aucune action sur les éléments, le pouvoir sur la nature, sur la mort, sur la vie, sur le Temps, sur la connaissance sur l'avenir, sur la finalité des choses, sur la destinée humaine, etc., tout cela est du domaine exclusif de Dieu. • Tentation, séduction, sournoiserie, mensonge • Aptitudes liées à sa nature, imperceptibilité par les sens humains ou par des instruments, célérité, puissance physique, intelligence, longévité, etc.]. • Mêmes aptitudes que Iblis, avec plus ou moins d'intensité selon leur degré de puissance [Ifrit, Jinn commun, etc.] • Capacité de prendre une apparence humaine. • Artistes prodigieux et bâtisseurs de monuments confirmés.
Démons, Diables	▪ Êtres surnaturels ou Esprits [Anges déchus] capables d'influer sur l'existence humaine de façon maléfique. ▪ Capacités de possession de l'Homme. ▪ Immortels.	Jinn	
Esprit	▪ Être immatériel [Homme ou Ange] au pouvoir d'intercession entre le monde des morts et celui des vivants. ▪ Faculté de réaliser des vœux. ▪ Aptitude à influencer les éléments, les créatures, la nature, la flore.	Aucune	Il n'existe aucune créature de cet ordre.
Poltergheist Fantôme, Revenant	▪ Être immatériel [être humain décédé] Aptitude à errer parmi les vivants. ▪ Capacité à offrir des indications surnaturelles [avenir, contact avec les autres morts] par des moyens psychiques. ▪ Faculté d'influer sur la matière [modifier et déplacer des objets]	Jinn	Il n'existe aucune créature de cet ordre.

ENTITE	CONSTITUTION	CARACTERISTIQUES	HABITAT
Jinn	Plasmatique	• Libre arbitre • Nafs • Intelligence • Sensibilité • Imperceptibilité pour les humains • Célérité inouïe • Puissance inconcevable • Longévité très longue • Longévité exceptionnelle pour Iblis • Dextérité • Faculté de reproduction • Aptitude à prendre une apparence humaine • Faculté à percevoir les Malayka • Aptitude à pénétrer dans l'Univers perceptible	Univers imperceptible
Homme	Atomique	• Intelligence • Libre arbitre • Nafs • Sensibilité • Perceptibilité • Libre arbitre • Existence très courte • Sexué : faculté de Reproduction	Univers perceptible [Terre]

VII - Pratiques de l'Occultisme et de l'Esotérisme

L'occultisme et l'ésotérisme sont deux concepts souvent liés car ils partagent des thèmes communs. Ils explorent des connaissances et des pratiques considérées comme mystérieuses ou cachées.

A - Occultisme

L'occultisme repose sur la croyance en l'existence de forces cachées ou secrètes qui influencent le monde. Ces forces ne sont pas perceptibles par les sens ordinaires et nécessitent des méthodes spéciales pour être comprises ou maîtrisées.

L'occultisme comprend un ensemble de croyances [théories] et de méthodes [pratiques] qui visent à interagir avec ces forces occultes. Cela peut inclure des rituels, des incantations, et l'utilisation de symboles ou d'objets spécifiques. L'occultisme n'est pas limité à une seule tradition ou pratique. Il englobe de nombreuses disciplines.

L'objectif principal de l'occultisme est de comprendre et de contrôler ces forces invisibles. Cela peut impliquer des études approfondies, des pratiques rituelles, et une transformation personnelle pour accéder à ces connaissances. L'occultisme est une quête de compréhension et de maîtrise des forces cachées de la nature et de l'Homme, à travers un ensemble de théories et de pratiques variées.

B - *Ésotérisme*

L'ésotérisme implique des connaissances qui ne sont pas accessibles à tout le monde. Ces enseignements sont souvent transmis de manière secrète et sont réservés à ceux qui sont jugés dignes ou prêts à les recevoir, appelés « *initiés* ».

Ces derniers sont des individus qui ont été introduits dans ces connaissances secrètes par un processus d'initiation. Celui-ci peut inclure des rituels, des études approfondies, et une transformation personnelle. L'ésotérisme n'est pas une seule doctrine ou pratique, mais un ensemble de croyances et de méthodes provenant de diverses traditions.

L'objectif de l'ésotérisme est de découvrir des vérités qui ne sont pas immédiatement apparentes. Ces vérités concernent souvent la nature de l'Univers, le sens de la vie, et la nature humaine. L'ésotérisme est une quête de connaissances profondes et cachées, accessibles seulement à ceux qui sont prêts à entreprendre un voyage de découverte et de transformation personnelle.

Bien que l'occultisme et l'ésotérisme partagent des similitudes en termes de recherche de connaissances cachées, l'occultisme se concentre davantage sur la pratique et la maîtrise des forces mystérieuses, tandis que l'ésotérisme vise une compréhension spirituelle et philosophique plus profonde. L'occultisme et l'ésotérisme ne sont pas nécessairement considérés comme des formes religieuses à part entière, mais ils peuvent être intégrés dans des pratiques religieuses ou spirituelles. Par exemple, certaines traditions ésotériques sont liées à des religions établies, comme l'ésotérisme chrétien ou la Kabbale juive. Cependant, ils peuvent aussi exister en dehors des structures religieuses traditionnelles et être pratiqués de manière indépendante.

C - Disciplines et pratiques de l'occultisme

L'occultisme englobe un large éventail de disciplines et de pratiques qui touchent aux forces mystérieuses et cachées.

. *Alchimie.* Ancienne pratique qui combine des éléments de chimie, de philosophie et de mysticisme, souvent associée à la transformation des métaux en or et à la quête de l'élixir de vie.

. *Astrologie.* Étude des positions et des mouvements des corps célestes pour prédire des événements terrestres et comprendre les prédire et les caractéristiques humaines.

. *Chamanisme.* Pratique spirituelle ancienne impliquant la communication avec le monde des morts, les esprits de la nature et des ancêtres pour la guérison et la guidance.

. *Culte satanique.* Pratiques et rituels associés à l'adoration de Satan ou à l'utilisation de symboles et de rituels magiques pour des fins malveillantes.

. *Divination.* Pratique de prédire l'avenir ou de découvrir des informations cachées à travers des moyens comme les cartes de tarot, les runes, ou la boule de cristal.

. *Étymologie.* Bien que généralement considérée comme une discipline linguistique, elle est parfois utilisée dans l'occultisme pour découvrir les significations cachées des mots.

. *Géomancie.* Une méthode de divination qui utilise des motifs tracés sur le sol ou sur du papier pour interpréter des réponses à des questions.

. *Hermétisme.* Un système philosophique et spirituel basé sur les écrits attribués à Hermès Trismégiste, qui combine des éléments de l'alchimie, de l'astrologie et de la théurgie.

. *Kabbale.* Une tradition mystique juive qui explore les aspects ésotériques de la Torah et de la création divine.

. *Magie noire.* Utilisation de la magie à des fins nuisibles ou destructrices.

. *Magie.* Pratique qui se concentre sur l'utilisation de rituels, de symboles, et de formules, de sorts et d'incantations pour influencer le monde physique, les événements ou les personnes par des moyens surnaturels. La magie peut être divisée en deux catégories, la magie blanche censée être bienveillante et la magie noire malveillante.

. *Médecine occulte.* Utilisation de remèdes et de pratiques mystiques pour guérir les maladies.

. *Mysticisme.* La recherche d'une union directe et personnelle avec le divin ou l'absolu, souvent par la méditation et la contemplation.

. *Nécromancie.* L'art de communiquer avec les morts pour obtenir des informations ou des pouvoirs.

. *Numérologie.* Étude des nombres et de leur influence mystique sur la vie humaine, souvent utilisée pour prédire des événements ou comprendre la personnalité humaine.

. *Occultisme chrétien.* Des pratiques ésotériques et mystiques au sein du christianisme, telles que la prière contemplative et les visions mystiques.

. *Runes.* L'utilisation des anciens alphabets runiques pour la divination et la magie.

. *Sorcellerie.* La pratique de la magie par des individus souvent appelés sorcières ou sorciers, utilisant des sorts, des potions et des rituels.

. *Symbolisme.* Utilisation de symboles pour représenter des idées ou des concepts spirituels profonds et leurs significations ésotériques et mystiques.

. *Tarot.* Un système de divination utilisant un jeu de cartes spécifiques pour interpréter des événements passés, présents et futurs.

. *Théurgie.* La pratique de rituels visant à invoquer la présence des divinités ou des esprits pour obtenir des pouvoirs spirituels ou des révélations.

D - Disciplines et pratiques de l'ésotérisme

L'ésotérisme englobe une variété de disciplines et de pratiques qui visent à accéder à des connaissances cachées ou à transformer l'initié.

. *Anthroposophie*. Mouvement spirituel fondé par Rudolf Steiner, visant à comprendre la nature humaine et l'univers par des moyens ésotériques.

. *Astrologie*. L'étude des positions et des mouvements des corps célestes pour interpréter les événements terrestres et les caractéristiques humaines. Elle repose sur l'idée que les astres influencent les destinées humaines.

. *Bouddhisme ésotérique*. Branches du bouddhisme, comme le Vajrayâna tibétain et le Shingon japonais, qui préconisent des initiations pour parvenir au nirvana.

. *Cartomancie*. Utilisation de cartes, comme les cartes de tarot, pour la divination.

. *Chiromancie*. Pratique divinatoire qui consiste à lire les lignes de la main pour prédire l'avenir et interpréter la personnalité humaine.

. *Géomancie*. Une méthode de divination utilisant des motifs tracés sur le sol ou sur du papier pour interpréter des réponses à des questions.

. *Hermétisme*. Tradition philosophique et religieuse basée sur les écrits attribués à Hermès Trismégiste, combinant des éléments de l'alchimie, de l'astrologie et de la théurgie. Il explore les liens entre le microcosme et le macrocosme.

. *Hypnose*. Technique utilisée pour induire un état de transe afin d'accéder à des niveaux plus profonds de conscience ou de mémoire.

. *Lithothérapie.* Utilisation des pierres et des cristaux pour leurs prétendues propriétés curatives et énergétiques.

. *Mysticisme.* La recherche d'une union directe et personnelle avec le divin ou l'absolu, souvent par la méditation et la contemplation.

. *Numérologie.* L'étude des nombres et de leur influence mystique sur la vie humaine.

. *Radiesthésie.* L'utilisation de pendules ou de baguettes pour détecter des objets cachés, des sources d'eau ou des énergies.

. *Soufisme.* Branche mystique des adeptes de l'Islam qui met l'accent sur l'expérience directe de Dieu à travers diverses pratiques : méditation, prière, danse, etc.

. *Symbolisme.* L'étude des symboles et de leurs significations ésotériques et mystiques.

. *Théosophie.* Système de pensée qui cherche à comprendre les mystères de l'Univers et la relation entre l'Homme et le divin.

. *Voyance.* La capacité de percevoir des événements futurs ou des informations cachées par des moyens extrasensoriels.

E - Perspective divine

En se basant sur la perspective de l'Ordre divin où tout est ordonné selon la volonté de Dieu, les convictions doivent être alignées avec cette dernière. L'occultisme et l'ésotérisme sont des pratiques qui cherchent à explorer des connaissances cachées ou secrètes. L'occultisme englobe des pratiques comme la magie, la sorcellerie, et la divination, qui cherchent à accéder à des connaissances ou des pouvoirs cachés. L'ésotérisme, quant à lui, se concentre sur des enseignements spirituels ou mystiques réservés à un cercle restreint d'initiés.

La Révélation divine considère ces pratiques comme déviantes car elles s'écartent des enseignements orthodoxes et sont perçues comme dangereuses ou trompeuses. En cela parce qu'elles sont non seulement déviantes, mais aussi influencées par des forces shaytanistes. La Voie divine représente un chemin de vie guidé par des principes spirituels basés sur des Textes divins et des enseignements de Messagers divins.

L'occultisme et l'ésotérisme sont jugés incompatibles avec cette voie car ils impliquent des méthodes et des croyances qui ne sont pas approuvées par la Révélation divine. Par exemple, chercher à prédire l'avenir ou à influencer les événements par des moyens occultes est une forme de défiance envers la Volonté divine.

L'occultisme et l'ésotérisme impliquent souvent l'utilisation de rituels, de symboles, et de techniques pour influencer ou contrôler des aspects de la réalité. Cela peut inclure des pratiques comme la magie, la divination, ou l'alchimie. Du point de vue de l'Ordre divin, tenter de manipuler les forces de la nature est vu comme une usurpation du pouvoir divin, qui est censé être réservé à Dieu seul. C'est une forme d'arrogance ou de rébellion contre l'Ordre naturel établi par Dieu.

Les enseignements divins encouragent les Humains à placer leur confiance et leur conviction en Dieu plutôt que de chercher à exercer un contrôle sur le monde par des moyens occultes. L'idée est que la véritable conviction repose sur la confiance en la Volonté divine et la dépendance à l'égard de Dieu pour la guidance et le soutien. Le fait de chercher à manipuler les forces de la nature par des moyens occultes est vu comme une forme de défiance envers Dieu.

L'occultisme et l'ésotérisme mettent en lumière des pratiques dangereuses et contraires à la foi en Dieu. Ceci met en avant l'importance de la confiance en Dieu, plutôt que de chercher à manipuler le monde par des moyens occultes.

1 - Pratiques déviantes

En ne respectant pas les normes et les valeurs établies par Dieu l'occultisme et l'ésotérisme sortent du « *cadre de référence divine* », c'est à dire les normes et les valeurs établies qui représentent les enseignements, les principes et les lois dictés par Dieu. En sortant de ce cadre, ces pratiques se révèlent comme étant en dehors des limites acceptables définies par la Voie divine. Cela peut inclure des pratiques comme la magie, la divination, et d'autres formes de manipulation des forces naturelles ou spirituelles.

Le Nafs représente les aspects de l'individualité humaine qui sont liés à la conscience, au libre arbitre, à la responsabilité, à l'intellect, aux émotions, etc. Le fait que ces pratiques sont dangereuses ou déviantes nafsiquement parlant signifie qu'elles peuvent avoir un impact négatif sur le Nafs. Elles peuvent encourager des désirs ou des comportements qui s'éloignent des valeurs spirituelles et morales prônées par Dieu. Ces pratiques peuvent être vues comme dangereuses car elles détournent l'individu de la voie spirituelle correcte, en le poussant à rechercher des pouvoirs ou des connaissances qui ne sont pas en accord avec les enseignements divins. Par exemple, la quête de pouvoir ou de contrôle par des moyens occultes peut renforcer l'ego et les désirs matériels, au détriment de la pureté spirituelle et de la soumission à la volonté divine.

Ainsi, l'occultisme et l'ésotérisme sont des pratiques qui s'écartent des enseignements divins et qui ont des effets négatifs sur le Nafs et la mise en péril de l'avenir eschatologique de l'individu qui en a recours. Il faut mettre en avant l'importance de rester dans le cadre de référence divine pour préserver la pureté et l'intégrité du Nafs.

2 - Similitudes et pratiques similaires

L'ésotérisme et l'occultisme sont souvent confondus car ils explorent tous deux des domaines incluant des pratiques comme les rituels, l'étude des symboles et des textes anciens. Ces praxies visent à obtenir des vérités cachées ou à accéder à des connaissances « *supérieures* ».

L'ésotérisme et l'occultisme ont des finalités distinctes. L'ésotérisme est souvent orienté vers une quête intérieure et spirituelle, cherchant à comprendre les mystères de l'existence et à atteindre une illumination personnelle. En revanche, l'occultisme est plus pragmatique et se concentre sur l'utilisation et la maîtrise des forces cachées de la nature pour obtenir des résultats concrets.

L'ésotérisme est une démarche introspective qui cherche à percer les secrets de l'Univers et de l'être [Nafs]. Les pratiquants de l'ésotérisme cherchent à atteindre une connexion spirituelle entre le visible et l'invisible et à comprendre leur place dans le cosmos.

L'occultisme, quant à lui, est plus orienté vers l'action et l'application pratique. Il s'agit de manipuler des énergies et des forces invisibles pour influencer le monde matériel. Les occultistes peuvent utiliser des techniques comme la magie, l'alchimie, et la divination pour atteindre leurs objectifs.

Bien que l'ésotérisme et l'occultisme aient des objectifs différents, ils ne sont pas mutuellement exclusifs. Un individu peut s'engager dans des pratiques ésotériques pour son développement spirituel tout en utilisant des techniques occultes pour des fins pratiques. Les deux approches peuvent se compléter et développer l'expérience de celui qui les pratique.

3 - Évolution de l'occultisme et de l'ésotérisme

a - Monothéisme adamique

L'expression « *monothéisme adamique* » se réfère à la croyance en un Dieu unique, remontant à Adam, le premier humain ; le premier Messager et le premier à recevoir la Révélation divine.

. *Conviction en un Dieu unique.* Le monothéisme est la conviction en un seul Dieu Créateur et Maître des Univers, en opposition au polythéisme qui croit en plusieurs dieux.

. *Adam, le premier humain.* Adam est le premier être humain créé par Dieu. Il est également le premier Messager, chargé de transmettre la Voie divine à ses descendants. Cette figure est centrale dans les récits de la création dans la Révélation coranique.

. *Base de la Voie divine.* La « *Voie divine* » désigne la voie à suivre pour les Humains [et les Jinn] guidé par les enseignements et les recommandations de Dieu. Dans la conviction monothéiste, suivre la Voie divine signifie vivre selon les principes et les lois établis par Dieu, tels que révélés à travers les Messagers divins.

La croyance en un Dieu unique, remontant à Adam, est fondamentale pour les humains. Cette conviction forme la base de la « *Voie divine* », c'est-à-dire le mode de vie guidé par les enseignements divins. En d'autres termes, le monothéisme adamique est l'origine et le fondement de la conviction divine.

b - Origines de l'occultisme et de l'ésotérisme

L'occultisme et l'ésotérisme sont apparus parallèlement au monothéisme adamique. Ils ont souvent été pratiqués en secret, à l'ombre des doctrines officielles, car ils proposaient des connaissances et des pratiques alternatives.

- *Prise de l'ascendant sur le monothéisme*

. *Influence et popularité.* L'occultisme et l'ésotérisme ont souvent exercé une fascination sur les individus en quête de connaissances cachées ou de pouvoirs surnaturels. Leur attrait réside dans la promesse de révéler des vérités profondes et des forces invisibles, ce qui peut sembler plus immédiat et tangible que les promesses spirituelles du monothéisme adamique.

. *Résilience et adaptation*. Malgré les efforts des Messagers divins pour rediriger l'humanité vers la Voie divine, l'occultisme et l'ésotérisme ont survécu et se sont adaptés à travers les âges. Ils ont souvent été intégrés dans des pratiques religieuses ou philosophiques plus larges, ce qui leur a permis de perdurer et même d'être absorbés.

- *Quelques exemples historiques*

  o *Antiquité*

. *Égypte ancienne*. Les pratiques ésotériques et occultes étaient courantes et souvent intégrées dans les rites religieux et funéraires. Les prêtres égyptiens utilisaient des rituels et des sortilèges pour guider l'âme vers l'au- delà. Le Livre des Morts égyptien était une compilation de sortilèges et de rituels destinés à guider l'âme vers l'au-delà. Les prêtres cherchaient également à déchiffrer les secrets de l'au-delà et à manipuler les forces cosmiques.

. *Grèce et Rome antiques*. Les mystères d'Éleusis et les pratiques oraculaires comme celles de Delphes sont des exemples de traditions ésotériques qui coexistaient avec les religions polythéistes officielles. Les mystères d'Éleusis offraient des expériences symboliques de mort et de renaissance, promettant une compréhension plus profonde des forces invisibles de l'Univers et les cycles de la nature et de la vie humaine.

o *Moyen Âge et Renaissance*

. *Moyen Âge*. L'ésotérisme était souvent associé aux pratiques occultes comme l'alchimie, la magie et l'astrologie qui étaient pratiquées en secret, souvent par des érudits qui cherchaient à comprendre les mystères de l'Univers en dehors des doctrines religieuses officielles. Les connaissances ésotériques étaient réservées à une élite restreinte. Cette période a marqué un âge d'or pour l'ésotérisme avec un intérêt croissant pour la Kabbale et l'alchimie. Les alchimistes cherchaient la « *Pierre philosophale* », symbole de la sagesse ultime et de l'immortalité.

o *Renaissance*

La Renaissance a marqué un âge d'or pour l'ésotérisme avec un intérêt croissant pour la Kabbale et l'alchimie, qui cherchaient à comprendre les mystères de l'Univers et à atteindre la transformation spirituelle. Des figures comme Paracelse [1493-1541] et John Dee [1527-1608] ont exploré les secrets de la nature et de l'esprit. L'occultisme a été popularisé par des figures comme Éliphas Lévi [1810-1875] et Papus [1865-1916].

o *Époque moderne*

. *New Age et mouvements spirituels modernes*. Aujourd'hui, l'occultisme et l'ésotérisme continuent d'exercer une influence significative. Les mouvements *New Age*, par exemple, intègrent souvent des éléments ésotériques et occultes, attirant ceux qui cherchent des alternatives aux religions traditionnelles.

Au XIXe siècle, l'occultisme a connu un véritable essor avec un mélange d'exploration scientifique, de fascination pour le mystique et d'aspirations révolutionnaires. Helena Blavatsky [1831-1891] a fondé la Société théosophique en 1875, influençant des mouvements comme l'anthroposophie et le New Age.

Du XXe siècle à aujourd'hui, l'ésotérisme et l'occultisme continuent d'influencer la culture populaire les pratiques spirituelles modernes, des médias aux jeux vidéo, en passant par les films, les documentaires et les séries télévisées. L'occultisme continue d'influencer la culture et la société.

L'occultisme et l'ésotérisme ont toujours coexisté avec les religions officielles, souvent en marge ou en opposition à elles. Leur capacité à s'adapter et à répondre aux besoins spirituels et intellectuels des individus leur a permis de perdurer et de prospérer à travers les âges. Ces deux domaines ont évolué en parallèle, s'influençant mutuellement pour la quête de compréhension et de maîtrise des forces « *invisibles* ».

4 - Iblis l'insensé

« bien que l'insensé [Iblis] des nôtres [Jinn] disait des propos extravagants sur Dieu. » (Coran, 72-4)

Ce verset fait partie de la sourate Al-Jinn, qui est la 72ᵉ sourate du Coran. Celle-ci traite principalement des Jinn, des créatures imperceptibles à nos sens, et de leurs interactions avec les Humains et Dieu.

a - *Analyse linguistique*

. *Insensé.* Le terme arabe « *Safih* » est utilisé pour décrire quelqu'un qui manque de jugement et de sagesse, qui agit de manière irrationnelle ou stupide. En qualifiant Iblis d'insensé, le verset souligne son manque de discernement et son comportement irrationnel et arrogant. Iblis a choisi de défier Dieu, ce qui est considéré comme une action insensée et déraisonnable.

. *Propos extravagants.* Le mot « *Shatat* » en arabe peut être traduit par des paroles excessives, exagérées ou mensongères. Il indique que les paroles d'Iblis sont non seulement fausses, mais aussi dangereuses et trompeuses. Iblis a tenu des propos excessifs, mensongers et blasphématoires à l'égard de Dieu. Ces propos peuvent inclure des accusations fausses, des mensonges ou des déformations de la vérité divine.

b - *Implications spirituelles et morales*

Ce verset met en lumière la rébellion d'Iblis et son rôle en tant que figure de l'insensé parmi les Jinn. Il souligne également l'importance de la vérité et de l'obédience à Dieu, en contrastant les propos mensongers d'Iblis avec la vérité divine. Les humains sont ainsi avertis de ne pas suivre les pas d'Iblis et de rester fidèles à la vérité révélée par Dieu. Iblis reste un ennemi pour l'Humanité.

. *Le danger de l'arrogance.* L'histoire d'Iblis est un avertissement contre l'arrogance et la désobéissance à Dieu. Elle montre comment l'orgueil peut conduire à la chute et à l'éloignement de la vérité divine.

. L'importance de la vérité. Ce verset souligne l'importance de rester fidèle à la vérité révélée par Dieu et de ne pas se laisser tromper par des paroles mensongères ou blasphématoires. C'est une leçon morale et éthique sur la manière de vivre une vie spirituelle et juste. Il encourage les Humains à éviter l'arrogance, à rechercher la vérité et à suivre la Voie divine. Ce verset du Coran est riche en enseignements et en avertissements. Il rappelle aux humains la nature rebelle d'Iblis et les dangers des propos mensongers et blasphématoires, ainsi que de l'arrogance et de la transgression, tout en soulignant l'importance de la vérité.

Iblis était à l'origine un Jinn pieux et dévoué. Cependant, son orgueil et son arrogance l'ont conduit à désobéir à Dieu. Lorsque Dieu a créé Adam et a ordonné aux Malayka et à Iblis de se prosterner devant Sa création, celui-ci a refusé, arguant qu'il était supérieur à Adam car il était créé à partir d'une *réaction thermonucléaire* alors qu'Adam était créé à partir d'une *réaction atomique*.

Les propos extravagants d'Iblis se réfèrent à ses mensonges et à ses tentatives d'induire en erreur les Humains. Il cherche à semer le doute et la confusion dans leur esprit, en les incitant à transgresser l'Ordre divin et à suivre des voies erronées. En plus de ses mensonges, Iblis profère des blasphèmes contre Dieu, remettant en question Sa sagesse et Son autorité. Ces propos extravagants sont une manifestation de son arrogance et de son refus de se soumettre à la Volonté divine.

L'expression « *l'insensé* [*Iblis*] » est très instructive. Elle met en lumière la nature rebelle et arrogante d'Iblis, tout en rappelant que les Jinn, comme les Humains, ont la capacité de choisir entre l'Ordre et le Désordre. En disant « *des nôtres* », le verset souligne qu'Iblis fait partie des Jinn. Cela rappelle que, bien qu'il soit devenu une figure malfaisante, il était à l'origine une créature vouant une dévotion à toute épreuve à l'encontre de Dieu. En refusant de se conformer à l'Ordre de Dieu et en se rebellant, il a montré son insensibilité et son manque de sagesse.

5 - Contact jinnien protocolaire

a - Procédure jinnienne

Il existe un procédé précis afin d'entrer en contact avec les Jinn. Il s'agit des règles et des conventions que l'humain shaytaniste doit suivre. Ceux-ci décrivent les conditions et le déroulement précis pour communiquer avec les Jinn.

- *Rituels et incantations protocolaires*

Les rituels et incantations utilisés pour entrer en contact avec les Jinn sont souvent très complexes et nécessitent une connaissance approfondie des pratiques occultes. Ce sont des cérémonies ou des actions répétées de manière précise pour invoquer ou communiquer avec les Jinn. Les incantations peuvent être des formules verbales récitées dans une langue ancienne ou sacrée. Les rituels peuvent impliquer des gestes spécifiques, des offrandes, ou des actions symboliques. Ces incantations et rituels sont souvent transmises de maître à disciple et ne sont pas accessibles au grand public.

- *Cercle restreint d'initiés : les Shaytanistes*

Ces pratiques ne sont connues que d'un cercle très restreint d'humains qui ont accès à ces pratiques : les *shaytanistes*. Elles ne sont pas largement diffusées ou connues du grand public. Les shaytanistes sont donc des individus qui s'opposent à l'Ordre divin et utilisent ces pratiques pour leurs propres fins. Ils peuvent chercher à obtenir du pouvoir, de la richesse, ou d'autres avantages en invoquant des entités jinniennes. Cependant, ces pratiques sont dangereuses moralement et spirituellement répréhensibles. Ceux qui connaissent ces pratiques sont des êtres humains mais aussi jinniens qui s'opposent aux lois et à l'Ordre établi par Dieu. Ils choisissent de suivre une voie contraire aux enseignements divins.

Les pratiques occultes pour entrer en contact avec les Jinn sont connues uniquement par un petit groupe d'individus [Humains et Jinn] appelés shaytanistes, qui suivent les enseignements de Shaytan [Iblis, Jinn] et s'opposent à l'ordre divin.

- *Conséquences des pratiques occultes*

Les conséquences des pratiques occultes [alchimie, magie, divination, et autres pratiques ésotériques] peuvent être variées et souvent imprévisibles. Les praticiens subissent des conséquences spirituelles négatives, telles que la perte de leur connexion avec le divin ou l'augmentation de l'influence des forces maléfiques dans leur vie et surtout leur ruine eschatologique.

Les pratiques occultes liées aux Jinn sont complexes et dangereuses. Elles nécessitent une connaissance approfondie et sont souvent entourées de mystère et de secret. Ainsi, une *procédure jinnienne* est un ensemble de méthodes occultes et rituelles utilisées par un petit groupe d'individus pour entrer en contact avec des entités imperceptibles, avec des conséquences négatives.

b - Les Malayka Harout et Marout

« Ils suivirent ce que racontent les Shayatin quant au règne de Soulayman. Alors que Soulayman ne fut point un dénégateur, mais ce furent les Shayatin qui renièrent. Ils enseignèrent aux humains Sihr [occultisme] et ce qui aurait été révélé aux deux Malayka Harout et Marout à Babylone lesquels n'auraient instruit personne non sans dire : « Nous ne sommes qu'une tentation , ne soit donc point renégat ». Ils n'auraient appris de ces deux-là que de quoi séparer l'homme de son épouse ! Mais ils ne sauraient nuire à quiconque avec ceci sans l'autorisation de Dieu ! ils apprenaient ce qui leur était nuisible et ne leur profitait point alors qu'ils savaient que celui qui fait cet échange n'a aucune part dan l'autre monde, combien est mauvais ce contre quoi ils vendaient leurs Nafs ! Ah s'ils avaient pu savoir » (Coran, 2-102)

- *Contexte historique*

« Ils [Humains] suivirent ce que racontent les Shayatin [Jinn] quant au règne de Soulayman »

Ce passage fait référence à une période où les humains ont été influencés par les Jinn shayatin concernant le règne de Soulayman. Ils ont propagé des mensonges et des superstitions sur lui. Cela indique à quel point les humains peuvent être détournés de la vérité par des forces malfaisantes.

   o *Clarification sur Soulayman*

« Alors que Soulayman ne fut point un dénégateur, mais ce furent les Shayatin qui renièrent »

Soulayman n'était pas un mécréant ou un renégat mais un *nabi* [« *prophète* »][116] et un roi sage. Ce segment de verset rétablit la vérité sur son caractère et défend son intégrité contre les accusations mensongères. Au contraire, ce sont les Jinn shaytanistes qui ont rejeté la Voie divine et ont propagé des mensonges.

   • *Enseignement de l'occultisme*

« Ils enseignèrent aux humains Sihr [occultisme : magie] »

Le terme « *Sihr* » en arabe fait référence à des pratiques magiques qui sont condamnables car elles impliquent

---

[116] *Nabi*. Il s'agit d'une personne choisie par Dieu pour transmettre Ses messages et guider l'humanité. Les prophètes sont envoyés pour rappeler aux gens les enseignements divins et les aider à vivre conformément à la volonté de Dieu. La mission d'un Nabi est d'enseigner, d'exhorter et de guider les humains vers la foi et la droiture. Ils jouent un rôle crucial dans l'orientation morale et spirituelle de leurs communautés. Chaque nabi a reçu des révélations spécifiques et a été chargé de transmettre ces messages à son peuple. Il est important de noter la distinction entre un « *Nabi* » et un « *Raçoul* » [Messager]. Un Raçoul est également un prophète, mais il reçoit une nouvelle loi ou un nouveau livre sacré pour l'humanité, alors qu'un Nabi suit et propage la loi déjà révélée par un Raçoul précédent.

souvent des pactes avec des forces jinniennes. Les Shayatin ont enseigné aux Humains l'occultisme et l'ésotérisme [sorcellerie, magie, etc.], des pratiques réprouvées par Dieu et nuisibles. La magie, la sorcellerie sont une déviation grave à l'Ordre divin et à la moralité.

L'occultisme, ou Sihr, est un ensemble de pratiques et de rituels visant à entrer en contact avec des entités surnaturelles, telles que les Jinn, pour obtenir divers avantages comme le pouvoir, la richesse, ou d'autres privilèges.

Les praticiens de l'occultisme ou *occultistes* cherchent à invoquer ou à communiquer avec des entités imperceptibles, ici les Jinn, [faussement désignés esprits, démons, diables, etc.] afin d'obtenir des connaissances secrètes ou des capacités surnaturelles. Les Jinn, en particulier, sont souvent mentionnés dans les récits et les croyances populaires comme des êtres capables d'influencer le monde matériel et de réaliser les désirs des humains en échange de certains services.

Cependant, il est important de noter que ces pratiques impliquent des forces inconnues et potentiellement malveillantes. L'occultisme est souvent associé à des conséquences négatives pour ceux qui s'y adonnent, tant sur le plan spirituel que matériel.

L'occultisme est effectivement considéré comme un moyen pour les humains de tenter d'obtenir des avantages en invoquant des entités comme les Jinn, mais ces pratiques sont généralement risquées et potentiellement nuisibles spirituellement et eschatologiquement.

Dans l'occultisme, on croit en l'existence de forces ou d'entités invisibles qui peuvent influencer le monde matériel. Ces forces peuvent être des esprits, des énergies ou des entités surnaturelles.

Les pratiques occultes peuvent inclure la magie, la divination, l'alchimie, et l'invocation d'entités comme les Jinn. Ces pratiques visent souvent à obtenir des connaissances secrètes ou à manipuler la réalité pour atteindre des objectifs spécifiques.

Les Jinn peuvent être invoqués pour diverses raisons, comme obtenir des informations, des pouvoirs ou des protections. Les praticiens de l'occultisme cherchent souvent à obtenir des résultats concrets, comme la guérison, la richesse, l'amour, ou la protection contre des dangers.

- *Protocole de Harout et Marout*

L'initiation de Harout et Marout incluait des connaissances ésotériques et des pratiques occultes. Ces dernières sont dangereuses et subversives. Iles deux Malayka mettaient en garde les Humains contre les conséquences de l'utilisation de ces connaissances, soulignant que leur enseignement était une épreuve et une tentation.

L'idée que l'enseignement de Harout et Marout pourrait être utilisé comme un protocole pour entrer en contact avec des Jinn est une réalité dans le contexte des croyances occultes. L'enseignement de Harout et Marout, tel que mentionné dans le Coran, traite de pratiques occultes, permettant le contact avec des entités comme les Jinn.

L'objectif de leur enseignement était de sensibiliser les humains tenter aux dangers et aux conséquences de l'occultisme, tout en leur donnant la liberté de choisir de l'utiliser ou non. Ils enseignaient des « *sorts* » [action jinnienne] qui pouvaient causer des désunions, comme la séparation entre un homme et son épouse, et nuire aux gens. Cependant, ils avertissaient toujours que ces pratiques n'étaient pas bénéfiques réellement et à long terme. L'enseignement de Harout et Marout est une mise en garde contre les dangers de l'occultisme et une leçon sur les conséquences de son utilisation. Nombreuses sont les croyances et les traditions qui associent l'occultisme à des tentatives de communication avec des entités invisibles. Beaucoup de cultures et traditions, l'occultisme et l'ésotérisme sont souvent perçues comme un moyen de contacter et tenter de manipuler des forces invisibles.

- *L'occultisme sujet controversé*

L'occultisme, qui englobe des pratiques comme la magie, la sorcellerie, et la voyance, suscite des opinions divergentes et souvent passionnées. Certaines personnes le considèrent comme une voie vers des connaissances cachées et bénéfiques, tandis que d'autres le voient comme une menace ou une tromperie. Les perceptions et les pratiques de l'occultisme diffèrent largement selon les cultures. Par exemple, ce qui est considéré comme de la magie dans une culture peut être vu comme une pratique spirituelle légitime dans une autre. Les croyances et les traditions locales influencent fortement la manière dont l'occultisme est perçu et pratiqué.

Il existe des individus qui sont convaincues que les pratiques occultes ont des effets réels et tangibles. Elles peuvent avoir des expériences personnelles ou des témoignages qui renforcent leur foi en ces pratiques. Pour ces individus, l'occultisme est une réalité indéniable. D'autres personnes rejettent l'occultisme comme étant des superstitions sans fondement ou des illusions. Elles peuvent attribuer les expériences occultes à des phénomènes psychologiques, des coïncidences, ou des fraudes. Pour ces sceptiques, l'occultisme n'a aucune base scientifique ou rationnelle. Quoi qu'il en soit, ni les croyants, ni les sceptiques n'ont une compréhension complète ou correcte de l'occultisme. Cela peut impliquer que la vérité sur l'occultisme est plus complexe et nuancée que ce que les deux camps croient. Il se peut que les croyants surestiment les pouvoirs de l'occultisme, tandis que les sceptiques sous-estiment les aspects culturels et psychologiques qui le rendent significatif pour certains.

. Jinn et diverses appellations. Les occultistes visent à entrer en contact avec des entités dites spirituelles, c'est à dire une essence ou un être immatériel incluant les esprits, les âmes des défunts, les anges, les diables, les démons. Cependant toutes ces appellations font référence aux manifestations d'une seule entité : le Jinn.

- *Sort et effet « magique »*

Le « *sort* » est une formule magique ou un ensemble de mots et de gestes utilisés dans les pratiques occultes pour produire un effet spécifique. Lancer un sort, c'est utiliser ces mots et gestes pour tenter d'influencer le monde ou les personnes de manière surnaturelle.

Par définition : « *Un sort est une incantation ou un rituel destiné à produire un effet « magique ». Cela peut inclure des paroles, des gestes, et parfois l'utilisation d'objets spécifiques* ». « *Lancer un sort* » : signifie « *réciter ou exécuter une formule magique dans le but d'obtenir un résultat particulier, comme la guérison, la protection, ou même l'influence sur les émotions ou les actions d'une personne* ».

Les sorts sont souvent considérés comme un moyen de concentrer l'intention et l'énergie d'une personne pour manifester un désir ou un objectif spécifique.

L'idée que « *lancer un sort* » ou « *produire un effet magique* » implique de faire appel aux actions des Jinn repose sur certaines croyances occultes et spirituelles. Les Jinn à qui on attribue des pouvoirs surnaturels peuvent être invoqués par des praticiens de l'occultisme pour accomplir des tâches ou produire des effets « *magiques* ». Lorsqu'un occultiste lance un sort, il utilise des incantations, des gestes et parfois des objets spécifiques pour entrer en contact avec des entités comme les Jinn, afin d'obtenir un résultat souhaité.

Les actions jinniennes s'effectuent dans notre Univers matériel. En invoquant ces entités, les praticiens de l'occultisme espèrent que les Jinn influenceront des événements ou des personnes de manière invisible mais tangible. Les occultistes sont convaincus que les Jinn ont des pouvoirs et que les sorts et les effets magiques sont des moyens de solliciter leur aide pour obtenir des résultats concrets dans le monde réel.

- *Révélation à Harout et Marout*

« et ce qui aurait été révélé aux deux Malayka Harout et Marout à Babylone »

Harout et Marout sont deux Malayka envoyés à Babylone pour tester les Humains en leur enseignant le Sihr [occultisme, ésotérisme], mais avec un avertissement celui des dangers et des conséquences de ces pratiques. Leur mission était de mettre à l'épreuve leur conviction divine.

D'un point de vue coranique, le Sihr ou l'occultisme est considéré comme un procédé enseigné aux humains par Harout et Marout à Babylone pour entrer en contact avec les Jinn. Ces enseignements incluaient des connaissances ésotériques et subversives qui étaient utilisées pour des fins malveillantes. En effet, l'occultisme est souvent associé à la recherche de pouvoir, de richesse ou d'autres avantages en invoquant les entités jinniennes.

Dans l'occultisme, on croit en l'existence de forces ou d'entités invisibles qui peuvent influencer le monde matériel. Ces forces peuvent être des esprits, des énergies ou des entités surnaturelles.

Les pratiques occultes visent souvent à obtenir des connaissances secrètes ou à manipuler la réalité pour atteindre des objectifs spécifiques.

o *Avertissement des Malayka*

« lesquels n'auraient instruit personne non sans dire : « Nous ne sommes qu'une tentation, ne soit donc point renégat » »

Harout et Marout avertissaient clairement les Humains qu'ils étaient une épreuve et qu'ils ne devaient pas renier leur foi en apprenant l'occultisme. Les Malayka n'avaient aucune intention de nuire, mais de les éprouver. Ils mettaient en garde contre les dangers spirituels de l'occultisme et de l'ésotérisme et soulignaient que leur enseignement était une épreuve divine.

o *Conséquences de l'apprentissage de l'occultisme*

« Ils n'auraient appris de ces deux-là que de quoi séparer l'homme de son épouse »

Le Sihr enseigné par Harout et Marout avait des effets destructeurs, comme influer sur les causes de la séparation des couples. Cela illustre les conséquences néfastes de l'occultisme sur les relations humaines. La séparation de l'homme et de son épouse est un exemple de la manière dont Sihr peut détruire des liens familiaux et sociaux.

• *Limitation du pouvoir de l'occultisme*

« Mais ils ne sauraient nuire à quiconque avec ceci sans l'autorisation de Dieu »

Les activités occultes ou rituels ésotériques [Sihr], visant à influencer des événements ou des individus de manière surnaturelle ne peuvent nuire sans la permission de Dieu.

Ainsi, même les pratiques occultes, censées être puissantes et redoutées, sont sous le contrôle et l'autorité de Dieu. Rien ne peut se produire, même dans le domaine de l'occulte, sans l'autorisation divine.

Dieu a le pouvoir suprême et absolu sur toutes choses. Sa volonté prévaut sur tout, qu'il s'agisse du naturel ou du surnaturel. C'est une affirmation de la toute-puissance et du contrôle total de Dieu sur les Univers. Toute aptitude, incluant toutes les compétences et pouvoirs, qu'ils soient ordinaires ou extraordinaires est soumise à la volonté de Dieu. En d'autres termes, les « *capacités* » et les « *pouvoirs* » des individus, y compris ceux des praticiens du Sihr, ne peuvent opérer indépendamment ou en dehors de la Volonté divine.

Dieu est le gardien suprême, capable de protéger contre tous les maux, y compris ceux issus des pratiques occultes. Sa protection est infaillible et omnipotente. Absolument aucun événement, action ou phénomène ne peut avoir lieu sans que Dieu l'ait voulu ou permis.

L'expression « *Sa volonté* » met l'accent sur le fait que la volonté de Dieu est le facteur déterminant de tout ce qui se passe dans les Univers. Cela inclut l'Ordre, le Désordre, les phénomènes naturels et ce que l'on nomme surnaturels.

Ce verset intensifie la suprématie et l'autorité totales de Dieu sur toute chose, y compris les pratiques occultes. Il met en lumière que toute forme de pouvoir ou d'aptitude, même celles que l'on pourrait considérer comme nuisibles ou maléfiques, ne peut agir sans l'approbation divine. Cette perspective renforce l'idée que Dieu est l'ultime protecteur et souverain, assurant que rien ne se produit sans Sa volonté. C'est un rappel puissant de la conviction en la protection divine et en la prééminence de la volonté de Dieu sur toutes les forces des Univers.

- *Nuisance et inutilité des pratiques occultes*

« ils apprenaient ce qui leur était nuisible et ne leur profitait point »

Les humains apprenaient des pratiques qui leur étaient néfastes et qui ne leur apportaient aucun bénéfice réel. Ainsi, le Sihr révèle son absurdité et sa dangerosité. Les pratiques occultes sont définies comme étant fondamentalement nuisibles et sans valeur réelle. L'occultisme est perçu différemment selon les cultures et les époques. Dans certaines cultures, il est respecté et intégré dans les traditions spirituelles, tandis que dans d'autres, il est craint et associé à des pratiques dangereuses ou condamnées.

o *Conséquences eschatologiques*

« alors qu'ils savaient que celui qui fait cet échange n'a aucune part dans l'autre monde »

Ceux qui choisissent le Sihr en échange de leur conviction divine n'auront aucune part dans l'au-delà, soulignant la gravité de leur choix. C'est une mise en garde contre les conséquences de l'occultisme. L'échange de la foi contre des pratiques occultes est présenté comme un acte de grande folie et de perte spirituelle.

o *Regret et ignorance*

« combien est mauvais ce contre quoi ils vendaient leurs Nafs ! Ah s'ils avaient pu savoir »

Le passage se termine par une lamentation sur l'ignorance des Humains qui échangent leur Nafs pour des pratiques nuisibles, sans réaliser les conséquences désastreuses de leurs actions. Ce dernier segment du verset 2-102 exprime un regret profond pour ceux qui se laissent séduire par l'occultisme [magie, sorcellerie, etc.]. Le terme « *Nafs* » fait référence à l'essence de l'individu, et troquer son Nafs pour des pratiques occultes est considéré comme un acte de grande perte et de regret lors de la *Rencontre universelle*.

• *Jinn aucun pouvoir*

. *Les Jinn n'ont aucun pouvoir si ce n'est qu'ils sont imperceptibles, puissants, rapides, et vivent longtemps.* Les Jinn sont de nature plasmatique, ce qui les rend imperceptibles aux humains. Cette imperceptibilité leur permet de se déplacer et d'agir sans être détectés. Leur puissance physique et leurs capacités sont incomparables à celles des Humains. Un Jinn peut accomplir des tâches qui seraient impensables pour des humains. Les Jinn peuvent se déplacer à des vitesses inouïes, ce qui leur permet de parcourir de très grandes distances en un temps très court. Ils peuvent également effectuer des déplacements inter-Univers. Les Jinn ont une longévité beaucoup plus longue que celle des humains, ce qui leur permet d'accumuler une grande quantité de connaissances et d'expériences au fil du temps.

. *Lorsqu'ils sont invoqués par les humains selon le protocole enseigné par Harout et Marout.* Les humains peuvent invoquer les Jinn et entrer en contact avec eux en utilisant des rituels spécifiques, souvent impliquant des incantations ou des objets symboliques. Harout et Marout sont deux Malayka mentionnés dans le Coran qui ont enseigné à certains humains des pratiques occultes pour invoquer les Jinn. Il s'agit d'un ensemble de règles et de procédures pour accomplir ces tâches occultes : le « *Protocole de Harout et Marout* ». Cependant, ce Protocole comporte des risques et une mise en garde.

. *Leurs actions paraissent être magiques, surnaturelles aux yeux des praticiens de l'occultisme.* Les capacités des Jinn inhérentes à leur nature, telles que leur imperceptibilité, leur puissance ou leur célérité, peuvent sembler magiques ou surnaturelles aux yeux des humains. Les praticiens de l'occultisme [magie, sorcellerie, voyance, divination, etc.] interprètent ces capacités comme des manifestations de pouvoirs mystiques. Ils demandent l'aide des Jinn pour accomplir des tâches ou obtenir des informations, croyant que les Jinn possèdent des pouvoirs surnaturels.

. *En vérité les Jinn n'ont aucun pouvoir comme le prétend les Traditions, les cultures populaires et le folklore.* Selon le Message coranique, les Jinn n'ont pas de pouvoirs surnaturels intrinsèques. Ils sont simplement des créatures avec des capacités différentes de celles des humains. Les récits populaires et les légendes attribuent souvent des pouvoirs extraordinaires aux Jinn, tels que la capacité de réaliser des vœux, de prédire l'avenir ou de contrôler les éléments. Leurs capacités à accomplir des actions qui dépassent ce qui est considéré comme possible dans le monde naturel sont souvent enveloppées dans un halo de mystères et sont vues comme de la magie.

Les humains ne pouvant expliquer ces phénomènes de manière rationnelle ou scientifique, les considèrent comme des manifestations de forces magiques ou surnaturelles. En d'autres termes, ce que l'humain ne comprend pas ou ne peu expliquer de façon logique est souvent attribué à la magie, au paranormal.

Au final, les Jinn, bien qu'ayant des caractéristiques impressionnantes, n'ont pas de pouvoirs magiques intrinsèques. Leur perception comme entités magiques est due à l'imaginaire et aux malentendus culturels et folkloriques.

- *Motivation des occultistes et rôles des Jinn*

. Attrait des pratiquer occultes. Beaucoup d'individus sont attirés par les pratiques occultes en raison de la promesse de pouvoir personnel, qu'il s'agisse de pouvoir sur les autres, de contrôle sur des événements, ou de capacités surnaturelles. La curiosité et le désir de comprendre des mystères cachés peuvent également pousser certaines personnes à explorer l'occultisme. Elles cherchent à découvrir des vérités cachées et à acquérir des connaissances ésotériques. Une autre raison de se tourner vers les pratiques occultes est celle de résoudre des problèmes personnels, comme des maladies, des difficultés financières, ou des conflits relationnels.

. *Rôle des entités jinniennes.* Les entités telles que les Jinn [assimilés aux esprits, démons, diables, etc.] sont perçues comme des intermédiaires capables d'offrir des pouvoirs ou des connaissances que les humains ne peuvent pas obtenir par eux-mêmes. Dans certaines traditions occultes, il est courant de faire des offres ou des pactes avec ces entités en échange de leurs faveurs. Cela peut inclure des rituels, des sacrifices, ou d'autres formes de dévotion comme le Shaytanisme.

o *Rejet de Dieu*

Les praticiens de l'occulte peuvent être motivés par un désir de se rebeller contre l'Ordre divin ou de chercher des solutions indépendamment de Dieu. Ils peuvent croire que les entités imperceptibles sont plus accessibles ou plus disposées à répondre à leurs demandes. Les croyances personnelles jouent un rôle crucial. Certains peuvent ne pas croire en un Dieu bienveillant ou accessible, ou peuvent avoir des expériences qui les ont éloignés de la Voie divine.

o *Conséquences et risques*

S'adonner aux pratiques occultes a des conséquences destructrices sur le Nafs et donc une dévastation spirituelle et morale ici bas et une ruine eschatologique. Les pratiques occultes peuvent également entraîner des risques psychologiques et physiques, tels que des troubles mentaux, des dépendances, ou des dangers physiques liés aux rituels. Les motivations pour les pratiques occultes sont variées et peuvent inclure la recherche de pouvoir, la rébellion à l'Ordre divin et la résolution de problèmes personnels. Selon les adeptes de l'occultisme, les créatures « *invisibles* » [entités spirituelles : démon, diable, esprit, etc.] jouent un rôle central en tant qu'intermédiaires capables d'offrir des faveurs en échange de dévotion ou de sacrifices. Cependant, ces pratiques comportent des risques et des conséquences dramatiques.

b - Phénomène de possession

• *Définition*

La *possession* est souvent décrite comme un phénomène où une entité spirituelle, comme un *esprit*[117] ou un *démon*[118], prend le contrôle d'un individu. Cela peut se manifester par des comportements inhabituels, des changements de personnalité, voire des capacités physiques ou linguistiques étonnantes. Dans plusieurs cultures et religions, ce concept est associé à des pratiques exorcistes pour libérer l'individu de l'entité.

• *Possession dans différentes cultures et religions*

. *Traditions religieuses*. Dans de nombreuses religions, la

---

[117] *Esprits*. Entité immatérielle et surnaturelle. Il s'agit des âmes des défunts. Dans de nombreuses traditions, les esprits sont considérés comme les âmes des personnes décédées qui n'ont pas trouvé le repos ou qui ont des affaires non résolues. Dans le *Chamanisme*, les esprits peuvent être associés à des éléments naturels comme des rivières, des montagnes ou des arbres.

[118] *Démon*. C'est une entité souvent perçue comme malveillante. Dans le *Christianisme*, les démons sont souvent associés à Satan, Lucifer et sont considérés comme des forces du mal qui tentent de détourner les humains du chemin de Dieu.

possession est considérée comme une prise de contrôle par un esprit ou un démon. Dans le christianisme, on pense souvent que les démons peuvent posséder les humains, et des rites d'exorcisme sont utilisés pour les expulser. Pour les adeptes de l'Islam, les Jinn peuvent aussi posséder les personnes, et des prières spécifiques sont utilisées pour les chasser.

. *Rites d'exorcisme*. Ces pratiques diffèrent énormément. Dans le christianisme, par exemple, les exorcismes sont des rituels où un prêtre prie et utilise des objets sacrés pour libérer la personne possédée. Dans d'autres cultures, des chamanes ou des guérisseurs peuvent utiliser des chants, des danses, et des herbes médicinales.

- *Perspective historique et culturelle*

. *Interprétations culturelles*. La façon dont les phénomènes de possession sont interprétés varie selon les cultures. Dans certaines sociétés, ce qui est considéré comme de la « *possession* » peut être vu comme une forme de communication divine ou un état de transe chamanique. Ces interprétations sont souvent influencées par les croyances et les traditions locales.

. *Historique*. Historiquement, les descriptions de possession sont présentes dans de nombreux textes anciens, des écrits bibliques aux chroniques médiévales. Ces récits montrent que la croyance en la possession a été un moyen de comprendre des comportements humains inexplicables avant le développement de la *psychiatrie*[119] et de la *psychologie*[120] moderne.

- *Point de vue scientifique*

Ce qui est appelée la « *possession* » est souvent interprétée à travers le prisme de la psychologie et de la psychiatrie, plutôt que comme un phénomène surnaturel.

- *Explications psychiatriques/psychologiques*

. *Troubles dissociatifs.* Les scientifiques pensent que ce qui est souvent perçu comme une possession pourrait en réalité être un *Trouble Dissociatif* de l'*Identité* [TDI]. Le TDI est

---

[119] *Psychiatrie.* Les psychiatres sont des médecins, donc ils doivent compléter une formation médicale générale avant de se spécialiser en psychiatrie. Les psychiatres peuvent prescrire des médicaments pour traiter les troubles mentaux. Ils peuvent aussi offrir des thérapies psychologiques, mais leur capacité à prescrire des médicaments les distingue souvent. La psychiatrie a tendance à se concentrer sur les aspects biologiques et neurologiques des troubles mentaux. Les traitements peuvent inclure des interventions médicales comme la pharmacothérapie [utilisation de médicaments], la thérapie électroconvulsive [ECT] et d'autres approches médicales.

[120] *Psychologie.* Les psychologues suivent une formation en sciences humaines et sociales, et non en médecine. Ils obtiennent généralement un diplôme de licence, de maîtrise, et/ou de doctorat en psychologie. Les psychologues ne peuvent pas prescrire de médicaments. Ils utilisent principalement des thérapies psychologiques et des techniques de conseil pour aider les individus. La psychologie se concentre souvent sur les aspects émotionnels, comportementaux, cognitifs et sociaux des troubles mentaux. Les psychologues utilisent des méthodes telles que la thérapie cognitivo-comportementale [TCC], la psychanalyse, la thérapie humaniste, etc.

caractérisé par la présence de deux ou plusieurs identités ou personnalités distinctes qui prennent alternativement le contrôle du comportement de la personne. Ces identités peuvent avoir leurs propres manières de parler, souvenirs et comportements, ce qui peut être interprété comme une influence extérieure. Cela peut donner l'impression qu'une entité extérieure a pris le contrôle.

. *Trouble de la Dépersonnalisation/Déréalisation.* Ces troubles impliquent des expériences persistantes ou récurrentes de dépersonnalisation [sentiment de détachement de son propre corps ou de ses processus mentaux] et de déréalisation [sentiment que le monde extérieur est irréel]. Les individus affectés peuvent sembler agir de manière étrange ou inattendue, ce qui peut être confondu avec des signes de possession.

. *État de transe et de possession. Transe dissociative.* Dans certains cas, les états de transe peuvent être provoqués par des pratiques rituelles ou des expériences de stress extrême. Pendant ces états, les individus peuvent afficher des comportements, des gestes et des vocalisations inhabituelles que les personnes ou les observateurs peuvent interpréter comme une possession. La culture et les croyances personnelles jouent un rôle clé dans la manière dont ces états sont interprétés.

. *Impact du contexte culturel.* Dans des environnements où la croyance en la possession est forte, les comportements dissociatifs peuvent être interprétés à travers ce prisme culturel. Les rituels de guérison ou d'exorcisme peuvent ainsi avoir un effet placebo puissant, en aidant l'individu à se réintégrer mentalement et émotionnellement.

- *Perspective culturelle et sociale*

. *Influences culturelles.* La manière dont les symptômes de possession sont interprétés peut être grandement influencée par les croyances culturelles et religieuses. Dans certaines cultures, des comportements qui pourraient être interprétés comme des troubles mentaux sont vus comme des signes de possession spirituelle.

. *Événements et récits partagés.* Les récits de possession sont souvent amplifiés par les traditions orales et écrites, contribuant à la persistance de ces croyances dans diverses cultures. Les scientifiques examinent comment ces récits influencent les perceptions et les comportements des individus dans ces cultures.

- *Facteurs neurobiologiques*

. *Activité cérébrale.* Des études utilisant l'*Imagerie par Résonance Magnétique fonctionnelle* [IRMf] ont montré que les personnes atteintes de TDI peuvent présenter des schémas d'activation cérébrale distincts lorsqu'elles passent d'une identité à une autre. Cela suggère que ces changements ne sont pas simplement des fabrications, mais qu'ils ont une base neurobiologique.

. *Réponse au stress : mécanismes de défense.* Le cerveau humain réagit au stress et aux traumatismes de manière complexe. Il possède des mécanismes complexes pour protéger l'individu face à des stress ou des traumatismes sévères. Ces mécanismes peuvent inclure des comportements dissociatifs, où l'individu semble déconnecté de la réalité ou agir de manière non habituelle. Les mécanismes de défense psychologique, comme la dissociation, permettent à l'individu de se protéger mentalement contre des expériences insupportables. Ces mécanismes peuvent créer l'illusion d'une entité séparée contrôlant le comportement.

- *Influence des facteurs psychosociaux*

. *Effet placebo et rituel.* Les rituels de guérison ou d'exorcisme peuvent avoir un effet thérapeutique en fournissant un cadre pour exprimer des émotions refoulées et en recevant un soutien social. Ces expériences peuvent aider la personne à retrouver un sentiment de contrôle et de cohérence.

. *Stigmatisation et perception.* Les comportements dissociatifs peuvent être exacerbés par la stigmatisation et les attentes culturelles. Dans des contextes où la possession est une explication acceptée, les symptômes peuvent être amplifiés par la peur et les croyances de la personne affectée et de son entourage.

La science tente de démystifier les phénomènes de possession en les expliquant par des processus psychologiques, biologiques et culturels en rejetant les explications surnaturelles. C'est un domaine où la science tente de comprendre des expériences humaines complexes à travers la médecine et le contexte socioculturel.

- *Nature plasmatique des Jinn - Rappel*

. Imperceptibilité et puissance. En postulant que les Jinn sont de nature plasmatique, cela signifie qu'ils seraient composés d'une matière similaire au plasma, qui est un état de la matière très énergétique. Une entité de nature plasmatique serait dotée de propriétés uniques comme détenir des capacités puissantes et manipuler cette énergie pour accomplir des actions extraordinaires : influencer des objets matériels, créer des perturbations électromagnétiques ou être imperceptibles à l'œil humain.

. Célérité et longévité extrême. Le plasma, étant constitué de particules chargées, peut se déplacer très rapidement et réagir rapidement aux champs électromagnétiques. Cette rapidité permet aux Jinn de traverser de grandes distances en un temps très court ou de réaliser des traversées inter-Univers, expliquant leur capacité à apparaître et disparaître soudainement. Le plasma, étant une forme énergétique très stable dans certaines conditions, pourrait permettre à ces entités de vivre très longtemps. Contrairement aux organismes biologiques, ils ne vieilliraient pas de la même manière.

- *Influence à distance*

. Interaction avec les humains. Les humains étant de nature atomique émettent des champs électromagnétiques, notamment à travers l'activité cérébrale. Les Jinn étant plasmatiques pourraient interagir avec les premiers à distance en influençant leurs champs électromagnétiques. Par exemple, un Jinn pourrait potentiellement interférer avec les

signaux neuronaux ou les champs électriques du corps humain en les perturbant ou en les modifiant.

. *Manipulation des pensées et émotions.* En interagissant avec les champs électromagnétiques du cerveau, les Jinn pourraient influencer les pensées ou les émotions spécifiques chez les humains, sans avoir besoin d'une « *possession* » physique au sens traditionnel.

. *Possession à distance.* Plutôt que de contrôler physiquement un corps humain, les Jinn perturbent les signaux neuronaux. En modifiant les champs électromagnétiques autour du cerveau humain, les Jinn pourraient perturber les signaux électriques qui régulent les fonctions cérébrales, provoquant des changements de comportement ou des perceptions inhabituelles. Ainsi, ils peuvent exercer une forme de « *possession* » en influençant le système nerveux à distance perçue comme une manipulation externe surnaturelle.

o *Contraste avec les interprétations religieuses*

. *Possession physique - Influence énergétique.* La conception traditionnelle des croyances religieuses décrivent souvent la possession comme l'incursion par une entité spirituelle [*Esprit, Démon, Diable, Âme*] dans le corps humain, contrôlant directement les actions et paroles. L'approche plasmatique propose une influence plus subtile et distante, sans invasion corporelle.

- *Effets plasmatiques des Jinn*

Le plasma est un état de la matière où les atomes sont tellement énergisés qu'ils se séparent en électrons libres et ions. Il est extrêmement chaud et énergique, comme on le voit dans les éclairs ou le soleil. Les Jinn seraient donc composés de particules chargées en constante interaction, produisant une grande quantité d'énergie : le *plasma*.

   o *Intrusion destructrice*

. *Interaction physique avec le corps humain.* Si une entité de nature plasmatique tentait de s'introduire dans un corps humain, les conséquences seraient dévastatrices en raison des propriétés du plasma. En effet, la chaleur et l'énergie du plasma pourraient détruire les cellules et tissus biologiques.

. *Température extrême.* Le plasma peut atteindre des températures de milliers de degrés Celsius. Une telle chaleur est bien au-delà de ce que le corps humain peut supporter. La chaleur intense du plasma brûlerait instantanément les tissus biologiques humains.

. *Conduction électrique.* Le plasma est composé de particules ionisées, ce qui le rend hautement conducteur. Cela signifie qu'il peut interagir avec des champs électromagnétiques.

. *Endommagement des tissus biologiques.* Le plasma est extrêmement chaud, souvent plusieurs milliers de degrés. Un contact avec du plasma brûlerait instantanément les tissus biologiques, vaporiserait les fluides corporels et dissocierait les molécules, littéralement « *atomisant* » le corps humain. En d'autres termes, ce dernier serait désintégré en ses composants atomiques. En d'autres termes, le plasma, à cause de sa haute énergie, pourrait décomposer les tissus biologiques en atomes, détruisant complètement la structure cellulaire et moléculaire du corps. Cela illustre à quel point le contact avec le plasma pourrait être destructeur.

Le plasma, en tant que gaz ionisé, possède une énergie suffisante pour arracher des électrons aux atomes et molécules qu'il rencontre. Ce processus, appelé *ionisation*, transforme les molécules biologiques en ions, ce qui peut entraîner leur décomposition.

. *Ionisation*. Lorsque le plasma entre en contact avec les molécules biologiques, il peut arracher des électrons de ces molécules, les transformant en ions. Ce processus modifie la structure chimique des molécules, les rendant instables.

. *Décomposition*. Les molécules ionisées sont généralement très réactives et peuvent se décomposer en composants plus simples. Par exemple, les protéines, les lipides et les acides nucléiques dans les cellules humaines peuvent se fragmenter en acides aminés, acides gras et nucléotides respectivement.

. *Dommages cellulaires*. La décomposition des molécules biologiques entraîne des dommages cellulaires importants. Les cellules ne peuvent plus fonctionner correctement et finissent par mourir. Cela explique pourquoi une interaction directe avec du plasma serait destructrice pour les tissus biologiques. Le plasma, en ionisant les molécules biologiques, provoque leur décomposition, ce qui peut entraîner des dommages cellulaires graves et la destruction des tissus. C'est pourquoi une influence jinnienne à distance, sans contact physique direct, serait nécessaire pour éviter de tels dommages.

- *Manipulation à distance*

. *Influence à distance.* Plutôt que de pénétrer physiquement, les Jinn exerceraient leur influence en interagissant avec les champs électromagnétiques autour du corps humain.

. *Champs électromagnétiques et cerveau.* Le cerveau humain utilise des signaux électriques pour fonctionner. En perturbant ces signaux à distance, les Jinn pourraient théoriquement manipuler les pensées, émotions et comportements sans toucher physiquement la personne.

o *Evitement des dommages physiques*

. *Aucune interaction physique directe.* En influençant à distance, les Jinn évitent tout contact direct qui pourrait causer des dommages physiques.

. *Manipulation subtile et sûre.* Cette méthode permet une influence plus subtile et précise, en évitant les conséquences destructrices d'une possession physique.

. *Absence de dommages physiques.* La nature plasmatique des Jinn éviterait toute destruction atomique ou biologique, car ils n'envahiraient pas physiquement l'espace corporel humain.

- *Phénomène de « possession » - Application théorique*

Pourvus d'une nature plasmatique, les Jinn qui influencent les humains à distance offrent une perspective qui permet d'expliquer comment ces entités interagissent avec le monde matériel de manière sûre et non destructrice.

. *Harmonisation des concepts coraniques et modernes.* Cette méthode combine des concepts modernes de la physique [comme le plasma et les champs électromagnétiques] avec la Révélation coranique, créant une nouvelle perspective pour comprendre les interactions entre les humains et les entités comme les Jinn avec le monde matériel.

. *Implications pratiques.* Cette théorie ouvre de nouvelles perspectives sur la manière dont les entités telles que les Jinn pourraient interagir avec le monde matériel. En acceptant l'idée que les Jinn peuvent influencer à distance, cela pourrait expliquer certains phénomènes inexplicables par des moyens conventionnels, tout en harmonisant des concepts coraniques et scientifiques.

En postulant que les Jinn sont de nature plasmatique, nous obtenons une explication fascinante et plausible de la manière dont ils peuvent influencer les Humains à distance. Cette théorie permet de faire la lumière sur le phénomène de « *possession* » avec les connaissances modernes en physique et en neurosciences, offrant une nouvelle perspective sur un phénomène ancien et mystérieux longtemps laissé au surnaturelle, à la magie et aux traditions folkloriques.

A la lumière de cette étude, en fusionnant ces idées, nous obtenons une image de Jinn capables d'influencer les Humains à distance, de manière subtile et non destructrice, en exploitant leur nature plasmatique et les interactions électromagnétiques. Cela offre une manière innovante de comprendre les récits de possession et d'interactions spirituelles à travers une lentille scientifique.

c - Babylone haut-lieu des pratiques occultes et ésotériques

- *Histoire*

Babylone, fondée au 3e millénaire avant notre ère, a connu son apogée sous le règne de Nabuchodonosor II. C'était une ville prospère et puissante, connue pour ses jardins suspendus, considérés comme l'une des Sept Merveilles du monde antique. Babylone était un haut lieu de l'occultisme et de l'ésotérisme dans l'Antiquité. Située sur les rives de l'Euphrate, dans l'actuel Irak, Babylone était une ville ancienne célèbre pour sa grandeur et son influence architecturelle et culturelle. Elle a été un centre de civilisation, de commerce et de culture pendant des millénaires.

Babylone était connue pour ses nombreuses pratiques religieuses complexes et son panthéon de dieux et de déesses. Les Babyloniens pratiquaient diverses formes d'occultisme [divination, magie, sorcellerie, divination, etc.] et de rituels religieux[121].

---

[121] J.A. BLACK & A. GREEN, « Gods, Demons and Symbols of AncientMesopotamia », Edit. University of Texas Press, Texas, 1992.

- *Occultisme et ésotérisme*

Les Babyloniens utilisaient des pratiques occultes et magico-religieux complexes pour diverses raisons, y compris la guérison, la protection et la divination. Ces pratiques étaient souvent intégrées dans leur religion et leur culture[122]. Les anciens Babyloniens avaient des rituels et des croyances qui impliquaient des divinations [lecture des entrailles d'animaux ou l'observation des astres], des exorcismes et des interactions avec des entités « *spirituelles* ». Les prêtres astrologues analysaient les mouvements des étoiles et des planètes pour prédire les événements futurs. Cette connaissance était considérée comme ésotérique, réservée à une élite formée. La magie faisait partie intégrante de leur vie quotidienne, utilisée pour protéger contre les maladies ou les mauvais esprits. Ces pratiques occultes étaient souvent secrètes et réservées à des prêtres spécialisés. Les Babyloniens possédaient des textes mystiques qui étaient transmis de génération en génération parmi les prêtres. Ces textes contenaient des formules magiques et des récits mythologiques, souvent liés à des dieux et des esprits. Babylone a produit de nombreux textes occultes et ésotériques, qui ont influencé les traditions occultes ultérieures. Ces textes contenaient des instructions pour des rituels, des incantations et des pratiques magiques. Les prêtres babyloniens étaient des experts dans ces domaines et utilisaient leurs connaissances pour influencer les décisions politiques et sociales.

---

[122] G. Leick, « The A to Z of Mesopotamia », Edit. Scarecrow Press, London, 2010.

- *Influence sur les traditions occultes*

Les connaissances occultes et ésotériques de Babylone ont été transmises à travers les âges et ont influencé l'occultisme en Occident. Par exemple, les pratiques magiques babyloniennes ont influencé l'alchimie et la magie médiévale en Europe.

Les mythes et les symboles babyloniens, tels que la déesse Babalon, ont été intégrés dans diverses traditions ésotériques et occultes, y compris celles développées par des figures comme A. Crowley [1875-1947][123].

Babylone était le lieu par excellence de l'occultisme et de l'ésotérisme dans l'Antiquité. Ce n'est pas un hasard que les Malayka Harout et Marout ont dispensé leur enseignement dans cette cité. Ses pratiques magiques et ses textes ésotériques ont eu une influence durable sur les traditions occultes et ésotériques à travers les âges.

d - Pouvoir divin et capacités jinniennes

« Puis, quand Nous décidâmes sa mort, rien ne leur indiqua si ce n'est « la bête de la terre' [dabbat al-ard], qui rongea son sceptre. Puis lorsqu'il s'effondra, il apparut clairement aux Jinn que s'ils avaient la moindre connaissance des arcanes divins imperceptibles [Rhaiyb], ils n'auraient pas prolongé leur supplice humiliant [de la servitude]. » (34-14)

---

[123] A. CROWLEY, « The Book of the Law [Le Livre de la Loi »] », Edit. Red Wheel/Weiser Books, Boston, MA/York Beach, ME, 1938.

- *La mort de Soulayman*

Dieu a décidé du moment de décès de Soulayman. La mort de cette figure était un événement planifié et déterminé par cette autorité supérieure. Il s'agit d'un acte programmé et non d'une coïncidence ou d'un accident.

o *Le sceptre rongé*

Les Jinn présents n'ont pas remarqué immédiatement la mort en l'absence de signes visibles ou évidents. « *Dabbat al-ard* » littéralement « *la bête de la terre* », une « *créature terrestre* » capable de ronger un sceptre qui joue un rôle clé dans la révélation de l'événement. Elle symbolise la nature subtile et discrète des signes divins. Cela ne peut pas être un rongeur de type rat ou souris qui sont trop visibles. Il ne reste qu'un insecte, un *termite*[124] ou un *ver*[125] capable de mastiquer ou grignoter. Donc, une petite créature discrète comme un termite ou un ver serait responsable de cette lente érosion du sceptre. Le sceptre, symbole de pouvoir et d'autorité, était rongé progressivement par cette créature. Au-delà de l'aspect casuel, cela symbolise la fragilité des pouvoirs terrestres face aux forces naturelles ou divines. Ce rongeage montre aussi la lente révélation de la vérité cachée. Même les plus grands pouvoirs fût-ce ceux de Soulayman peuvent être discrètement érodés par des forces apparemment insignifiantes.

---

[124] *Termites*. Ces petits insectes sont connus pour leur capacité à ronger le bois, ce qui pourrait correspondre à un sceptre s'il est en bois.
[125] *Vers*. Certains vers, comme les larves de coléoptères ou les vers de bois, peuvent aussi creuser et ronger à travers des matériaux organiques.

L'effondrement physique de Souleymane rend finalement sa mort visible l'aux autres. Ce moment marque la reconnaissance physique et visible de la mort qui n'était pas immédiatement apparente jusqu'à ce que sceptre qui soutenait son bras soit affaibli ou endommagé par la créature rongeant le sceptre.

- *Ignorance jinnienne*

La dernière partie du verset révèle que les Jinn réalisèrent que quelque chose d'important s'est passé. Leur perception limitée est mise en lumière. La prise de conscience tardive des Jinn souligne leur limitation fondamentale. Bien qu'ils soient souvent perçus comme des êtres puissants et mystérieux, ils n'ont ni la possession, ni l'accès au savoir ultime ou omniscient : le *Rhaiyb divin*, c'est à dire aux connaissances de l'inconnu ou aux vérités absolues du domaine du divin. Leur ignorance de la mort de la figure centrale qu'est Soulayman en est un exemple flagrant, elle dévoile qu'ils n'ont nullement accès aux informations du Rhaiyb divin.

o *Contraste avec l'autorité divine*

. *Planification et omniscience divine.* L'autorité divine connaît et contrôle tous les aspects de la réalité qu'elle soit perceptible ou imperceptible, y compris la vie et la mort. Le décès de Soulayman a été décidée par cette autorité, montrant sa toute-puissance et sa connaissance parfaite de l'Ordre des choses.

. *Domination sur les Jinn.* En montrant que les Jinn ignoraient la mort de leur maître, le verset met en évidence la supériorité de l'autorité divine sur ces entités imperceptibles. La connaissance et le pouvoir divins n'est nullement comparable à ceux des Jinn, qui restent Ses créatures tout simplement.

o *Servitude et humiliation*

Les Jinn continuaient d'accomplir des travaux et des services sans se rendre compte que Soulayman était mort. Leur manque de connaissance et leur dépendance à l'égard de l'autorité divine est manifeste. Leur ignorance les a maintenus dans un état de servitude inutile ajoutant une dimension d'humiliation à leur situation. Ils ont continué à travailler sans raison valable, mettant en lumière leur vulnérabilité et leur limitation. La prise de conscience tardive des Jinn met en évidence leur manque de connaissance et d'omnipotence, contrastant avec l'autorité divine qui avait planifié la mort de Soulayman.

• *Signification globale*

Ce verset utilise des images puissantes et des métaphores pour illustrer des vérités profondes. La mort inaperçue d'une figure de pouvoir qu'est Soulayman, révélée seulement par des signes subtils comme un insecte rongeant le sceptre en est un exemple. Les Jinn, ignorant la mort en raison de leur limitation et par le manque de connaissance divine ou du *Rhaiyb divin*, des réalités cachées, ont continué à servir inutilement, soulignant leur dépendance et leur manque de véritable omniscience.

La signification globale du passage de ce verset souligne un point important : même les êtres puissants comme les Jinn n'ont pas accès à la connaissance divine et sont soumis à l'autorité supérieure. Elle nous rappelle la sagesse divine et met en perspective la toute-puissance et l'omnipotence de l'autorité divine soulignant la vulnérabilité et l'ignorance des entités créées, qu'elles soient humaines ou jinniennes qui ont une connaissance très limitée. En insistant sur ce point, on comprend mieux la dynamique de pouvoir et de connaissance entre l'autorité de Dieu et les êtres crées comme les Jinn.

. *Suprématie divine*. Dieu est au-dessus de tout. Sa puissance, Son autorité et Son contrôle sont absolus et incontestables. Il n'y a rien ni personne de supérieur à Dieu.

. *Sagesse divine*. C'est la compréhension infinie et parfaite de Dieu. En effet, Il possède une connaissance totale et une compréhension profonde de toutes choses, perceptibles et imperceptibles.

. *Incarnation de la Vérité absolue*. Dieu, dans sa suprématie et sa Sagesse, est l'expression ultime de la vérité immuable et universelle. La *Vérité absolue* est quelque chose qui ne change jamais et est toujours vraie, indépendamment des circonstances. Dieu, en raison de son Pouvoir infini et de sa Sagesse parfaite, représente la Vérité ultime et immuable qui régit les Univers, la Création. Sa compréhension et son Autorité dépassent toutes les autres, et cette vérité est constante et inaltérable. C'est un concept profond qui met en avant l'idée que la *Réalité ultime* est définie par la nature même de Dieu.

o *Vérité absolue*

Une *vérité absolue* est une vérité qui est universelle, invariable et indiscutable, indépendamment des circonstances, des perceptions ou des croyances individuelles. Ces vérités sont considérées comme intemporelles et universelles, ne changeant jamais et s'appliquant en tout temps et en tout lieu. Elles proviennent de l'*Autorité ultime* : *Dieu*. Voici quelques-unes de leurs caractéristiques.

. *Source ultime.* Ces vérités sont énoncées par Dieu lui-même. Elles sont donc considérées comme infiniment sages, justes et immuables.

. *Universalité.* Elles s'appliquent partout et à tout moment, sans exception. Dieu, en tant qu'être omnipotent et omniscient, détient la connaissance complète et absolue des Univers. Ce qu'Il décrète comme vérité est invariable et s'applique à tout les Univers et à toutes les créatures, sans exception. Il n'y a aucune circonstance où elles ne sont pas pertinentes.

. *Invariabilité.* Elles ne changent pas avec le temps ou selon les circonstances. Elles sont intemporelles car elles transcendent le temps et l'espace.

. *Infaillibilité.* Parce qu'elles émanent de Dieu, elles ne peuvent être erronées. Elles sont la base sur laquelle repose toute Réalité.

. *Autorité ultime.* Elles viennent d'une source supérieure divine.

o   *Dessins de Dieu*

Il s'agit des plans ou intentions de Dieu pour la Création [l'ensemble des Univers et tout ce qu'ils contiennent]. Il s'agit de la vision divine pour la Création et les événements qui se déroulent, guidée par une Sagesse infinie et une compréhension parfaite. Les « *dessins de Dieu* » représentent la direction et le but que Dieu a déterminés, comme parfaits et infaillibles.

. *Plan divin*. Les actions et événements prédéterminés par Dieu, destinés à se produire conformément à sa Volonté.

. *Sagesse infinie*. Les dessins de Dieu sont guidés par une Sagesse infinie, dépassant la compréhension humaine et jinnienne.

. *But suprême*. Chaque événement a un but ultime, même si celui-ci peut être incompréhensible pour les entités nafsiques [Humains et Jinn] à court terme.

. *Infaillibilité*. Ces plans sont parfaits et sans erreur, car ils viennent d'une source divine.

Les « *dessins de Dieu* » caractérisent les plans ou les intentions divines qui sont des vérités absolues. Ils sont l'expression de la Volonté divine qui guide et structure toute la Création.

•   *Rhaiyb*

. *Définition*. Le *Rhaiyb* désigne non seulement l'*Imperceptible* en tant que phénomène ou réalité incluant toutes les choses qui existent mais qui ne peuvent pas être perçues par les sens humains ou les moyens scientifiques actuels. C'est tout ce qui échappe à notre perception immédiate et directe. Citons par exemple les Univers imperceptibles, les Jinn entité imperceptible

   o   *Rhaiyb divin*

. *Définition*. Le « *Rhaiyb divin* » désigne les vérités ultimes et celées qui sont intrinsèquement liées à la divinité. Ces *vérités divines* ne sont pas simplement imperceptibles aux créatures, mais elles sont aussi profondément enracinées dans la nature divine de la Création et nécessitent une révélation divine pour être connues.

-   *Perception jinnienne et humaine*

Les Jinn et les Humains ont des capacités de perception différentes, mais les deux sont limités. Les Jinn, bien que dotés de capacités prodigieuses ne peuvent pas percevoir les vérités divines. Les humains, avec leurs facultés, leurs sens limités et leurs outils scientifiques, ne peuvent non plus percevoir ces réalités ou vérités divines.

Ces vérités divines sont totalement imperceptibles, indétectables et incompréhensibles par les créatures qu'elles soient jinniennes ou humaines. Ni la vue, ni l'ouïe, ni aucun autre sens ou instrument ne peut les détecter. Même avec leur imagination, les Jinn et les Humains ne peuvent pas concevoir pleinement la réalité divine. L'imagination, bien que puissante, reste limitée par notre expérience et notre compréhension.

- Incapacité à conceptualiser

Ces deux entités ne peuvent même pas tenter de conceptualiser la vérité divine. Cela montre à quel point cette vérité est éloignée de leur capacité de compréhension. Aussi cet acte de base est impossible lorsqu'il s'agit de vérités divines.

Les vérités ultimes et immuables qui viennent directement de Dieu sont éternelles et dépassent la compréhension des entités intelligentes. Ainsi, la *Réalité divine* caractérise l'existence et à la nature de Dieu lui-même, ainsi qu'à Ses intentions et actions. Elle inclut des concepts qui sont au-delà de l'expérience et de la logique jinnienne ou humaine.

- Arcanes divins imperceptibles

La compréhension humaine et même celle des Jinn est extrêmement limitée par rapport à la grandeur et à la complexité de la vérité et de la réalité divines. Cela rappelle l'humilité nécessaire face à la divinité et la reconnaissance de nos propres limites en tant que créatures. En somme, même nos imaginations les plus vives ne peuvent saisir pleinement les arcanes divins imperceptibles.

. Définition. Les *arcanes divins imperceptibles* désignent les réalités et vérités profondes de nature divine qui sont non seulement complexes et profonds, mais aussi complètement hors de portée de la perception de toute créature qu'elle soit jinnienne, humaine ou autre.

- *Caractéristiques des arcanes divins imperceptibles*

. *Inaccessibles et celés.* Ces vérités sont intentionnellement voilées par nature et restent inaccessibles aux Jinn et aux Humains. Pour être partiellement comprises, ces vérités nécessitent une intervention ou une révélation divine directe.

. *Inaccessibles et imperceptibles.* Elles sont hors de portées, ni la technologie, ni les capacités intellectuelles des Jinn et des Humains ne peuvent détecter ou comprendre ces vérités. Elles échappent totalement à la cognition et à l'intelligence.

. *Profondes et abstraites.* Leur nature est tellement complexe qu'elle dépasse la logique jinnienne et humaine et défie leur capacité de raisonnement. Ces vérités sont si abstraites qu'elles ne peuvent être appréhendées ou expliquées avec des termes concrets ou familiers. Les arcanes divins touchent aux aspects les plus fondamentaux et complexes de l'existence et de la nature de Dieu. Ils vont au-delà des simples doctrines et abordent les vérités profondes de la réalité divine.

. *Incompréhensibles et incontrôlables.* Même les esprits les plus brillants et les capacités intellectuelles les plus avancées ne peuvent imaginer le moindre de ces arcanes divins. Ces vérités et réalités sont entièrement contrôlées par Dieu et ne peuvent être manipulées ou influencées par les créatures. Voici quelques exemples d'arcanes divins imperceptibles

. *Nature ultime de Dieu.* La véritable essence et nature de Dieu, qui est au-delà de toute compréhension jinnienne et humaine.

. *Mystères de la création.* Les raisons profondes et ultimes de la Création [les Univers, la Vie, etc.].

. *Dessin ou Plan divin.* Les desseins et les plans de Dieu pour les Univers, souvent au-delà de ce que nous pouvons comprendre ou percevoir.

Ces *arcanes divins imperceptibles* nous rappellent l'immensité et la profondeur de la Sagesse divine. Ils soulignent la nécessité d'humilité devant les mystères de la divinité et encouragent une quête spirituelle pour rechercher des vérités plus profondes, tout en acceptant que certaines choses resteront toujours hors de notre portée. En somme, les arcanes divins imperceptibles représentent les mystères ultimes et inaccessibles de la réalité divine, soulignant la grandeur de Dieu et les limites de notre propre compréhension [Jinn et Humains].

Le concept de *Rhaiyb* incorpore tout ce qui est au-delà de notre perception et de notre compréhension, qu'il s'agisse de dimensions imperceptibles, comme les Univers ou d'entités comme le Jinn. Quant au « *Rhaiyb divin* » ou « *Arcanes divins imperceptibles* » intègre les vérités ou réalités divines. Ces notions mettent en lumière les limites de l'intelligence et de la cognition jinnienne et humaine, tout en soulignant la Suprématie et l'Omnipotence de Dieu.

o *Prédictions et ineptie*

. *Connaissance limitée des Jinn.* Le verset 34-14 souligne que les Jinn, malgré leur nature puissante et leur longévité, n'ont pas accès à la connaissance divine. Cela inclut l'avenir qui est du ressort des mystères du « *Rhaiyb divin* », domaines réservés à l'autorité divine. Leur incapacité à prédire la mort de Soulayman en est un exemple clair. Ainsi, les Jinn, malgré leurs capacités impressionnantes dues à leur nature, sont limités par rapport à la sagesse et à la prévoyance divines.

. *Ineptie de prédire l'avenir.* Beaucoup d'humains croient que les Jinn peuvent prédire l'avenir ou influer sur le destin en manipulant le temps. Cependant, ce verset réfute cette croyance, indiquant que les humains qui cherchent à obtenir des prévisions futures de la part des Jinn se méprennent. Les Jinn n'ont aucune capacité à voir ou à influencer l'avenir. Ils ne peuvent offrir que des illusions de prédictions.

. *Connaissance du passé et du présent.* Les Jinn peuvent avoir des connaissances étendues sur le passé et donc fournir des informations sur celui-ci en raison de leur longévité. Ils existent depuis longtemps et ont été témoins de nombreux événements historiques. De plus, leur capacité à se déplacer à des vitesses incroyables et leur nature imperceptible leur permettent de rassembler des informations instantanées sur le présent. Cependant, ces capacités se limitent au passé et au présent et ne leur donnent aucun pouvoir sur le futur.

. *Révélation par la mort de Soulayman.* Le verset utilise la mort de Soulayman pour illustrer ce point. Les Jinn n'étaient pas conscients de sa mort et ont continué à servir inutilement. Cette ignorance montre clairement leurs limites en matière de connaissance et souligne que seule l'autorité divine détient la prérogative de la connaissance ultime qui fait partie des « *Arcanes divins imperceptibles* » ou « *Rhaiyb divin* ».

o *Conclusion*

Finalement, ce verset clarifie la distinction entre le pouvoir du Créateur et les capacités limitées des créatures divines. Il met en évidence l'inadéquation des Jinn en tant que sources fiables pour prédire l'avenir. Leur connaissance est limitée au passé et au présent, mais ils n'ont aucun contrôle ni aperçu du futur. Cela renforce l'idée que seule l'autorité divine possède la véritable Omniscience et Omnipotence, soulignant la vanité des pratiques occultes visant à obtenir des prévisions futures à travers les Jinn.

F - Conception des entités « *invisibles* » *dans diverses croyances*

Les entités « *invisibles* » ou « *spirituelles* » jouent un rôle central dans les différentes religions antiques et modernes, offrant protection, guidance, et soutien aux humains qui les sollicitent. Ces diverses croyances et pratiques spirituelles montrent comment ces derniers à travers le monde et les époques ont cherché à se connecter avec des forces spirituelles pour obtenir protection, guidance et prospérité. Ils réclament ces entités spirituelles pour diverses raisons, cherchant à obtenir leur protection, leur aide et leur bénédiction dans tous les aspects de la vie.

Ces pratiques montrent la profonde connexion entre le monde visible et l'invisible, et la quête humaine éternelle pour comprendre le mystère de l'existence, de trouver un sens, et de se connecter avec des forces spirituelles pour obtenir protection,

QUELQUES ENTITES « *SPIRITUELLES* » DANS DIVERSES CROYANCES

ENTITES	POUVOIRS	ROLE/APTITUDES	SOLLICITATION
ÉGYPTE ANTIQUE			
Dieux et déesses : Amon-Râ, Horus, Osiris, Isis.	Contrôle des forces naturelles, vie après la mort, protection et guérison.	Maintien ordre cosmique [Maât], protection des royaumes et guider des âmes dans l'au-delà.	Aide à la prospérité, protection contre le mal, et accès à une vie après la mort paisible.
ZOROASTRISME			
Ahura Mazda dieu du bien. Angra Mainyu dieu du mal.	*Ahura Mazda* : source de tout bien et de la vérité. *Angra Mainyu* : représente le mal et la destruction.	Leur lutte permanente symbolise le combat entre le bien et le mal dans l'univers.	Les Zoroastriens prient Ahura Mazda pour la protection, la guidance et le triomphe du bien sur le mal.
GRECE ANTIQUE			
Dieux de l'Olympe : Zeus, Athéna, Poséidon, Aphrodite.	Manipulation des éléments, guerre, sagesse, contrôle de la mer, de la terre, amour.	Les dieux régissent divers aspects de la vie humaine et naturelle, intervenant directement dans les affaires humaines	Sacrifices et prières pour obtenir des bénédictions, des victoires en guerre, et la faveur des dieux dans leur vie quotidienne.
ROME ANTIQUE			
Dieux comme Jupiter, Mars, Vénus, Neptune.	Commandement des cieux, guerre, amour, mer.	Semblables aux dieux grecs, ils supervisent divers aspects du monde et de la société romaine.	Rituels et offrandes pour demander protection, succès, et guidance divine.

JUDAÏSME			
Anges, Démons [Shedim], Esprits des Ancêtres	Anges. exécutent les ordres divins et interviennent dans le monde humain pour accomplir la volonté de Dieu.	Anges : associés à des missions spécifiques, comme la protection, la guérison, et la guidance. Esprits des Ancêtres : vénérés pour leur sagesse et leur protection.	Prière pour l'intercession des anges, demandant leur protection et leur assistance dans des situations difficiles. Esprits des Ancêtres : honorés par des prières et des rituels, cherchant leur guidance et leur bénédiction dans leur vie.
CHRISTIANISME			
Dieu, Jésus-Christ, Saint-Esprit, anges, saints, diable et démon [anges déchus].	Création, miracles, protection divine	Dieu est l'être suprême, avec son fils Jésus-Christ et le Saint-Esprit ensemble ils forment une unité divine qui gouverne, guide et sauve une partie de l'humanité. Saint-Esprit est la présence continue de Dieu dans le monde, guidant et réconfortant les	Les chrétiens prient pour obtenir des grâces, des miracles, et des protections divines

		humains. Les anges servent de messagers et protecteurs, les saints intercèdent pour les croyants. Les démons ou diables ou anges déchus incarnent le mal.	
ISLAM			
Dieu, anges, Jinn.	Création, guidance, protection. Jinn : tentation, malfaisance.	Dieu est le créateur omnipotent, les anges sont des messagers divins, les Jinn peuvent influencer positivement ou négativement les humains.	Rituel, prière à Dieu pour obtenir des bénédictions et protection, et cherchent à éviter l'influence négative des Jinn.
HINDOUISME			
Divinités comme Brahma, Vishnu, Shiva, Devi. A cela, des milliers de divinités locales et familiales.	Préservation de l'univers, destruction et régénération, aspects divers de la nature et de la vie.	Chaque divinité a des rôles spécifiques, protégeant des aspects particuliers de l'univers et de la vie humaine.	Rituels, prières et offrandes pour recevoir protection, prospérité, et guidance dans leur vie.
BOUDDHISME			
Bodhisattvas, déités	Bodhisattvas : atteinte de	Déités sollicitées pour la guidance	Rituels et pratiques

protectrices, et esprits locaux.	l'illumination - cycle des réincarnations. Gardiennes des enseignements bouddhistes.	et la compassion. La protection contre obstacles spirituels et physiques.	recherchant la protection, bénédiction et guidance spirituelle.
SHINTO			
Kami ou Esprits.	Ils sont liés aux éléments naturels, objets, lieux, et même des ancêtres, des divinités.	Ils apportent protection, bonheur et prospérité.	Rituels et des offrandes dans les sanctuaires pour honorer les Kami et obtenir leur faveur et leur protection
ANIMISME			
Esprits de la nature et des ancêtres.	Présents dans la nature : rivières, arbres, montagnes, forêt ; roches, etc.	Responsables de : santé, fertilité, prospérité, environnement. Protecteurs des familles et des communautés. Influence de : chance, santé, bien-être des vivants.	Offrandes et rituels animistes visent à apaiser les esprits de la nature et à honorer les ancêtres pour garantir protection et prospérité
CULTE DES ANCÊTRES			
Esprits des ancêtres défunts.	Veillent sur les vivants, apportant protection, guidance et bénédictions.	Ils jouent un rôle central dans la vie familiale et communautaire.	Rituels, prières et offrandes, des cérémonies pour honorer leur mémoire et solliciter leur aide.

TOTEMISME			
Totems : objets ou animaux symboliques.	Représentent les ancêtres mythiques et les esprits protecteurs.	Ils incarnent des guides spirituels et des protecteurs des clans ou des tribus.	Connection avec leurs totems à travers des cérémonies et des rituels pour obtenir guidance, protection et connexion avec leurs ancêtres.
TAOÏSME			
Les Immortels [Xian] : Laozi Yuanshi Tianzun Jade Empereur [Yu Huang]	Immortels ou êtres ayant atteint l'immortalité par la pratique du Tao et des techniques d'alchimie interne. Ces divinités supervisent divers aspects de l'univers et de la vie humaine : guidance, protection, et bénédictions. Elles sont associées à : éléments naturels et phénomènes cosmiques.	Ils possèdent des pouvoirs surnaturels : capacité de voler, de se téléporter, et de manipuler les éléments naturels.	Recherche : immortalité et union au Tao par des pratiques spirituelles et physiques : méditation, Qigong, et alchimie.
Esprits de la Nature [Shen]	Ils habitent montagnes, rivières, arbres, et autres éléments naturels.		Rituels pour honorer et apaiser ces esprits, cherchant à vivre en

	Responsables de maintenir l'équilibre et l'harmonie dans la nature.		harmonie avec la nature et à bénéficier de leur protection.
JAINISME			
Tirthankaras [enseignants illuminés] et âmes libérées.	Les Tirthankaras ont atteint l'illumination, enseignent le chemin de la libération du cycle des réincarnations.	Les âmes libérées ont atteint le Moksha [libération].	Recherche de : enseignements des Tirthankaras pour atteindre la libération. Prière pour la guidance spirituelle.
VAUDOU			
Loas [esprits] et ancêtres.	Les Loas servent d'intermédiaires entre monde spirituel et monde physique, offrant guidance, protection, et bénédictions.	Les ancêtres jouent un rôle crucial dans la protection et le soutien des vivants.	Cérémonies, offrandes, prières, danses rituelles pour honorer les Loas et obtenir leurs faveurs.
SIKHISME			
Dieu unique, Waheguru.	Waheguru est l'être suprême. Réincarnation et karma.	Les Gurus [enseignants spirituels] jouent un rôle important dans l'enseignement des principes du Sikhisme.	Les Sikhs prient Waheguru pour obtenir guidance, paix intérieure, et succès dans leur vie spirituelle et matérielle
CANDOMBLE			

Orixás [divinités] et esprits des Ancêtres.	Les Orixás, divinités règnant sur divers aspects de la nature et de la vie humaine.	Ils sont associés à des forces naturelles telles que les rivières, la terre, le vent, la guerre, etc.	Sacrifices et des danses rituelles pour honorer les Orixás et obtenir protection et bénédiction.
Neo-Paganisme			
Déités de diverses traditions anciennes et esprits de la nature.	Déités et esprits sont vénérés pour leur connexion à la nature et aux cycles de la vie.	Ils offrent protection, guidance, et guérison.	Rituels en plein air, méditations, et célébrations des saisons pour honorer les esprits et les déités.
Wicca			
Déesse et le Dieu, ainsi que divers esprits et ancêtres.	La Déesse et le Dieu représentent les forces féminines et masculines de l'univers.	Les esprits et les ancêtres offrent guidance et protection.	Rituels de magie, célébrations des cycles lunaires et solaires, et méditations pour se connecter avec les entités spirituelles et obtenir leur aide.

1 - Bien/mal - Ordre/Désordre

a - Entités spirituelles dans d'autres croyances

Dans de nombreuses traditions religieuses comme le christianisme, le zoroastrisme et même certaines croyances populaires, il existe des entités spirituelles considérées comme des adversaires directs de Dieu. Ces entités comme le Démiurge inférieur, le Démon, le Diable, le Malin, etc., sont souvent dotées de pouvoirs impressionnants les rendant redoutables. Leur rôle est de semer le chaos, la tentation, la destruction, de détourner les humains de la voie divine et de défier l'autorité de Dieu. Les noms comme Lucifer, Satan, et Belzébuth sont des exemples emblématiques de ces entités.

. *Démiurge inférieur*. Dans la tradition gnostique, le *Démiurge* est souvent perçu comme un créateur imparfait et inférieur qui a façonné le monde matériel, considéré comme corrompu, imparfait ou malveillant, opposé à la lumière divine. Il est souvent considéré comme l'architecte d'un monde matériel trompeur. Cette entité est souvent vue comme distincte du Dieu suprême, spirituel et parfait. Le Démiurge est parfois décrit comme étant en opposition au Dieu supérieur ou aux principes spirituels élevés. Il est associé à l'ignorance et au mal, bien qu'il ne soit pas nécessairement maléfique par nature. Le *Démiurge inférieur*, tel que décrit dans la tradition gnostique, n'est pas exactement un diable ou un démon au sens judéo-chrétien du terme. Il est plutôt une entité créatrice imparfaite, souvent associée à l'ignorance et au mal, mais avec une nature et un rôle distincts des démons ou du Diable.

. *Diable et démon*. Le *Diable*, souvent appelé Satan, est la figure principale représentant le mal et l'opposition à Dieu dans les traditions judéo-chrétiennes. Le Diable était à l'origine un ange nommé Lucifer, qui a été déchu du ciel en raison de sa rébellion contre Dieu. Le Diable incarne la force principale qui tente les humains de s'écarter du chemin de Dieu. Il est l'adversaire ultime de Dieu, cherchant à corrompre et à détruire la création divine. Les *démons* sont des esprits ou entités malveillantes subordonnées au Diable. Ils ne sont pas aussi puissants que lui mais jouent un rôle crucial dans l'exécution de ses desseins.

Les démons sont souvent définis comme des anges déchus, ayant suivi Lucifer dans sa rébellion contre Dieu, ou comme des esprits impurs. Les démons agissent sous l'autorité du Diable, propageant le mal et la tentation. Ils sont souvent associés à des activités comme la possession démoniaque et l'influence néfaste sur les humains.

Le Diable et les démons partagent des traits communs en tant que forces du mal, mais ils ne sont pas identiques. Le Diable est la figure centrale et la source principale du mal, alors que les démons sont ses subordonnés, exécutant ses plans et influençant les humains de manière néfaste. Ainsi, il existe une hiérarchie et une dynamique des forces maléfiques dans diverses traditions religieuses.

Dans le Christianisme [*Nouveau Testament*], Lucifer est souvent identifié avec Satan. Lucifer était un ange déchu qui s'est rebellé contre Dieu et est devenu l'incarnation du mal et devenant Satan l'adversaire principal de Dieu et de l'humanité. Belzébuth est une autre figure démoniaque dans les traditions chrétiennes, souvent associée à la tentation et à la corruption. Il est considéré comme un prince des démons. Ces entités sont perçues comme extrêmement puissantes, ayant pratiquement des pouvoirs divins, mais utilisées de manière maléfique pour s'opposer à Dieu et tenter l'humanité.

b - Absence d'équivalence dans le Coran

Dans le Coran, il n'existe pas de figure équivalente à Lucifer, Satan ou Belzébuth. Au lieu de cela, la Révélation coranique propose une vision différente des entités imperceptibles que sont les Jinn. Elle se concentre sur le concept plus général de rébellion contre Dieu, impliquant aussi bien les Jinn que les Humains., Les notions de rébellion et de Désordre sont abordées à travers le concept de *Shaytan*, un terme générique.

- *Existence de trois entités intelligentes*

Selon le Coran, Dieu nous a révélé l'existence de trois types d'entités intelligentes : le *Jinn* et l'*Humain* et le *Malak*.

. *Jinn*. Les Jinn sont des entités plasmatiques et pourvus de Nafs mais à la différence du Malak, ils ont un libre arbitre et donc peuvent choisir de suivre ou de désobéir à Dieu. Iblis, qui refusa de se prosterner devant la créature divine, Adam, est un Jinn et plus précisément un *Ifrit*, c'est à dire un Jinn redoutable et puissant.

. *Humain*. Les êtres humains sont des créatures atomiques et possèdent également un Nafs tout comme le Jinn, et donc le libre arbitre. Et tout comme les Jinn, ils sont responsables de leurs actions et seront jugés par Dieu en conséquence.

- *Le Malak : notions concises*

Les Malayka sont des êtres nafsiques [nanti du Nafs] de nature énergétique, sans libre arbitre, ni émotions, ne connaissent pas la souffrance ou la mortalité. Ils sont immortels dans le sens où ils ne connaissent ni la mort ni la fin de leur existence, restant éternellement au service de Dieu. Ils continuent à exister et à servir aussi longtemps que Dieu le décide. Les Malayka sont des messagers et des exécutants de la Volonté ou des décrets divins éternellement sans question, ni hésitation, de manière parfaite et sans déviation, ni rébellion. Leur nature pure les rend incapables de désobéir à Dieu, ce qui les distingue des Jinn et des Humains qui ont la capacité de choisir entre l'Ordre et le Désordre. Contrairement aux humains, les Malayka ne sont pas soumis aux tentations ou aux épreuves.

Leur rôle est strictement défini et ils le remplissent sans faute, ce qui les différencie des êtres Jinn et des Humains, qui ont la capacité de transgresser, de se rebeller contre l'Ordre divins et qui seront jugés en conséquence.

Les Malayka ne seront pas jugés lors de la Rencontre universelle [Jour du Jugement] qui est destiné aux êtres dotés de libre arbitre et émotions [Jinn et Humains] pour rendre compte de leurs actions. Les Malayka, n'ayant pas de libre arbitre et d'émotions, ne sont pas concernés par ce Jugement car ils sont en totale conformité avec la Volonté divine.

-    *Rôles et missions des Malayka*

. *Messagers aux Jinn et aux Humains.* Les Malayka servent de messagers entre Dieu et les créatures intelligentes, comme les Jinn et les Humains. Ils transmettent les révélations divines, les commandements et les instructions de Dieu aux Messagers jinniens et humains.

. *S'emparer des Nafs des Jinn et des Humains.* Les Malayka, sont chargés de s'emparer des Nafs des Jinn et des Humains au moment de leur mort. Ils veillent à ce que les Nafs soient recueillis et conduits pour le « *voyage* » qui suit la mort physique.

. *Diriger les Nafs au Berzarh.* Le Berzarh est un Univers aspatial[126] et atemporel[127], destination où les Nafs séjournent, demeurent en « *stand by* » en attente du Jour de la Résurrection. Le concept de « *stand by* » peut être adapté métaphoriquement pour le contexte du Berzarh. Dans cet Univers, les Nafs des défunts [Jinn et Humains] attendent la Rencontre universelle pour le Jugement final. C'est une période de transition. Le terme *stand by* peut ici être utilisé pour décrire l'état d'attente dans lequel les Nafs se trouvent. En effet, ils sont en « *mode veille* », prêts à être « *réveillés* » ou ressuscités pour le Jugement Dernier. C'est un état d'inactivité totale, une sorte de « *sommeil* » en attente du grand jour, prêts à répondre à l'appel divin, un événement majeur.

---

[126] *Aspatial.* Terme utilisé pour décrire quelque chose qui est sans espace ou qui n'a pas de dimension spatiale. L'objet ou le concept en question ne peut pas être défini ou mesuré par des dimensions spatiales classiques comme la longueur, la largeur ou la hauteur.

[127] *Atemporel.* Mot qui décrit quelque chose qui échappe aux contraintes du temps, qui est indépendant de celui-ci ou qui existe en dehors du temps. Quelque chose d'atemporel n'est pas affecté par le passage du temps. Atemporel décrit quelque chose qui transcende le temps, restant constant et inaltérable malgré le passage des années, des siècles ou des millénaires.

. *À la Résurrection.* Le Jour de la Résurrection est un événement majeur, où tous les morts [Jinn et Humains] seront ressuscités pour être jugés par Dieu. Les Malayka jouent un rôle central dans ce processus, en aidant à rassembler tout le monde et en orchestrant les événements qui précèdent le Jugement final.

. *Conduire les Jinn et les Humains à la Rencontre Universelle du Jugement.* Les Malayka guideront les Jinn et les Humains vers le lieu du Jugement universel. Cette Rencontre est le moment où chacun sera jugé pour ses actions et recevra sa récompense ou sa punition en conséquence.

. *Accompagner les Jinn et les Humains à leur destination.* Après le jugement, les Malayka escorteront les Jinn et les Humains vers leur destination finale. Les pieux et les vertueux seront conduites au *Janna* [*Paradis*], tandis que ceux qui ont transgressés seront conduites au *Jahanama* [*Nar, Enfer*]. Les Malayka veillent à ce que chaque individu atteigne sa destination en fonction du verdict divin.

- *Entité nafsique mais sans libre arbitre et sans émotions*

Nafs un terme, coranique, n'a pas d'équivalent dans d'autres cultures ou religions. Il est souvent comparé à l'*âme*, bien que ce ne soit ni une traduction, ni une définition exacte. Le Nafs inclut plusieurs aspects comme la conscience, la religiosité, la cognition, les émotions, et le libre arbitre. Cela signifie que le Nafs englobe des éléments essentiels à la nature des entités comme le Malak, le Jinn et l'Homme, c'est à dire à l'aspect immatériel et transcendant de l'existence de ces créatures. Cette nature se rapporte à tout ce qui touche à l'essence de l'être. Elle capture ce qui rend un Malak, un Jinn et un Humain uniques en tant qu'êtres conscients et capables de réflexion profonde et de connexion avec des dimensions intangibles de la vie.

Les Malayka possèdent également un Nafs, mais dépourvus de libre arbitre et d'émotions, ce qui les distingue des Jinn et des Humains qui, eux, ont cette capacité de choix. Ainsi, le Nafs est un concept complexe et multi-facettes, intégrant des aspects intellectuels, émotionnels, et spirituels. La distinction entre les Malayka et les autres êtres réside principalement dans la présence ou l'absence de libre arbitre et d'émotions.

. *Absence de libre arbitre.* Contrairement aux Jinn et aux Humains, qui ont la capacité de choix [Ordre ou Désordre], les Malayka n'ont pas cette option. Ils sont créés pour obéir à Dieu sans questionner. Par conséquent, ils n'ont pas de libre arbitre.

. *Émotions et libre arbitre.* Les émotions humaines telles que la colère, la joie, la tristesse, la peur, la pitié ou l'empathie sont le résultat de la capacité à faire des choix et à réagir à différentes situations. Ces émotions peuvent influencer les décisions, créant ainsi une complexité dans le processus de décision. Par exemple, la colère peut pousser à réagir impulsivement, alors que la compassion peut inciter à des actes de bienveillance.

. Les Malayka et les émotions. Puisque les Malayka n'ont pas de libre arbitre, ils n'ont pas besoin d'émotions qui influenceraient leurs actions. Ils agissent en conformité avec la Volonté divine sans être affectés par des sentiments personnels. Cela leur permet de remplir leurs rôles de manière efficace et sans biais émotionnels.

. Rôle des Émotions dans l'Humanité et la Jinnité. Les humains et les Jinn, avec leur libre arbitre, utilisent leurs émotions comme guides dans la prise de décisions. Ces émotions enrichissent l'expérience humaine, apportant profondeur et complexité aux interactions et aux choix personnels. Ainsi, les Malayka sont conçus pour être des exécutants purs de la Volonté divine, sans les nuances émotionnelles qui caractérisent les êtres dotés de libre arbitre comme les Jinn et les Humains. Cela les rend uniques dans leur fonctionnement et leur rôle dans les Univers.

. Raison et intelligence. Les Malayka possèdent une grande intelligence et une capacité de raisonnement qui leur permet de comprendre et d'exécuter les ordres divins avec une précision parfaite.

. Religiosité. Les Malayka sont des êtres profondément religieux. Leur existence entière est dédiée à l'adoration et au service de Dieu. Ils sont continuellement engagés dans des actes de louange, de prière et de glorification de Dieu.

. Conscience. Les Malayka ont une conscience aiguë de la Volonté de Dieu et des réalités spirituelles. Ils sont constamment conscients de leur rôle en tant que messagers et exécutants des décrets divins.

Bien que les Malayka n'aient pas de libre arbitre, ni d'émotions, ils possèdent des facultés de raison, d'intelligence, de religiosité et de conscience qui leur permettent de remplir leurs fonctions divines avec une fidélité et une dévotion absolues.

- *Shaytan signification*

Le terme « *Shaytan* » désigne toute entité, qu'elle soit un Jinn ou un Humain, qui crée le Désordre ou se rebelle contre l'Ordre établi par Dieu. Les démons ou diables au sens où les conçoivent toutes les croyances ou religions n'existent pas, Dieu nous révèle un terme générique utilisé pour désigner des comportements ou des intentions qui s'opposent à la volonté divine : *Shaytan*.

Dans d'autres traditions religieuses où le « *mal* » [*Désordre*] est souvent personnifié par une seule entité comme Satan, le terme « *Shaytan* » dans le Coran est utilisé de manière générique. Il inclut toute entité, humaine ou jinnienne, qui agit en opposition à la volonté divine. Ce terme ne se limite pas à une seule figure maléfique comme Satan dans le christianisme. *Shaytan* est associé à des comportements qui sèment le *Désordre* et la confusion, en opposition à l'Ordre divin indiquant toute forme de comportement ou d'intention qui va à l'encontre des préceptes de Dieu.

- *Généricité*

Contrairement à Satan dans le Christianisme, qui est une figure spécifique et centrale de la rébellion contre Dieu,

Shaytan dans le Coran est un terme générique. Il peut s'appliquer à toute entité rebelle, qu'elle soit jinnienne ou humaine indépendamment d'une identité unique. L'expression *Shaytan* caractérise un comportement et non une identité et met l'accent sur une large gamme d'actions et de comportements plutôt que sur une identité fixe. Cela implique que la nature de Shaytan est définie par les actes de Désordre et de rébellion plutôt que par une identité préétablie.

- *Universalité du terme*

En rendant le terme Shaytan applicable à n'importe qui, le Coran universalise le terme et souligne que le Désordre et la rébellion ne sont pas des attributs fixes mais des comportements adoptés par choix. L'idée est que le Désordre et la rébellion contre Dieu ne sont pas incarnés par des entités spécifiques [Satan, Lucifer, etc.], mais peuvent être représentés par toute entité qui choisit de se détourner de la Volonté divine.

. *Variété de comportements*. Le terme *Shaytan* n'est pas le nom propre d'une entité mais couvre une large gamme d'attitudes malveillantes et rebelles. Dans l'absolu, Shaytan s'identifie au *Désordre*. Un Shaytan est rebelle et corruptif et incite à la rébellion contre l'Ordre moral et divin. Cela peut inclure semer la discorde, la corruption, la tromperie inciter à la violence, à l'injustice, à l'immoralité, et à d'autres formes de Désordre et toutes sortes d'actes contraires aux valeurs et aux enseignements divins.

. Inclut Jinn et Humains. En incluant à la fois les Humains et les Jinn, le Coran reconnaît que la capacité de semer le Désordre et de se rebeller contre Dieu n'est pas limitée à un seul type d'être, mais est une possibilité pour toutes les créatures dotées du libre arbitre.

c - Responsabilité Universelle

Chaque être humain et Jinn possède le libre arbitre et la capacité de choisir ses actions. La possibilité de devenir un Shaytan est ouverte à quiconque décide d'agir contre la Volonté divine et l'Ordre qu'Il a établi.

. Libre arbitre et responsabilité. Le potentiel de devenir un Shaytan n'est pas limité à une seule espèce. Le fait que n'importe quel être, Humain ou Jinn, puisse en devenir un en agissant contre l'Ordre divin met en lumière l'importance du libre arbitre. Chaque individu a la capacité de choisir entre l'*Ordre* [divin] et le *Désordre* [à l'Ordre divin], et ce choix détermine leur alignement avec l'Ordre divin ou leur rébellion contre celui-ci.

Le fait de devenir un Shaytan est une conséquence directe des choix personnels. Cela implique un choix délibéré de s'opposer à l'Ordre et aux recommandations divins, d'où découle la notion de responsabilité personnelle. Cette perspective valorise le libre arbitre comme un élément central de la moralité. Les individus ne sont pas prédestinés à être bons ou mauvais ; ils ont la capacité de choisir leurs actions et de déterminer leur propre chemin spirituel et eschatologique.

. *Essence de la moralité*. Le libre arbitre est crucial, il est l'essence de la moralité. Sans la capacité de choisir, les concepts d'Ordre et de Désordre perdent leur sens. Chaque individu qu'il soit Jinn ou Humain est maître de ses décisions, ce qui donne un poids moral à chaque action. Ces créatures peuvent choisir de suivre ou de rejeter les enseignements divins. Ce choix est au cœur de la responsabilité morale. En insistant sur la responsabilité individuelle, chacun est garant de ses propres actions et doit en assumer les conséquences. Cela implique une évaluation constante de ses propres actions, pour s'assurer qu'elles sont en accord avec les valeurs divines et ne conduisent pas à devenir un Shaytan.

. *Adhésion aux valeurs divines*. Les choix que l'on fait ont des répercussions. Agir contre l'Ordre divin entraîne des conséquences eschatologiques et morales, ce qui incite à une réflexion approfondie sur ses propres actions et motivations. Suivre les enseignements et les valeurs divines est essentiel pour éviter de devenir un Shaytan. Celles-ci offrent un cadre moral et éthique. Adhérer à ces valeurs aide à rester sur la Voie divine et à prévenir le Désordre et à se rebeller contre l'Ordre divin, ce qui est essentiel pour ne pas devenir un Shaytan.

. *Contraste avec le Christianisme*. Dans le cas du Christianisme, le concept de confession permet au prêtre d'agir en tant qu'intermédiaire, accordant le pardon des transgressions à l'Ordre divin. C'est une manière de se déresponsabiliser de ses actes, puisque le prêtre et Jésus-Christ jouent un rôle dans l'arrangement et l'absolution des péchés. Jésus-Christ est vu comme le Sauveur qui prend sur Lui les péchés de l'Humanité. Cette responsabilité assumée par Jésus-Christ offrant aux Chrétiens une certaine liberté de la responsabilité directe de leurs actes, en raison de la foi en son sacrifice rédempteur.

Il existe une différence fondamentale entre la perspective coranique et chrétienne en ce qui concerne la responsabilité individuelle et le libre arbitre. Coraniquement, chaque individu, qu'il soit Humain ou Jinn, est responsable de ses propres actions et doit faire preuve de vigilance pour rester aligné avec les valeurs divines et éviter de devenir un Shaytan. Contrairement à la perception de la confession et de l'absolution dans le Christianisme qui est une manière de se déresponsabiliser, la perspective coranique met fortement l'accent sur la responsabilité personnelle et les conséquences de chaque choix moral.

- *Responsabilité individuelle et Rencontre universelle*

. Responsabilité pour tous. Le Jour de la Rencontre universelle, tant les Jinn que les Humains devront rendre compte de leurs actes. Ce principe fondamental dans le Coran souligne l'importance de la responsabilité individuelle. Toute action sera évaluée de manière juste par Dieu : chaque bonne action [*Ordre*] sera récompensée, et chaque mauvaise action [*Désordre*] sera sanctionnée.

. Aucune intercession. Contrairement à certaines croyances où des saints, prophètes ou autres figures vénérables pourraient intercéder en faveur des individus, la perspective coranique affirme que rien, ni personne ne peut intercéder

pour quelqu'un d'autre. Chaque entité se tiendra seule, responsable de ses propres actions et choix. Chacun sera jugé en fonction de ses propres mérites et fautes, sans intervention, ni médiation possible par des tiers. Cela renforce l'idée d'une Justice divine impartiale et juste.

. *Importance du libre arbitre.* Ce concept renforce l'importance du libre arbitre. Les Jinn et les Humains ont été dotés de la capacité de faire des choix [Nafs], et avec cela vient la responsabilité de supporter les conséquences de ces choix. Ce libre arbitre est un cadeau mais aussi une responsabilité énorme, car chaque choix a des conséquences qui seront prises en compte le Jour de la Rencontre universelle. Cette idée encourage une vie vécue avec intégrité et conscience, sachant que chaque action sera jugée. C'est un appel à vivre de manière éthique, à adhérer aux recommandations divines, et à être vigilant sur ses propres actions.

. *Exemple de Iblis.* Dans le Coran, Iblis est un exemple de Jinn qui a utilisé son libre arbitre pour se rebeller contre Dieu, ce qui a conduit à sa chute. Cela illustre les conséquences des choix qui vont à l'encontre de la Volonté divine.

. *Responsabilité morale.* Les entités intelligentes sont encouragées à évaluer constamment leurs actions et intentions pour s'assurer qu'elles sont en conformité avec les valeurs et les recommandations divines. Cette vigilance morale est essentielle pour vivre une vie éthique et alignée avec l'Ordre divin. Chaque action, qu'elle soit bonne ou mauvaise, est consignée et sera prise en compte le Jour de la

Rencontre universelle. Cela incite à une réflexion approfondie sur ses propres actions et motivations, et à une correction des comportements lorsque nécessaire.

Le message coranique est clair : le Jour de la Rencontre universelle, chaque individu, qu'il soit Jinn ou Humain, devra rendre compte de ses actes sans possibilité d'intercession. Cette perspective met en avant la justice divine impartiale et encourage une réflexion constante sur ses propres actions et leur alignement avec la volonté divine. C'est un rappel profond de la responsabilité ultime portée par tous.

2 - Ordre/Désordre et Bien/Mal

. Choix du mot. Le Coran utilise les termes « *Ordre* » et « *Désordre* » qui sont jugés plus précis et englobants que les mots « *bien* » et « *mal* », qui peuvent être interprétés de manière subjective et variable.

L'*Ordre divin* correspond à la conformité avec la volonté et les recommandations de Dieu. C'est l'état idéal de paix, d'harmonie et de justice. Le *Désordre* représente toute forme de rébellion ou de corruption qui perturbe l'harmonie de l'Ordre divin. Le Désordre entraîne le chaos, l'immoralité et l'injustice.

En utilisant ces termes, le Coran fournit une définition plus précise car ils déterminent clairement l'alignement ou l'opposition par rapport aux intentions divines, évitant ainsi la subjectivité et les ambiguïtés associées aux concepts de « *bien* » et de « *mal* ».

a - Relativité du Bien et du Mal

Ce point souligne que les jugements humains sur ce qui est « *bien* » ou « *mal* » peuvent différer de la perspective divine. Ce qui est perçu comme *mal* par les humains pourrait être en réalité aligné avec le plan divin, et vice versa. Cela met en lumière la complexité des jugements moraux et la difficulté de définir des concepts absolus de *bien* et de *mal* sans prendre en compte la perspective divine.

• *Perspective divine*

Dieu, étant omniscient, possède une connaissance complète et parfaite de la Création. Cela inclut une compréhension profonde des conséquences à long terme des actions, des intentions derrière ces actions, et de leur place dans le plan divin.

. *Objectivité*. Les standards divins sont universels et absolus. Ils ne sont pas influencés par des biais personnels ou culturels, contrairement aux perceptions humaines.

. *Justesse*. Ce qui est défini comme « *mal* » par Dieu l'est en raison de sa nature intrinsèquement destructrice ou désordonnée par rapport à l'Ordre divin.

• *Perspective humaine*

. *Limitation*. Les humains ont une compréhension limitée du monde, influencée par leurs expériences personnelles, leurs cultures, et leurs émotions. Cette limitation rend leur perception du « *bien* » et du « *mal* » subjective.

. *Subjectivité*. Ce qui peut sembler « *mal* » aux yeux d'une personne peut être vu différemment par une autre. Par exemple, des actions jugées nécessaires par certaines cultures ou époques peuvent être perçues comme inacceptables par d'autres.

- *Différence d'interprétation*
  - o *Contexte culturel et historique*

. *Variabilité*. Les standards moraux peuvent varier considérablement d'une culture à une autre et d'une époque à une autre. Ce qui est considéré comme acceptable dans une culture peut être vu comme inacceptable dans une autre.

. *Évolution des normes*. Les normes morales évoluent avec le temps. Certaines pratiques autrefois courantes sont aujourd'hui vues comme immorales. Par exemple, l'esclavage était autrefois accepté dans de nombreuses sociétés, mais est maintenant considéré comme profondément immoral.

  - o *Intérêt et intention*

. *Subjectivité des motivations*. Une action perçue comme mal intentionnée peut, du point de vue divin, avoir une finalité ou une raison qui échappe à la compréhension humaine. Par exemple, une situation douloureuse peut être perçue comme mal par un individu, mais peut servir un but de développement spirituel selon la perspective divine.

  - o *Quelques exemples*

. *Mal nécessaire*. Certaines actions, bien qu'inconfortables ou pénibles, peuvent être vues comme nécessaires pour un plus grand bien. Par exemple, une opération chirurgicale douloureuse peut être nécessaire pour sauver une vie.

. *Intentions cachées.* Les motivations derrière une action sont souvent complexes et multi-facettes. Ce qui peut sembler être une action malveillante peut être motivé par des intentions positives ou des circonstances atténuantes.

. *Maladie et souffrance.* Selon la perspective divine, la maladie et la souffrance peuvent être vues comme des renforcements de la conviction ou des moyens d'endurcir l'individu. Celui-ci devient plus fort et résistant à travers l'expérience et l'exposition répétée à des situations difficiles. D'après la perspective humaine, la maladie est souvent perçue comme une malédiction ou une punition. La souffrance est vue comme quelque chose d'injuste et de maléfique, surtout lorsqu'elle affecte les innocents ou les enfants.

. *Catastrophes naturelles.* Les catastrophes naturelles peuvent être perçues comme des manifestations de la puissance divine, rappelant aux Humains leur fragilité et la nécessité de l'humilité. Elles peuvent aussi être des moyens de rétablir un équilibre écologique. D'un point de vue humain, les catastrophes naturelles sont souvent vues comme des événements tragiques et destructeurs, causant des pertes humaines et matérielles considérables. Elles sont perçues comme des actes de mal.

. *La guerre.* Certains conflits peuvent être interprétés comme des moyens de mettre fin à des injustices, de purifier une société de la corruption, ou de rétablir un ordre moral.

La guerre est parfois vue comme un mal nécessaire pour atteindre un bien supérieur. Selon la perspective humaine, la guerre est généralement perçue comme une calamité causant des souffrances et des destructions immenses. Elle est souvent vue comme le mal ultime, exacerbant la violence et la haine.

. *Épreuves personnelles.* D'après la perspective divine, les épreuves personnelles, comme la perte d'un proche, les ruptures sentimentales, ou les échecs, peuvent être vues comme des opportunités d'évolution personnelle et de relance à la foi. Elles peuvent être des tests permettant de renforcer le caractère et la résilience. Selon la perspective humaine, ces épreuves sont souvent perçues comme des injustices ou des malchances, causant de la détresse et de la frustration. Les humains peuvent les voir comme des obstacles plutôt que des opportunités.

. *Justice divine.* Des punitions sévères ou des jugements divins peuvent être perçus comme des moyens justes et nécessaires de maintenir l'Ordre moral et la justice. Elles visent à corriger les fautes et à dissuader le Désordre. Pour les humains, ces punitions peuvent être considérées comme excessives ou cruelles, surtout si elles semblent disproportionnées par rapport à la faute. Les humains peuvent percevoir ces actes comme injustes ou malveillants.

Ces exemples montrent comment ce qui est perçu comme « *mal* » selon les standards divins peut être vu différemment par les humains. La perspective humaine est souvent limitée et subjective par des biais culturels, des expériences personnelles et une connaissance incomplète des intentions et des conséquences des actions.

En revanche, la perspective divine, étant omnisciente et objective, offre une vue plus complète et juste de la nature des actions et des événements. Cela souligne la complexité de la moralité et la nécessité de la Sagesse divine dans la définition et pour guider la compréhension de cette notion vague et inadéquate du *bien* et du *mal*.

3 - Révélation des Jinn : scoop

Le Coran est unique en révélant de manière détaillée l'existence et la nature des Jinn, décrivant leur création, leur nature, leurs rôles et leurs interactions avec les humains. Le fait que le Coran révèle l'existence et la nature des Jinn est considéré comme grandiose parce que cela ouvre une nouvelle dimension de compréhension des forces imperceptibles qui coexistent avec les Humains. Cette révélation enrichit la cosmologie en ajoutant une troisième catégorie d'êtres intelligents, en plus des Malayka et des Humains.

Des religions comme l'Hindouisme, le Bouddhisme, le Christianisme et d'autres traditions spirituelles mentionnent diverses entités spirituelles et divinités, mais aucune n'aborde précisément l'existence d'entités similaires aux Jinn. Ceux-ci n'existent pas dans leurs croyances.

Le Coran est le seul texte majeur qui révèle et donne explicitement autant de détails sur les Jinn, offrant ainsi une nouvelle perspective sur ces entités imperceptibles qui vivent dans un autre Univers. Cela fait du Coran une source unique d'information sur ces entités prodigieuses.

La mention des Jinn dans le Coran ajoute une nouvelle couche de complexité et de profondeur à notre compréhension de la Création et souligne sa richesse et sa diversité. En décrivant l'existence d'êtres imperceptibles mais influents, le Coran offre une perspective plus nuancée et complète des forces qui régissent les Univers. Cette révélation a des implications intellectuelles et scientifiques profondes, soulignant la diversité et la complexité de la Création divine. Elle ajoute une nouvelle couche à la compréhension de l'Ordre et du Désordre.

Le terme « *scoop* » souligne le caractère sensationnel et exclusif de cette révélation. Le fait que le Coran soit le seul texte théologique à révéler des créatures comme les Jinn est perçu comme une découverte exceptionnelle pour l'Humanité. Cette révélation unique enrichit la connaissance humaine, offrant des *insights*[128] précieux sur les entités imperceptibles et leur interaction avec le monde physique de notre Univers perceptible.

Les indications sur les Jinn dans le Coran qui décrit ces entités de manière détaillée, offrent une perspective unique et enrichissante sur les forces imperceptibles ou *ghaiybiennes* et les plans de réalités qui coexistent avec l'Humanité.

---

[128] *Insight*. Mot en anglais désigne une compréhension profonde et éclairée d'un sujet ou d'une situation. Semblable à un moment d'illumination où des connexions ou des compréhensions nouvelles et significatives sont établies. Par définition, un insight va au-delà de la simple observation. C'est une compréhension claire, souvent intuitive, qui dévoile des aspects importants ou cachés d'un sujet. C'est un moment où quelque chose devient soudainement évident ou intelligible, souvent après une période de réflexion ou d'analyse.

Cette révélation grandiose et unique apporte une nouvelle dimension à notre compréhension de la Création et constitue un véritable « *scoop* » scientifique et spirituel. En somme, cette analyse explore la différence entre les concepts d'entités *spirituelles* ou *invisibles* dans diverses traditions religieuses et dans la Révélation coranique. Cette dernière présente une vision distincte des entités non pas « *spirituelles* » mais imperceptibles, leur rôle, et leur impact sur l'Humanité. Il met en lumière la spécificité des termes et des concepts utilisés dans le Coran, notamment la distinction entre l'*Ordre* et le *Désordre*, l'*invisible* et l'*imperceptible*, l'introduction unique des Jinn comme entités intelligentes et l'absence de figures démoniaques spécifiques comme Lucifer ou Satan. Un angle de vue fascinant et distinctif qui permet de mieux comprendre la richesse et la complexité d'une zone infime de la Création divine.

a - Le Jinn, entité tangible

- *Non-défini comme entité spirituelle*

. *Création spécifique.* Les Jinn sont de nature plasmatique et vivent dans un Univers imperceptible superposé à notre Univers perceptible ou observable, ce qui fait qu'ils peuvent interagir avec notre monde physique, influençant les Humains de diverses manières. Ainsi, leur nature les rend différents des entités spirituelles typiques qui sont décrites comme purement immatérielles.

- *Existence tangible et interactivité*

. *Univers imperceptible.* Les Jinn existent dans un Univers imperceptible superposé au nôtre. Bien qu'ils soient imperceptibles aux sens et aux appareils humains, ils sont capables d'interactions physiques et peuvent entrer en interaction avec notre Univers de diverses manières.

- *Comparaison avec êtres « spirituels »*

Les esprits, démons et autres *entités spirituelles* des diverses traditions religieuses sont souvent décrites comme immatériels, ne possédant pas de corps physique, ni de forme tangible. Leur interaction avec le monde matériel est généralement indirecte et se manifeste par des influences psychologiques ou spirituelles.

. *Esprits.* Dans de nombreuses religions et cultures, les esprits sont des entités immatérielles souvent associées aux âmes des défunts ou à des forces naturelles. Dans des croyances animistes, par exemple, les esprits sont souvent associés à des éléments naturels comme les arbres, les rivières, ou les montagnes. Ces esprits sont considérés comme des entités immatérielles sans libre arbitre, se contentant de protéger ou de nuire aux humains en fonction de rites spécifiques.

. *Démon, Diable, Satan, Lucifer, Belzébuth.* Ces figures sont caractérisées comme des entités purement maléfiques dans les traditions chrétiennes, juives et autres. Souvent limités à des rôles d'entités malveillantes ou de forces naturelles sans libre arbitre ou capacités d'interaction physique. Dans les traditions chrétiennes, les démons comme Lucifer, Satan, ou Belzébuth sont des êtres purement maléfiques, souvent opposés à Dieu. Leur rôle est principalement de tenter, corrompre, et détruire. Le Coran dévoile les Jinn comme une catégorie distincte d'êtres intelligents, avec une nature et des capacités spécifiques qui n'ont rien de commun avec les entités spirituelles telles que les esprits, les démons et les figures maléfiques des autres traditions religieuses. Cette distinction unique montre comment la Révélation enrichit la cosmologie et offre une perspective nuancée et différente sur les Univers du Rhaiyb ou de l'Imperceptible.

- *Différence entre tangible et spirituel*

. *Définition de « tangible »*. Ce qui peut être ressenti physiquement par le toucher. Ce qui a une existence physique ou corporelle, contrairement à ce qui est immatériel ou abstrait. Ce qui peut être perçu ou détecté par les sens, notamment la vue, l'ouïe, l'odorat, le goût ou le toucher. Le mot « *tangible* » se réfère donc à tout ce qui peut être physiquement ressenti, vu, ou détecté par les sens humains. C'est l'opposé de ce qui est purement spirituel ou abstrait.

. *Définition de « spirituel »*. Tout ce qui concerne l'esprit ou l'âme, par opposition au physique ou au matériel [tangible]. Ce qui touche à l'esprit, aux émotions, aux sentiments et à la conscience. Associé à des réalités invisibles et mystiques qui dépassent la perception sensorielle ordinaire. Le terme « *spirituel* » englobe des aspects immatériels, mystiques, et religieux de la vie : les croyances, les émotions profondes, et les expériences qui transcendent le monde matériel.

. *Définition de « être spirituel »*. Entité [ange, démons, âmes des défunts] qui appartient ou est liée au domaine de l'esprit ou de l'âme, plutôt qu'au monde physique et matériel. N'a pas de corps physique ou de substance matérielle. Ces êtres existent dans un état non tangible. Ces entités sont souvent associées à des réalités invisibles et mystiques, au-delà de la perception sensorielle humaine [esprits gardiens, entités astrales]. Ils peuvent posséder des capacités ou des pouvoirs qui dépassent les lois physiques, comme la télépathie, la guérison, ou le contrôle des éléments naturels [anges guérisseurs, esprits guides]. Dans de nombreuses religions, les anges et les démons sont des êtres spirituels chargés de missions spécifiques, bonnes ou mauvaises. Dans le culte des ancêtres, les esprits des défunts sont vénérés comme protecteurs et guides des vivants. Un être spirituel est une entité non matérielle qui appartient au domaine de l'esprit ou de l'âme. Ces êtres peuvent jouer divers rôles dans les croyances religieuses et mystiques, possédant souvent des pouvoirs ou des capacités dépassant les lois physiques.

- *Tangibilité et perception*
  - *Tangibilité*

La nature plasmatique des Jinn redéfinit la frontière entre le *tangible perceptible* et le *tangible imperceptible*. Ils sont à la fois matériels [*énergétiques*] et capables d'influences psychologiques et comportementales, offrant une vision plus intégrée des forces imperceptibles qui régissent notre Univers.

. *Nature physique*. Composés de plasma, les Jinn possèdent une existence matérielle qui peut, en théorie, être mesurée. Leur tangibilité signifie qu'ils occupent un espace physique et peuvent interagir avec des objets et des personnes.

. *Mesurabilité*. Un être tangible comme le Jinn est quelque chose qui possède une existence tangible ou matérielle [type de *plasma* non terrestre] et peut être mesuré ou quantifié, même s'il n'existe pas de technologie pour le faire.

. *Imperceptibilité*. Au-delà de la perception, un être imperceptible peut être tangible, mais il échappe à nos sens et aux méthodes actuelles de détection. Ils existent dans un état énergétique que nous sommes incapables de détecter.

. *Subtilité*. Leur nature subtile les rend imperceptibles au quotidien, mais cela ne les rend pas moins réels ou moins tangibles. Leur influence et leur présence sont ressenties de manière indirecte, par leurs interactions avec le monde matériel.

o *Plasmatique et tangible*

. *Tangibles mais imperceptibles*. En tant qu'entités plasmatiques, ayant une existence matérielle bien que subtile, les Jinn posséderaient une tangibilité énergétique, leur permettant d'interagir directement avec le monde matériel, bien qu'ils soient imperceptibles aux humains. Leur imperceptibilité résulterait de notre incapacité actuelle à les détecter et à les mesurer. Leur influence serait plus directe et potentiellement plus puissante en raison de leur nature énergétique.

. *Interactivité.* En tant qu'entités plasmatiques, les Jinn pourraient interagir avec le monde physique de manière tangible mais subtile, influençant les champs électromagnétiques ou d'autres phénomènes physiques.

o *Influence à distance et nature énergétique*

. *Champs électromagnétiques.* Les Jinn pourraient influencer les champs électromagnétiques autour des humains, affectant ainsi les perceptions, les pensées, les émotions et les comportements.

. *Pas d'intrusion physique.* La conception traditionnelle de la possession implique une entrée physique de l'entité dans le corps humain. Cependant, une entité plasmatique pénétrant physiquement un corps atomique pourrait causer des destructions à l'échelle atomique.

Plutôt que d'envahir physiquement les corps humains, leur influence se ferait par l'intermédiaire de leurs interactions énergétiques. L'influence énergétique permet aux Jinn de manipuler les humains sans contact physique direct. Cela évite les dommages atomiques graves et permet une manipulation subtile et contrôlée.

. *Manipulation subtile.* Cette capacité d'influence subtile rendrait leur présence quasi indétectable et inquantifiable avec les moyens technologiques actuels, tout en étant capable de provoquer des effets tangibles sur les personnes touchées. En caractérisant les Jinn comme des entités de nature plasmatique, cela les place dans une catégorie tangible mais imperceptible. Leur nature énergétique et leur capacité à interagir avec les champs électromagnétiques offrent une perspective unique sur leur pouvoir et leur influence. Cela nous permet de concilier des concepts coraniques avec des principes scientifiques modernes, enrichissant notre compréhension de ces êtres fascinants. Leur tangibilité ne les rend pas moins mystérieux, mais offre une perspective plus nuancée sur leur interaction avec le monde matériel.

4 - Quelques croyances occultes et ésotériques

Les pratiques telles que l'occultisme, l'astrologie et la divination reposent sur des connaissances ésotériques, c'est-à-dire des savoirs cachés ou réservés à des initiés. Ces pratiques reposent sur l'idée qu'il existe des forces mystérieuses et des connaissances cachées dans l'Univers, accessibles par des moyens ésotériques. Elles cherchent à comprendre et à manipuler ces forces pour diverses fins, telles que la prédiction de l'avenir ou l'influence sur les événements.

L'occultisme implique souvent des rituels initiatiques et l'étude de textes ésotériques qui permettent aux adeptes de se connecter à des connaissances secrètes contenant des enseignements cachés ou symboliques. Ces rituels transmis secrètement ou en cercle restreint peuvent inclure des cérémonies, des méditations, et des incantations spéciales.

L'occultisme moderne puise ses origines dans les pratiques mystiques et magiques des anciennes civilisations babyloniennes et égyptiennes. Ces cultures ont développé des systèmes complexes de croyances ésotériques. Les enseignements hermétiques, attribués à Hermès Trismégiste, ont également influencé l'occultisme. Ces enseignements mêlent philosophie, mysticisme et alchimie.

Ces pratiques ont été largement diffusées et amplifiées par des systèmes de mysticisme ésotérique comme la *Kabbale*, une forme de *mysticisme* juif, et le *Zohar*, un texte fondamental de la Kabbale, ont largement contribué à l'expansion des idées ésotériques. Ils ont introduit des concepts mystiques et symboliques qui ont été intégrés dans l'occultisme moderne. Malgré l'avènement de la science moderne, l'occultisme continue de se développer et de s'opposer à la démarche scientifique. Il continue de fasciner et de se développer en attirant ceux qui recherchent des explications mystiques et non-rationnelles du monde.

F.A. Mesmer[129] [1734-1815] soutient que l'occultisme était une manière d'affirmer la nature fondamentale de l'Univers comme conscience et la capacité de l'esprit humain à agir directement sur lui.

a - Mythologie

La mythologie est un ensemble de récits et de légendes qui expliquent les origines, les dieux, les héros, et les phénomènes naturels. Ces récits sont souvent considérés comme sacrés et font partie intégrante des croyances culturelles d'une société. Elle sert à expliquer les mystères de l'Univers, les phénomènes naturels, et à transmettre des valeurs morales et culturelles.

---

[129] F.A. MESMER, « Mémoire sur la découverte du magnétisme animal », Genève, 1779.

Les mythologies utilisent des symboles et des personnifications [dieux, héros] qui peuvent avoir des significations ésotériques. Par exemple, l'alchimie s'inspire souvent de symboles issus de la mythologie grecque ou égyptienne. Certaines mythologies incluent des rituels religieux et des cérémonies qui ont des éléments occultes. Par exemple, les rites de passage initiatiques peuvent contenir des aspects mystiques et ésotériques. Bien que la mythologie et l'occultisme soient distincts, ils se chevauchent parfois. Ils partagent des éléments de symbolisme et de mysticisme qui peuvent les relier.

La pensée occidentale explique la mythologie comme une étape dans l'évolution de la pensée humaine, allant de l'ignorance et de l'irrationnel vers le présumé rationnel en suivant un ordre déterminé par les forces divines, dont les initiés seuls sont aptes à remplir cette mission. La réalité des dieux, des humains et de la création exprimée par le mythe, la raison ou l'histoire s'est perpétuée dans la croyance de la plupart des sociétés. Des éléments de mythologies païennes persistent dans le substrat folklorique et religieux de diverses cultures européennes, africaines, asiatiques et américaines.

Soucieuse de donner un sens aux mythes en apparence irrationnels et fantastiques, la classe dirigeante [rois, prêtres, chefs militaires et notables] considère les mythes comme l'expression d'un effort intellectuel, un don des dieux pour expliquer le monde et gérer les affaires du peuple. Les mythes apparaissent également comme un aspect de *l'évhémérisme*, c'est-à-dire la dérive du surnaturel de faits historiques transposés sur le plan du mythe ; la divinisation des vertus d'un être humain. Le développement des mythes entre dans une perspective universelle. La passivité face aux réalités non humaines se caractérise par l'absence de réflexion, ne cherchant pas le sens intellectuel ou technologique de l'environnement mais l'adaptation et la composition avec ses forces. Cette attitude cosmographique de l'irréel est liée à l'expérience cosmographique du monde.

E. Durkheim[130] examine la relation entre mythe et société. Il affirme que les mythes sont la réaction des individus face au phénomène social : ils expriment la façon dont la société se représente l'humanité et le monde, et constituent un système moral, une cosmologie et une histoire.

Le *mythe cosmogonique* décrit la naissance de l'univers. Dans une culture, il sert de modèle à tous les autres mythes. Dans la religion babylonienne, Mardouk est le dieu des Orages. Il est reconnu comme le créateur de l'univers et de l'humanité, le dieu de la Lumière et du Feu, et le maître des destinées. Plus tard, il sera nommé *Bêl* ou *Bâl*.

Le *mythe eschatologique*. L'initiation rituelle est liée aux mythes de la naissance et de la renaissance. Ils formulent comment renouveler la vie, inverser le temps ou transmuer les humains en de nouveaux êtres. Les thèmes eschatologiques de la naissance et de la renaissance sont combinés aux thèmes de l'avènement d'une société idéale développée par les mythes millénaristes ou celui d'un sauveur

---

[130] E. Durkheim, « Formes élémentaires de la vie religieuse », Edit. PUF, Paris, 2003.

proposé par les mythes messianiques. Les cultures créatrices de mythes ne font pas de différence entre l'esprit et la nature ou la religion et la vie. Ces mythes ne peuvent distinguer la vérité symbolique ou l'imaginaire de la vérité concrète ou du fait. L'idée selon laquelle les mythes du Soleil et de la fertilité sont des tentatives rudimentaires pour expliquer les forces naturelles comme la science les explique est un concept qui jouit d'une grande crédibilité.

b - Les Mystères

Les *Mystères* étaient généralement réservés à des initiés qui devaient passer par des rites d'initiation pour y participer. Seuls ceux qui étaient considérés dignes pouvaient accéder à ces connaissances secrètes. Les rites et cérémonies des Mystères incluaient souvent des pratiques secrètes, des symboles cachés et des enseignements ésotériques qui n'étaient pas partagés avec le grand public.

Les Mystères utilisaient des symboles puissants et des mythes pour transmettre des enseignements spirituels profonds. Ces symboles pouvaient inclure des figures mythologiques, des représentations de dieux et des objets sacrés. Le symbolisme permettait de faire passer des connaissances complexes de manière compréhensible et mémorable pour les initiés.

Ces Mystères étaient centrés sur les mythes de Déméter et Perséphone, représentant le cycle des saisons et le cycle de la vie et de la mort. Les participants passaient par un processus d'initiation incluant des jeûnes, des rituels de purification et des cérémonies secrètes dans le sanctuaire d'Éleusis. Les Mystères étaient dédiés à la déesse Isis, et incluaient des rituels de résurrection et de protection. Les initiés apprenaient des secrets sur la vie après la mort, la magie et la guérison, souvent représentés par des symboles sacrés.

Les Mystères visaient à révéler des vérités cachées et profondes sur l'univers, la divinité et la condition humaine. Les initiés étaient censés subir une transformation intérieure, accédant à une sagesse et à une compréhension supérieure.

Les Mystères servaient de moyens d'éducation spirituelle, transmettant des enseignements complexes de manière symbolique et rituelle. De nombreux Mystères incluaient des instructions sur la vie après la mort et la manière de s'y préparer spirituellement. Purifications, offrandes sacrificielles, processions, danses et chants composent les *mystères*.

c - *La Magie*

La magie est l'art de prétendre influencer ou de manipuler les forces naturelles ou surnaturelles à travers des rituels, des incantations, et des symboles. Elle vise souvent à produire des effets qui semblent dépasser les lois naturelles. Elle peut inclure une grande variété de pratiques, telles que l'alchimie, l'astrologie, etc.

D'un point de vue étymologique, la *magie*[131] définit l'art des mages qui forment la caste sacerdotale des *Mèdes*[132]. Ils exerçaient l'astrologie et d'autres pratiques occulto-ésotériques. Cependant, le vocable est employé dans un sens beaucoup plus vaste pour signaler les pratiques et les rites des cultes organisés autour de la croyance en une force surnaturelle immanente à la nature. Ce qui donne une apparence de fondement à une telle conception, c'est que la magie poursuit un but, celui de la mainmise de l'homme sur la nature. Pour cela, elle suit des règles précises.

. *Magie « blanche »*. Utilisée à des fins bénéfiques telles que la guérison, la protection, et la purification. Sa pratique inclut des bénédictions, des rituels de guérison et des charmes protecteurs. Par exemples, l'utilisation d'herbes pour la guérison, de rituels pour bénir une maison.

. *Magie « noire »*. Pratiquée à des fins malveillantes comme la malédiction, la manipulation, et le contrôle. Cela comprend des malédictions, des sorts de domination, et des invocations de forces maléfiques. Par exemple, utilisation de sorts pour causer du mal à autrui, invocation de démons.

. *Magie « verte » ou « naturelle »*. Employée pour harmoniser l'utilisateur avec les forces de la nature. Recours

---

[131] K. SELIGMANN, « Le Miroir de la Magie », Edit. Rencontre, Lausanne, 1961.

GRILLOT DE GIVRY, « Le musée des sorciers, mages et alchimistes », Edit. Librairie de France/Paris, 1929.

[132] *Mèdes*. Relatif aux Mèdes, à la Médie, ancienne contrée d'Asie occidentale, la Perse [Iran actuel]

à des rituels liés aux cycles naturels, comme les saisons, les phases de la lune. Par exemple, emploi de plantes et d'éléments naturels pour des rites de fertilité ou de protection.

Usage de symboles sacrés et ésotériques pour canaliser l'énergie magique ; prononciation de formules magiques et de mots de pouvoir. [incantations]. Pratique de cérémonies [rituels] qui peuvent impliquer des chants, des danses et des offrandes. Utilisation d'objets comme des bougies, des cristaux, et des amulettes pour ancrer l'énergie magique. Utilisation d'herbes spécifiques et de potions pour leurs propriétés mystiques et curatives.

La magie était pratiquée dans des civilisations anciennes comme l'Égypte, la Mésopotamie, et la Grèce. Ces cultures ont développé des systèmes magiques complexes souvent liés à leurs religions et mythologies. Utilisation de la magie dans des rituels funéraires, la protection contre les esprits malveillants, et la guérison. Invocation des dieux et des esprits pour obtenir des faveurs, la divination et l'interprétation des signes naturels.

La magie moderne continue d'intégrer des éléments des traditions anciennes, tout en s'adaptant aux nouvelles croyances et pratiques contemporaines. De nombreux praticiens actuels se tournent vers la magie *wiccane*, la *néo-paganisme*, et d'autres formes de spiritualité moderne comme la *Pop Culture*.

. *Magie égyptienne.* L'élément permettant de comprendre la magie égyptienne est leur divinité *Osiris*[133]. Au dieu Osiris, représentant le père de la société égyptienne primitive, se substitue le pharaon qui représente la puissance phallique. Par suite, le *prêtre-magicien* [ou sorcier] devient le symbole de cette puissance. Ainsi, la force magique est interprétée comme étant une projection de la puissance divine créatrice. Depuis la plus haute antiquité de l'Égypte ou d'ailleurs, se sont multipliés les récits de revenants. Il existe par exemple des fragments d'écrits datés de la XIXe dynastie thébaine qui narrent l'histoire d'un Grand Prêtre d'Amon. Celui-ci s'adonnant au spiritisme dans un tombeau en ruine, se retrouve sous l'influence d'un *guide invisible*, d'un *esprit*, dont il souhaite soustraire des recettes de magie ancienne. Le spectre lui relate que des siècles auparavant, il a vécu sous le règne d'un pharaon thébain[134].

---

[133] *Osiris* est l'une des principales divinités en Égypte antique. À l'origine, Osiris est un dieu local d'Abydos et de Busiris. Osiris symbolisant la force productive mâle dans la nature, a été assimilé au soleil levant. Il était vu comme le maître du royaume des morts. Osiris était le frère et le mari d'Isis, déesse de la Terre et de la Lune, qui incarnait la force productive femelle dans la nature. Osiris, devenu roi d'Égypte, trouva son peuple plongé dans la barbarie. Il lui enseigna alors la loi, l'agriculture, la religion et les autres avantages de la civilisation. Il a été assassiné par son mauvais frère Seth, qui déchira son corps en morceaux et les dispersa. Isis les trouva et les enterra là où ils étaient dispersés. Leur fils Horus, engendré par un Osiris temporairement régénéré, vengea la mort de son père en tuant Seth puis accéda au trône. Osiris poursuivit son règne sur le monde souterrain des morts, mais, à travers Horus, fut considéré comme l'origine de la vie réincarnée.

[134] G. LEFEBVRE, « Romans et contes égyptiens », Edit. Librairie d'Amérique et d'Orient, Paris, 1949.

La magie est une pratique complexe et ancienne visant à influencer le monde par des moyens surnaturels. Elle varie largement en objectifs et méthodes, allant de la *magie blanche bienveillante* à la *magie noire malveillante*. Ancrée dans l'histoire et les traditions de nombreuses cultures, elle continue toujours de captiver et d'intriguer.

d - *La Sorcellerie*

La sorcellerie est une branche spécifique de la magie qui implique l'utilisation de sorts et de rituels pour influencer le monde naturel et surnaturel. La sorcellerie est la technique de manipuler des forces « *invisibles* » pour produire des effets surnaturels. Elle est associée à des pratiques occultes permettant d'influencer les événements, exercer un pouvoir mystique, atteindre des objectifs personnels par des moyens surnaturels. Les sorciers et sorcières croient qu'ils possèdent des pouvoirs mystiques qui leur permettent d'interagir avec des entités spirituelles et de canaliser des énergies invisibles.

La sorcellerie est souvent vue comme un moyen de révéler des vérités cachées et d'obtenir des connaissances ésotériques. Les praticiens cherchent à se transformer intérieurement, accédant à une compréhension supérieure et à une maîtrise de soi.

Bien que la magie et la sorcellerie soient étroitement liées et se chevauchent généralement, ce sont des pratiques occultes. La magie est un terme plus large qui englobe diverses pratiques mystiques et ésotériques, tandis que la sorcellerie est une branche spécifique de la magie axée sur l'utilisation de sorts et de rituels pour influencer le monde.

La sorcellerie est la pratique de sorts et de rituels visant à influencer les événements naturels ou surnaturels à travers des moyens ésotériques. Elle est souvent associée à l'utilisation de pouvoirs surnaturels pour accomplir des actions magiques. à des fins malveillantes, comme la malédiction, la vengeance, et le contrôle des autres.

La sorcellerie utilise des symboles magiques, de pentacles, et de runes pour canaliser l'énergie magique et la prononciation de mots de pouvoir et de formules rituelles pour invoquer des forces mystiques. Utilisation de plantes, d'herbes et de concoctions spécifiques pour leurs propriétés mystiques et emploi d'objets tels que des bougies, des cristaux, des amulettes, et des talismans dans les rituels.

La sorcellerie remonte à l'Antiquité, avec des pratiques magiques documentées dans des cultures comme l'Égypte ancienne, la Mésopotamie. Cette pratique occulte est souvent liée aux croyances religieuses et aux mythologies, avec des sorts et des rituels intégrés dans les pratiques religieuses. Pendant le Moyen Âge et la Renaissance, la sorcellerie a été souvent persécutée, avec des chasses aux sorcières et des procès. La sorcellerie a connu une renaissance avec l'essor de l'occultisme moderne, influencé par des traditions comme l'alchimie et l'hermétisme. La sorcellerie est une pratique occulte ancienne et complexe qui vise à influencer le monde naturel et surnaturel à travers des rituels magiques et des incantations. Elle utilise une variété de symboles, d'objets et de matériaux mystiques. Ancrée dans l'histoire et la culture, la sorcellerie continue de faire des adeptes fascinés et intrigués.

e - *Spiritisme*

Le *spiritisme* est une croyance et une pratique qui soutient que les âmes des défunts peuvent communiquer avec les vivants. Cette communication est souvent facilitée par des individus appelés *voyants* ou *médiums*. Ces personnes sont considérées comme ayant la capacité de percevoir et de transmettre les messages des esprits. Ils jouent un rôle central dans le spiritisme en servant d'intermédiaires entre les vivants et les morts.

Le spiritisme attire de nombreux croyants. Ces adeptes cherchent souvent des réponses, du réconfort ou des conseils en communiquant avec les esprits de leurs proches décédés. Le spiritisme a formé des communautés de pratiquants et d'adeptes qui participent à des séances de spiritisme, des conférences et des groupes de soutien.

La popularité et la rentabilité des cabinets de voyance et le résultat de la forte demande pour les services de voyants et de médiums. Cela se traduit par des revenus élevés, surpassant même ceux des cabinets médicaux spécialisés comme la neurologie et la psychiatrie.

Plusieurs facteurs peuvent expliquer cette popularité, y compris le besoin de réconfort émotionnel, la quête de réponses spirituelles, et le désir de guidance dans des moments difficiles.

La croyance en le spiritisme, qui permettrait aux vivants de communiquer avec les défunts via des voyants ou médiums touche un large public. Il souligne également la popularité de cette pratique, montrée par la rentabilité élevée des cabinets de voyance. Cela montre comment les besoins émotionnels et spirituels des individus peuvent surpasser les besoins purement médicaux et scientifiques.

Les *divinations inductives* qui sont pratiquées sous une forme ou une autre depuis la préhistoire sont, dans leur forme moderne, le résultat de faits et de recherches datant du XIXe siècle, alors que leur engouement gagnait le Royaume-Uni puis le reste de l'Europe.

Le médium anglais A.J. Davis donna un nouvel élan au mouvement par ses écrits dans lesquels il affirmait pouvoir réaliser, en état de transe, des exploits intellectuels dont il était incapable à l'état normal.

En 1857, L.H. Rivail[135] ou Allan élabora en France, une doctrine du spiritisme basée sur l'idée de la *réincarnation*.

---

[135] H. Leon Rivail dit Allan [1804-1869], instituteur lyonnais, assiste en 1855 à une réunion au cours de laquelle on se livre à cette pratique venue des États-Unis, le *spiritisme*. Un *médium* lui révèle lors d'une séance qu'il avait été dans une vie antérieure un druide nommé Allan Kardec. Sitôt dit, sitôt fait, il adopte ce pseudonyme, ainsi que l'idée de *réincarnation* qui sera l'un des fondements de sa doctrine. En 1857, Allan Kardec publie son premier livre, qui restera aussi le plus célèbre : « Le Livre des Esprits », contenant les principes de la doctrine spirite, sur la nature des êtres du monde incorporel, leurs manifestations et leurs rapports avec les hommes, les lois morales, la vie présente, la vie future et l'avenir de l'Humanité. Écrit sous la dictée et publié par l'ordre des *esprits supérieurs*, par Allan Kardec. En même temps, il donne à la doctrine qu'il expose le nom de *spiritisme* et crée la *Revue spirite*. Ses ouvrages suivants ont pour titre : « Qu'est-ce que le spiritisme ? [1859] » - « Instruction pratique sur les manifestations spirites [1860] ».

J. Braid[136] quant à lui, proposa une explication scientifique du *mesmérisme*[137], contribuant ainsi à établir la technique *d'hypnose* moderne.

Le surnaturel, la divination inductive, etc., suscitant toujours un engouement populaire, sont l'objet d'études sous le vocable de *parapsychologie*. Bien que peu de scientifiques lui accordent une attention sérieuse, la parapsychologie est selon leurs auteurs, l'étude des phénomènes et des pouvoirs humains *paranormaux* que les thèses traditionnelles de physique, de biologie ou de psychologie sont incapables d'expliquer. Deux types de phénomènes sont étudiés par les parapsychologues : la *perception extrasensorielle* [PES] ou obtention d'informations sans employer de sens connus, et la *psychokinésie* [PK] ou l'aptitude à agir à distance sur des objets, sans se servir des forces physiques répertoriées.

Elle étudie aussi la survie de l'être après la mort et s'efforce d'explorer des thèmes comme la transe des médiums, les maisons hantées, les fantômes, les *esprits frappeurs* ; ou certains phénomènes involontaires de psychokinésie, ainsi que l'expérimentation de *projection extracorporelle*, nommé également *voyage astral*.

---

[136] J. BRAID [1795-1860], chirurgien écossais, il est le premier expérimentateur médical de l'*hypnotisme*, terme qui fut d'abord employé par lui et qu'il accrédita.

[137] Le *mesmérisme* est une doctrine prônée par un médecin allemand, F.A. Mesmer [1734-1815] basée sur le magnétisme animal. Il étendit alors ses propos en prétendant pouvoir guérir toutes les maladies grâce aux propriétés contenues dans l'aimant.

La *Society for Psychical Research* créée en 1882 en Angleterre et en 1884 aux Etats-Unis continue de divulguer leurs résultats. Les champs d'études des manifestations mentales ou *perceptions extrasensorielles* sont d'une part la *télépathie,* c'est-à-dire la transmission directe d'informations ou d'émotions entre deux individus sans mode de communication sensorielle habituelle.

D'autre part, la *voyance* qui exprime une réaction à un objet physique, à un fait ou à une circonstance en absence de tout contact sensoriel. Enfin, la *prémonition* qui est un pressentiment, une intuition d'un événement futur sans possibilité de modification de celui-ci.

J. Banks Rhine[138] [1895-1980], directeur dans les années 1930 du laboratoire de *Duke University* en Caroline du Nord [USA] , où il poursuivit des recherches en parapsychologie. Il a développé des méthodes en tentant de rapprocher les mathématiques et la statistique de la recherche parapsychique *anecdotique.*

Malgré l'utilisation de moyens à prétention scientifique, les expériences dirigées par les parapsychologues se révèlent rarement reproductibles. Comme c'est le cas de l'expérimentation de *voyage astral,* où un individu prétend pouvoir se projeter hors de son corps. Le caractère non reproductible de ces expériences implique que les résultats de leur étude obéissent seulement à la *loi des probabilités.* C'est pourquoi le corps scientifique estime que la parapsychologie

---

[138] J. BANKS RHINE, « Extra-sensory perception », Society for Psychic Research, Boston 1934.

ne peut prétendre au statut de *science*, car elle ne respecte pas les méthodes permettant la validation d'une expérience.

Les parapsychologues se défendent en argumentant que la *loi de causalité*, prémisse fondamentale de toute recherche scientifique, n'est pas applicable à leur domaine de prédilection. Ils avancent que les phénomènes paranormaux se soustraient au raisonnement ordinaire dont eux-mêmes sont incapables d'en définir l'événement.

f - Satanisme

Le *Satanisme* est un ensemble de croyances et de pratiques variées, définissant le culte de *Satan*. Ce culte, voué à des fins pratiques, est supposé faire accéder à l'obtention des faveurs de Satan, qui exige en échange un renoncement à Dieu.

Le satanisme est un ensemble de croyances et de pratiques centrées sur la figure de Satan, généralement perçu comme un symbole de liberté, de rébellion et de défi contre l'autorité religieuse et morale traditionnelle.

. Satanisme LaVeyen. Ce type de satanisme est basé sur les enseignements d'A. LaVey[139], qui a fondé l'Église de Satan en 1966. Plutôt qu'une adoration littérale de Satan, il s'agit d'une philosophie athée qui valorise l'individualisme, le matérialisme, et la satisfaction personnelle. Satan est vu comme un symbole de l'ego et de la liberté personnelle. Les rituels sont souvent théâtraux et symboliques, visant à libérer les émotions et à renforcer l'individualité.

---

[139] A. LaVey, « The Satanic Bible », Edit. Avon, New York, 1969.

. *Satanisme théiste.* Contrairement au satanisme LaVeyen, le satanisme théiste implique une croyance en Satan comme une entité réelle et divine. Les adeptes peuvent pratiquer des rituels de dévotion, des invocations et des cérémonies pour honorer Satan et rechercher son pouvoir et sa guidance.

. *Satanisme symbolique.* Certains individus voient Satan comme un symbole de rébellion contre l'autorité oppressive, sans croyance en une entité surnaturelle. Cette forme de satanisme met l'accent sur la liberté personnelle, la critique des institutions religieuses et la valorisation de l'individualité, de l'autonomie personnelle et de la satisfaction des désirs

Les rituels peuvent inclure des invocations, des cérémonies de purification, et des célébrations de la nature et des cycles de la vie. Les adeptes utilisent des symboles comme le pentagramme inversé, la croix inversée, et d'autres iconographies associées à Satan. Critique des institutions religieuses et morales traditionnelles, et promotion de la liberté de pensée et d'expression.

Ce type de *satanisme théiste*, héritage d'un culte des *démons*, considère Satan comme le *Malin*, détenteur des forces du mal, dont la puissance finira par vaincre les forces du bien. Considérant Satan comme le *juste* tourmenté par Dieu, les adeptes de ce satanisme doivent lutter contre Dieu pour faire vaincre Satan, en violant les préceptes divins. De ce fait, ils font preuve d'immoralisme et d'amoralisme. Il s'agit de verser le sang par le meurtre et les sacrifices humains et animaux, et de répandre le sperme selon un rituel de débauche sexuelle. Les adeptes tiennent dans ce cas, Satan comme un *frère* ou un *père*, car il est le premier des damnés.

La liturgie naturelle du satanisme est la *Messe noire*. C'est une *caricature* de la messe catholique romaine qui comprend le culte du diable, aussi dénommé Satan. Les récits de messe noire exposent divers rites qui parodient le message chrétien au cours d'une messe. Ainsi, les participants accrochent un crucifix à l'envers, lisent les prières habituelles par la fin, feignent une bénédiction avec de l'eau crasseuse, se servent d'une femme nue en guise d'autel, immolent des animaux ou des humains et accomplissent divers actes sexuels.

La pratique des messes noires combine des rites chrétiens détournés à de la magie. C'est à partir du XVIIe siècle que l'image de la messe noire s'est imposée ; elle persiste jusqu'à l'époque moderne. En France, le plus célèbre des satanistes reste sans doute G. de Laval, baron de Rais [1404-1440], alias *Barbe Bleue*. Maréchal de France qui lutta pour Charles VII, il se consacra par la suite à l'*alchimie* et au *Satanisme*. Il fut accusé d'hérésie et du sacrifice de plusieurs centaines d'enfants. Il est le *mentor* de Jeanne d'Arc à Orléans, Paris et Reims.

Possesseur du titre de maréchal de France et disposant d'une immense fortune, G. de Rais se retire, vers 1434, dans son château vendéen de Tiffauges pour une vie fastueuse. C'est un mécène dépensier en faveur de la musique, de la littérature et des spectacles. Dès 1430, G. de Rais se vouait à *l'alchimie*, à la *magie noire* et à l'invocation de *Satan*. Pendant cette période, il enlève et assassine, selon les estimations, de cent quarante à plusieurs centaines d'enfants, des garçons pour la plupart. Des squelettes découverts à son domicile en 1437 ne l'inquièteront guère. Néanmoins, suite à une enquête dirigée par l'évêque de Nantes en 1440, il est incarcéré et inculpé de crimes, de pédophilie, de sodomie et de satanisme. Un tribunal ecclésiastique prononcera sa condamnation pour hérésie et l'excommuniera. Puis il sera jugé et condamné pour meurtre par un tribunal civil et exécuté à Nantes, le 26 octobre 1440.

g - *Luciférisme*

Le Luciférisme est un ensemble de croyances et de pratiques centrées sur la figure de Lucifer, considéré non comme une entité maléfique, mais comme un symbole de la lumière, de la connaissance, et de la rébellion éclairée contre les autorités dogmatiques et oppressives. Doctrine qui s'est développée au Moyen Âge selon laquelle *Lucifer* ne serait pas un ange déchu, mais au contraire, le principe du Bien, de la Lumière, le *vrai Dieu* ou tout au moins son émissaire : il personnifie alors la révolte, la soif de connaissance intégrale.

Lucifer est souvent symbolisé comme le « *porteur de lumière* » d'où son nom [du latin « *lux* » lumière et « *ferre* » porter]. Il représente la quête de la connaissance et de la vérité. Lucifer possède d'autres symboles comme l'étoile du matin, les torches, et d'autres représentations de la lumière et du feu. Contrairement à l'image traditionnelle de Satan comme incarnation du mal, Lucifer est vu comme une figure qui défie l'obscurité et l'ignorance. Selon les adeptes du Luciférisme, ces derniers cherchent à atteindre une illumination spirituelle par la connaissance, la sagesse et l'autonomie personnelle.

C'est l'*Ange de Lumière* qui délivre l'âme de l'esclavage dans lequel la tient le Créateur, *Adonaï*, qui est un être mauvais ou inférieur nommé également le *Démiurge*. Le Luciférisme est professé par certaines sectes gnostiques et l'on en retrouve l'écho dans beaucoup de conceptions occultistes[140]. Le Luciférisme valorise la rébellion éclairée contre les dogmes religieux et les structures de pouvoir perçues comme oppressives. C'est une célébration de la liberté intellectuelle, de l'indépendance de pensé et un encouragement à remettre en question les dogmes et à explorer les idées avec une pensée critique et ouverte. Les luciifériens mettent un fort accent sur l'éducation, les études ésotériques et la compréhension profonde des mystères de l'univers. Des rituels symboliques peuvent être réalisés pour invoquer la lumière de Lucifer et rechercher l'illumination.

. *Lucifer et Satan*. Dans le Luciférisme, Lucifer est principalement vu comme une figure de lumière et de connaissance, tandis que dans le Satanisme, Satan peut être perçu comme un symbole de défi et de liberté, mais aussi comme une entité maléfique. Le Luciférisme met davantage l'accent sur l'illumination spirituelle et la quête de la vérité, tandis que le Satanisme peut inclure une dimension plus provocatrice et opposée aux conventions sociales et religieuses.

---

[140] E. ROYSTON PIKE, « Dictionnaire des Religions », Edit. PUF, Paris, 1954.

h - Le Livre des Morts[141]

Nom d'une importante collection de textes funéraires contenant des formules magiques, des hymnes et des prières supposées, selon les anciens Égyptiens, servir de guide et de protection de l'*âme* [*Ba*] dans son voyage vers le territoire des morts [*Amenti*]. Ces écrits se placent à côté de la momie lors de l'inhumation pour permettre au défunt de parvenir au monde divin. Ces textes de composition très diverse se regroupent en un corpus d'à peu près 190 formules. Ils sont connus sous le nom de *Textes des pyramides* et de *Textes des Sarcophages*.

Le *Livre des Morts*[142] dénommé aussi *Formule pour sortir au Jour* est un recueil occulte qui aborde divers thèmes énonçant le déplacement du défunt dans l'au-delà et son initiation. La place en compagnie des dieux nécessite pour le défunt d'acquérir les aptitudes spécifiques de la divinité, en particulier le *Ba,* l'*âme*. Le mort se soumet à un jugement où sont évalués ses actes et ses intentions.

Les textes exposent une codification stricte des principes sur lesquels se fixe ce jugement. Le livre des Morts apparaît comme le symbole du secret divin qui n'est livré qu'à l'initié. Il a joué un rôle essentiel dans le rituel d'initiation des mystères osiriens. Il reste la bible du gnosticisme égyptien[143].

---

[141] A. CHAMPDOR, « Le livre des morts », Edit. Albin Michel, Paris, 1963.

[142] Des exemplaires de ce *Livre des Morts* se trouvent au *Musée du Louvre* et au *British Museum*.

[143] J. DORESSE, « Les livres secrets des gnostiques d'Égypte », Edit. Du Rocher, Monaco, 1984.

i - Thaumaturgie

La *thaumaturgie* [du grec « *thauma* » merveille et « *ergon* » travail] est le procédé permettant de faire des miracles et des actes surnaturels, souvent associés à des pouvoirs divins ou magiques. La thaumaturgie implique la capacité de guérir les malades, ressusciter les morts, ou contrôler les éléments naturels. Ces actes sont souvent perçus comme étant d'origine divine, impliquant une intervention directe de Dieu ou des divinités.

Les thaumaturges peuvent utiliser des incantations, des prières ou des rituels pour invoquer des pouvoirs surnaturels. Ces pratiques peuvent être religieuses ou magiques. Ils utilisent d'objets sacrés ou magiques, tels que des reliques, des talismans, ou des symboles religieux, pour canaliser les pouvoirs thaumaturgiques.

De nombreux saints chrétiens sont crédités de pouvoirs thaumaturgiques, comme Saint Antoine de Padoue ou Saint François d'Assise, connus pour leurs miracles de guérison et autres prodiges.

Les prophètes de la Bible, tels que Moïse et Élie, ont également été décrits comme des thaumaturges, accomplissant des actes miraculeux par la puissance divine. Hermès Trismégiste est une figure mythique associée à l'hermétisme, souvent considérée comme un thaumaturge capable de réaliser des prodiges grâce à ses connaissances ésotériques et alchimiques. Les récits de miracles continuent dans certaines traditions religieuses modernes, où des saints, des gurus ou des maîtres spirituels sont crédités de pouvoirs thaumaturgiques. Certaines formes de guérison spirituelle et de pratiques de médecine alternative peuvent être considérées comme une continuation de la thaumaturgie.

j - *Voyance*

La voyance est la pratique qui consiste à percevoir des informations sur des événements passés, présents ou futurs à travers des moyens « *extrasensoriels* ». Les personnes qui pratiquent la voyance sont appelées *voyants* ou *médiums*. Les voyants prétendent avoir des capacités psychiques qui leur permettent de recevoir des visions métaphysiques en entrant en contact avec des esprits, des impressions ou des messages intuitifs au-delà de la perception normale. Ils appellent ces capacités, la *clairvoyance*, c'est à dire la faculté de voir des événements ou des informations sans l'usage des sens physiques. Cela peut inclure des visions de l'avenir ou des perceptions de situations présentes ou passées. Certains prétendent que la voyance est le fait de la *télépathie*, la capacité à communiquer par la pensée. Les voyants utilisent une variété de méthodes et de techniques.

. *Cartomancie.* Utilisation de cartes, comme le tarot, pour obtenir des informations.

. *Lecture de palmes.* Examen des lignes de la main pour interpréter des traits de caractère et des événements futurs.

. *Boules de cristal.* Utilisation de cristaux pour se concentrer et recevoir des visions.

. *Channeling.* Communication avec des esprits ou des entités pour obtenir des messages.

Les gens consultent les voyants pour obtenir des conseils et des orientations sur des décisions importantes de leur vie, telles que des choix de carrière, des relations, ou des finances. La voyance peut offrir du réconfort et des réponses à ceux qui cherchent à comprendre des événements passés ou à entrer en contact avec des êtres chers décédés. Les consultations de voyance visent souvent à prédire des événements futurs et à aider les individus à se préparer aux défis et aux opportunités à venir. Cette pratique continue d'attirer un grand nombre d'adeptes cherchant des réponses et du réconfort au-delà des moyens conventionnels.

k - Divination

La divination est une pratique ésotérique visant à obtenir des informations cachées ou à prédire l'avenir par divers moyens surnaturels ou occultes. Elle repose sur la croyance que certaines techniques permettent de révéler des connaissances qui ne sont pas accessibles par des moyens ordinaires. Elle use de divers procédés afin de guider les décisions, comprendre les influences personnelles, et offrir des insights dans les situations de la vie.

. *Cartomancie.* Elle utilise des cartes de tarot pour interpréter des situations et prédire des événements futurs. Chaque carte a une signification symbolique qui aide à fournir des insights. Elle a recours aussi aux jeux de cartes ordinaires pour la divination, avec chaque carte ayant une signification spécifique.

. *Astrologie.* Elle considère des positions et des mouvements des corps célestes pour prédire les événements terrestres et comprendre les influences astrologiques sur la vie humaine. Création de profils astrologiques, l'horoscope, basé sur la date de naissance pour fournir des prévisions et des orientations.

. *Numérologie.* La divination analyse des nombres ou *symbolisme des nombres*, souvent en relation avec la date de naissance ou le nom, pour déterminer des traits de personnalité et des tendances futures.

. *Calculs numérologiques.* Elle emploie des méthodes mathématiques pour interpréter les significations des nombres et leurs influences.

. *Lecture des palmes.* Interprétation des lignes de la main [*chiromancie*] pour révéler des aspects du caractère et prédire l'avenir.

. *Forme des mains et doigts.* Analyse des formes des mains et des doigts pour obtenir des informations sur la personnalité.

. *Radiesthésie.* Utilisation de pendules ou de baguettes pour détecter des énergies et obtenir des réponses à des questions spécifiques. Pratique de la radiesthésie pour localiser des objets ou des ressources souterraines, comme l'eau ou les minéraux.

Les formes de divination inductives les plus connues de nos jours incluent l'*astrologie*, la *cristallomancie* [lecture dans le cristal], la *bibliomancie* [l'interprétation de *messages ésotériques* renfermés dans les livres et particulièrement dans la Bible], la *numérologie*, la *chiromancie*, la *cartomancie* et le décryptage des feuilles de thé sont les formes de divination inductives les plus courantes actuellement.

La divination est souvent utilisée pour guider les individus dans la prise de décisions importantes, en fournissant des insights et des perspectives supplémentaires. Les praticiens de la divination cherchent à anticiper les événements futurs et à se préparer aux défis et aux opportunités à venir. La divination aide les individus à mieux comprendre leurs traits de personnalité, leurs talents et leurs défis, ce qui peut contribuer à un développement personnel et spirituel. En fournissant des réponses et des prévisions, la divination peut offrir du réconfort et de la clarté dans des situations incertaines.

- • *Divination dans l'Antiquité*

Dans toutes les sociétés humaines, se répand largement une *pratique* divinatoire destinée à acquérir des informations sur des événements passés, présents ou futurs. Les procédés auxquels elle a recours pour cela ne relèvent pas de connaissances naturelles. En Égypte, en Mésopotamie, par exemple, la pratique de la *divination* interprète des signes permettant de connaître la volonté des dieux, une sentence qu'ils énoncent ou une prophétie. Différentes techniques sont utilisées pour se mettre en contact avec la divinité et obtenir les *oracles*. L'oracle, rendu dans un lieu déterminé se transmet par l'intermédiaire d'une prêtresse en transe [*pythie*], d'un animal sacré ou par l'interprétation de divers signes [bruit du vent, bruissement de feuilles d'arbre, ruissellement d'une source, etc.] ; le *clergé* ou les *devins* servent aussi d'intermédiaires et d'interprètes.

L'*oracle*[144] égyptien le plus important est celui *d'Amon*[145] dans l'oasis de Siwah au Sahara. Les hébreux consultent les oracles liés à *Thummin* et *Urim*. Les Phéniciens associent les oracles à *Baal-Zeboul* [*Bêlzébuth*] qui devient *Bêl* ou *Bâl*.

Diverses techniques s'emploient dans la pratique divinatoire, particulièrement l'*oniromancie* ou la divination par les songes, ainsi que la *nécromancie* ou l'art d'évoquer les esprits des morts pour en acquérir des révélations. L'accomplissement du contact direct ou indirect avec le surnaturel résulte de l'explication, par le médium, de la conduite d'animaux et de manifestations naturelles qui sont censées être porteuses de messages du surnaturel. Les procédés de divination courants, artificiels ou inductifs, comprennent le tirage au sort, l'analyse des entrailles des victimes par un augure et l'*ornithomancie*, c'est-à-dire l'examen de l'action des oiseaux [chant ou vol]. Les devins ont un immense pouvoir de persuasion car ils détiennent aux

---

[144] *Oracle*. Ce mot à plusieurs significations ; il désigne soit la réponse d'un dieu à ceux qui l'interrogeaient, soit le dieu qui donnait cette réponse ou encore l'endroit où se produisait cet événement.

[145] *Amon*. Dieu dynastique sous la XIIe dynastie, il connut la gloire lorsque les princes thébains eurent chassé les Hyksos au début du Nouvel Empire. Il devint dieu suprême de l'Égypte libérée. Dès lors, le nom d'Amon, qui signifie *le* [*dieu*] *caché* et que l'on retrouve dans de nombreux noms royaux comme *Aménophis* ou *Toutankhamon*, est indissolublement lié au Nouvel Empire égyptien. Dieu dynastique, il assimile les caractères de nombreuses divinités : ceux du dieu Rê, qui n'est autre que le Soleil, ceux du dieu Min, maître générateur dont la procession ouvrait l'époque des moissons, ou encore ceux du dieu guerrier Montou. Il devient ainsi le *roi des dieux* [*nesou netjerou* en égyptien]. Son grand temple, situé à Karnak, est le plus gigantesque ensemble de ce genre en Égypte.

yeux des profanes crédules les clefs de la connaissance et des mystères. Personne n'entreprend quelque chose de sérieux si les augures décident que les auspices sont défavorables !

l - Kabbale

Courant ésotérique juif, le terme *kabbale*[146] vient du mot *Qabbalah* qui signifie en hébreu « *doctrines reçues par tradition* »[147]. Selon la terminologie juive, la kabbale s'applique à toute doctrine révélée. En fait, il désigne un ensemble de doctrines occultes contenues dans un certain nombre d'ouvrages ésotériques. Les plus importants sont : *Sefer Yetzirah* [*Livre de la Création*] attribué au rabbin Akiba et *Sefer ha-Zohar* ou *Zohar* [*Livre de la Splendeur*] de Moïse Ben Jochai. Ces ouvrages se réfèrent à une grande antiquité

---

[146] E. ROYSTON PIKE, « Dictionnaire des Religions », Edit. PUF, Paris, 1954.
G. SCHOLEM, « La Kabbale et sa symbolique », Edit. Payot, Paris, 1975.
F. WARRAIN, « La Théodicée de la Kabbale », Edit. Vega, 1949.
[147] GERSHOM SCHOLEM [1897-1982] philologue, historien et théologien juif ; son adhésion au mouvement sioniste alors qu'il était encore étudiant l'amena à s'intéresser aux sources de la tradition juive, l'étude de la Kabbale. Sa thèse de doctorat est consacrée à la traduction et au commentaire du « *Sefer ha-Bahir* [*Das Buch Bahir*, 1923] », l'un des premiers et des plus ardus textes kabbalistiques [il faut en tous les cas être un initié pour comprendre tout texte de la kabbale]. Il devient un spécialiste des manuscrits kabbalistiques ou se rapportant à la période médiévale de la littérature juive : « Les Grands Courants de la mystique juive [Major Trends in Jewish mysticism, 1re éd., New York, 1941] » - « Jewish Gnosticism-Merkabah Mysticism and Talmudic Tradition, New York, 1960 » - « Les Origines de la kabbale, Paris, 1966 » - « La Kabbale et sa symbolique, Paris, 1966 [Zur kabbala und ihrer Symbolik] » - « Le Messianisme juif, Paris, 1974 »

mésopotamienne et égyptienne et servent de canevas à tous les mouvements *ésotérico-mystiques* du Judaïsme et de la Franc-Maçonnerie. La kabbale, en dépit de sa systématisation relativement tardive, est l'héritière de tout un gnosticisme juif compilé en Orient [Égypte, Mésopotamie, Perse, etc.]

La *doctrine kabbalistique* embrasse la nature de la *Divinité*, les émanations divines ou *Sefirot*, la création des anges, de l'homme, leur destinée future et le caractère réel de la Loi révélée. La théologie est panthéistique : toute chose émane de la *Divinité insondable*, l'*Ein Sof*. La divinité a dix attributs [*Sefirot*] : la *Couronne*, la *Sagesse* et l'*Intelligence* forment la première triade ; la seconde est l'*Amour*, la *Justice* et la *Beauté* ; et la troisième triade : la *Fermeté*, la *Splendeur* et le *Fondement*. Enfin, le tout est entouré par le *Royaume*, car c'est la *Shekina*, le halo divin. Les Sefirot, réunies, forment une unité stricte ; elles sont la Divinité à l'état de manifestation, les unes sont masculines et les autres féminines. Leur union a engendré l'univers qui est composé de quatre mondes différents. Le monde de l'Action ou de la Matière est le plus inférieur ; le plus élevé est le monde de l'Émanation, qui a procédé de l'*Ein Sof*, c'est le monde céleste ou l'Archétype. La réunion des dix *Sefirot* forme l'homme primordial [*Adam Kadmon*]. Des diagrammes représentant un homme nu couronné, avec les dix Sefirot associées aux diverses parties du corps jouent un rôle primordial dans les études mystiques, magiques et spéculatives des kabbalistes.

Toutes les âmes qui doivent s'incarner ici-bas préexistent dans le monde des Émanations : chaque âme possède dix *potentialités*, groupées en triades. Chacune de ces âmes, avant d'entrer dans ce monde est formée d'une partie masculine et d'une partie féminine, unies en un seul être. Séparées sur la terre, les deux moitiés cherchent à se découvrir pour pouvoir se réunir à nouveau : c'est ce qui arrive dans le mariage authentique, mais seulement si l'âme et sa conduite sont agréables à Dieu ; sinon, elle doit revenir, s'incarne ici-bas dans un corps humain, pour une ou deux existences. Si son corps est encore pollué par le péché, une autre âme est envoyée pour s'unir à elle, dans l'espoir que leur effort combiné engendrera un corps pur et sans tache.

Quand toutes les âmes en attente auront accompli leur pèlerinage terrestre, auront habité des corps humains et réussi leur épreuve, elles retourneront d'où elles sont venues, dans le sein infini de Dieu, et le « *Jour du Jubilée* » commencera. Le Messie, issu de la Maison de David, descendra alors du Monde des âmes pour instaurer une ère de bonheur parfait, sans péché ni douleur, « *un Sabbat qui n'aura pas de fin* ».

À partir du XVIe siècle, la Kabbale développe son élément magique. L'intérêt qu'on lui porte grandit alors dans les divers mouvements occultistes. Sabbataï Zevi [1626-1676], faux messie juif, a été au centre de l'un des mouvements messianiques les plus importants et significatifs de l'histoire juive. L'Hassidisme polonais en est un autre exemple.

Le Talmud est le cœur de la croyance des Juifs, la Kabbale en est l'épicentre !

Le *démiurge* désigne dans la doctrine kabbalistique le créateur du monde, l'architecte de l'univers matériel. Ainsi, dans le néoplatonisme et le gnosticisme, le démiurge est toujours considéré comme l'architecte du monde, mais reste une entité distincte et inférieure au Dieu suprême. Généralement, pour les initiés, le démiurge incarne le principal adversaire de Dieu, *Satan*, qui symbolise l'univers matériel.

Le *panthéisme* est la doctrine qui soutient que tout ce qui existe est Dieu. Dieu est immanent au monde, Il est tout dans tout. Les panthéistes nient ainsi la personnalité de Dieu. Les plus célèbres panthéistes connus sont le juif B. Spinoza[148] [1632-1677], G. Bruno[149] [1548-1600] et G.C. Vanini[150] [1585-1619].

m - Théosophie

La théosophie est un système ésotérico-philosophique qui cherche à explorer la nature divine, l'univers et la relation entre l'humanité et le cosmos. Elle combine des éléments de religions orientales et occidentales, de philosophie et de science pour offrir une compréhension holistique de la vérité spirituelle.

---

[148] B. SPINOZA, « Éthique démontrée selon la méthode géométrique »
[149] G. BRUNO, « Dialoghi italiani I », Edit. Sansoni, Firenze, 1985.
[150] G.C. VANINI, « Amphithéâtre de l'éternelle Providence [Amphitheatrum aeternae providentiae] », Edit. Kessinger Publishing, Whitefish Montana, 2009.

Le terme de *théosophie* s'emploie en référence particulière à la doctrine magique des maîtres religieux orientaux qui prétendent atteindre un niveau d'existence supérieur aux autres mortels.

La théosophie moderne a été fondée par H.P. Blavatsky [1831-1891][151] à la fin du XIXe s. Selon cette dernière et ses disciples, Dieu est infini, absolu et inconnaissable, attribut pourtant incompatible avec la prétention implicite contenue dans la notion même de *théosophie* !

La déité serait donc la source de l'esprit aussi bien que de la matière. Par le fait d'une loi immuable, l'esprit s'abaisse à la matière qui se hisse à l'esprit selon un mouvement cyclique. Selon la doctrine, les âmes sont semblables par leur essence, mais distinctes par leur degré d'évolution. Les âmes élitistes sont censées être les surveillants naturels des âmes médiocres. Les êtres humains se présentent doués simultanément d'une nature vile et d'une nature éminente. La nature éminente composée de la conscience, de l'âme et de l'esprit, souillée par la nature vile, particulièrement physique, doit être purifiée avant de réintégrer entièrement le divin. La purification est présumée se dérouler à travers une série d'incarnations. Le concept kabbalistique de cette doctrine est largement employé.

---

[151] H.P. BLAVATSKY, de son vrai nom H. Hahn Dniepropetrovsk, [en Ukraine] , est la cofondatrice en 1875 de la Société théosophique, un système de philosophie occulte. Elle passe une partie de sa jeunesse à voyager en Europe, en Asie, aux Etats-Unis et à s'initier à la gnose hindoue auprès des *mahatmas*. Elle affirme détenir des pouvoirs spirituels inaccessibles au commun des mortels.

n - Gnosticisme[152]

Le *gnosticisme* est un ensemble de croyances religieuses et de doctrines d'un ensemble de sectes religieuses qui émergent dans les premiers siècles de l'ère chrétienne. Il met l'accent sur la *gnose*, ou *connaissance ésotérique*, comme moyen de salut. Les gnostiques croient que cette connaissance secrète permet de comprendre l'essence divine et de libérer l'âme de l'emprise du monde matériel.

Le gnosticisme se caractérise par un dualisme marqué entre l'esprit et la matière. Il considère le monde matériel comme corrompu et inférieur, créé par un être imparfait appelé le *Démiurge*. En revanche, le monde spirituel est perçu comme parfait et divin. Le Démiurge est souvent vu comme un créateur inférieur, distinct et inférieur au Dieu suprême ou à la plénitude divine, souvent appelé le *Pleroma*.

La gnose est une connaissance intérieure et ésotérique, vue comme essentielle au salut. Cette connaissance permet de comprendre sa vraie nature divine et de se libérer des entraves du monde matériel. Les gnostiques croient que cette connaissance est révélée intérieurement, souvent à travers des visions, des révélations personnelles ou des enseignements secrets.

. *Mythologie gnostique.* Des entités spirituelles, souvent perçues comme malveillantes, qui maintiennent l'âme humaine prisonnière du monde matériel. Une figure centrale dans de nombreuses traditions gnostiques, souvent

---

[152] F. SCHUON, « Sentiers de Gnose », Edit. La Colombe, 1957 : Edit. L'Harmattan, Paris, 2023.

représentée comme la sagesse divine déchue, *Sophia*, qui cherche à restaurer sa plénitude.

. *Textes gnostiques*. L'Évangile de Thomas est un des textes gnostiques les plus célèbres, contenant des paroles attribuées à Jésus qui mettent l'accent sur la connaissance intérieure. Une collection de textes gnostiques découverts en Égypte en 1945, le Codex de Nag Hammadi, fournit un aperçu précieux de la diversité des croyances gnostiques.

Le gnosticisme a influencé certaines branches du christianisme primitif, bien qu'il ait été largement rejeté par l'Église orthodoxe qui considérait ses enseignements comme hérétiques. Diverses écoles et sectes gnostiques ont émergé, chacune avec ses propres interprétations et enseignements.

- *Dogme gnostique*

Le mot *Gnose* [*gnôsis*] désigne donc un type spécial de religiosité qui comporte la *connaissance en soi*, le savoir absolu et total, qui embrasse toute chose. Il permet de résoudre tous les problèmes philosophiques et religieux relatifs à la divinité, à l'univers et à l'homme ; c'est une connaissance purement intuitive qui transcende la raison discursive. Elle procure à celui qui en est le bénéficiaire l'*illumination* soudaine et définitive. C'est par nature une connaissance *ésotérique*, réservée à certains initiés et que le profane est incapable de comprendre. Elle est également et surtout, une connaissance qui n'est pas un savoir spéculatif mais une connaissance qui *apporte avec elle le salut*.

Le gnosticisme apparaît comme la réaction d'un être *jeté dans le monde* qui réalise le caractère foncièrement mauvais, absurde du monde matériel, auquel il est étranger. Par une illumination personnelle, le gnostique prend conscience du sort lamentable qui est le sien dans le monde actuel ; de la possibilité et de la nécessité qu'il a d'être sauvé, car il se reconnaît comme une parcelle déchue du monde transcendant, comme une étincelle lumineuse tombée dans les ténèbres. Le gnostique n'a fait qu'oublier momentanément son origine première : la gnose est connaissance, mais elle est aussi reconnaissance.

Le dogme gnostique consiste à croire que c'est par la *Gnose* [*Connaissance*] que l'individu peut être sauvé et non par la conviction divine et les œuvres !

Les symboles, les mythes et la terminologie utilisés par les gnostiques sont empruntés à des traditions religieuses ou philosophiques diverses. Le caractère gnostique des textes s'exprime par l'utilisation, à une fin déterminée, de ces symboles, de ces mythes et de ces expressions empruntées à des sources souvent disparates. On pense que toute doctrine de type gnostique est nécessairement *occulte* ou *théosophique*.

Comme tous les théosophes, les gnostiques ont une prédilection marquée pour la doctrine de l'émanation, mais ils considèrent la matière comme essentiellement mauvaise. Celle-ci est engendrée par un *Eon*[153] déchu ou par un *Démiurge* mauvais.

---

[153] *Eon* est le nom employé par les Gnostiques pour désigner les manifestations, les attributs particuliers de la Déité insondable ; émanés de

Le *dualisme*, radical ou mitigé, y est fondamental et le corps humain est mauvais ou sans importance [gnostiques chrétiens ou *Docétisme*[154]. C'est là qu'il faut chercher la raison d'être de l'éthique gnostique qui préconise soit l'ascétisme le plus extrême, la condamnation radicale de la chair, soit un amoralisme total plaçant ceux qui possèdent la Gnose salvatrice au-dessus des lois morales, instituées par le *Démiurge inférieur* [*Lucifer* ou *Satan*].

En analysant les religions et en y appliquant la méthode du comparatisme et de la phénoménologie, on s'aperçoit d'une généralisation du concept de Gnose. Il n'existe pas *un* Gnosticisme mais *des* Gnosticismes, c'est-à-dire diverses manifestations historiques qui n'ont pas été en contact nécessairement les unes avec les autres.

Le *Gnosticisme* a engendré, par exemple, le *Manichéisme* et le *Catharisme*. Les *Gnoses* forment à l'intérieur de diverses religions, un *ésotérisme* spécial, apanage de divers groupes ou *conventicules*[155] initiatiques.

---

la Puissance suprême, leur réunion constitue le *Plérome*, la Plénitude de la Divinité, le monde transcendant. Les Eons sont masculins et féminins et l'union de deux Eons complémentaires forme un couple ou *sizygie*.

[154] *Docétisme*. Doctrine soutenue par les gnostiques et divers *hérétiques* chrétiens. Elle affirme que la matière étant impure par essence, le Christ n'a donc pas pu prendre chair humaine : ce qui semble être son corps n'est qu'une apparence ce qui entraîne le caractère illusoire de la Crucifixion, de la Résurrection et de l'Ascension.

[155] *Conventicule*. Petite assemblée, généralement secrète.

CHRETIENS	JUIFS	MUSULMANS	DIVERS
RATTACHÉS À UN FONDATEUR	RATTACHÉS À UN FONDATEUR	RATTACHÉS À UN FONDATEUR	RATTACHÉS À UN FONDATEUR
Simon le Magicien, Ménandre, Sartonil, Marcion, Basilide, Carpocrate, Bardesane, Valentin, etc.	Philon d'Alexandrie, M. Maïmonide, I. Louria de Safed, Sabbataï Zevi, etc.	Al-Farabi, J.D. Roumi[156], Ibn-Arabi, etc.	Bouddha, Lao-Tseu, Confucius, Blavatsky, etc.
DOCTRINES	DOCTRINES	DOCTRINES	DOCTRINES
Ophiisme[157], Barbélognosticisme, Nicolaïsme, Caïnites, etc.	Essénisme, Panthéisme, Lourianisme, Sionisme, etc.	Ismaélisme[158], Soufisme, etc.	Bouddhisme, Taoïsme, Hindouisme, Tantrisme Lamaïsme[159], Théosophie,

---

[156] JALAL AD-DINE ROUMI [1207-1273] , poète persan né à Balkh, dans le Khorassân, mort à Konya, où son père, Baha ad-Dīne Walad, théologien éminent, avait été invité par le sultan seldjoukide à diriger une madrasa. Il étudia plusieurs années à Alep et à Damas, où il rencontra Ibn al-Arabî. Il s'installe à Konya, où il enseigne la jurisprudence et la loi canonique, succédant ainsi à son père et entouré de disciples. En 1244 une rencontre des plus insolites avec le soufisme vient secouer sa vie. Un certain Shams de Tabrîz, un derviche errant dont on ne sait que très peu de choses, devint son maître spirituel et pratiqua sur lui une influence décisive. À la mort de Shams, il institua le Sama, un concert suivi de la danse caractéristique de la confrérie qu'il créa, habituellement connue en Occident sous la dénomination de *derviches tourneurs*.

[157] A. AVALON, « La puissance du serpent », Edit. Dervy, Paris, 2012.

[158] H. CORBIN, « Trilogie ismaélienne », Edit. Verdier, Lagrasse, 1994.

[159] A. DAVID-NEEL, « Initiations lamaïques », Edit. Adyar, Paris, 2000.

			Nihilisme, Romantisme, Surréalisme, etc.
Mandéisme	DOCTRINES OCCULTES		
Hermétisme	Kabbale		
Manichéisme : Priscillianisme, Bogomilisme, Paulicianisme, Catharisme.	Hassidisme		
DOCTRINES OCCULTES			
Alchimie[160], Rosicrucianisme [Rose-Croix], Illuminisme [Illuminés de Bavière], Franc-maçonnerie, B'nai B'rith, Commission Trilatérale, Foreign Office, Hermétisme, etc.			
Magie, Sorcellerie, Satanisme, Luciférisme, etc.			

o - *Sociétés secrètes*

Ce sont des organisations qui gardent leurs activités, leurs motivations et leur existence cachées du grand public. Chacune a des objectifs et des méthodes uniques, allant de la « *spiritualité* » [ésotérisme et occultisme], de la Finance à la stratégie militaire, ainsi qu'aux conspirations politiques, culturels, socioéconomiques et criminels.

---

[160] C.G. JUNG, « Psychologie und Alchemie », Edit. Buchet Chastel, Paris, 2004.

. Caractéristiques des sociétés secrètes. Les sociétés secrètes exigent souvent que leurs membres gardent certains aspects de leurs activités cachés. Les nouveaux membres doivent souvent passer par des rites d'initiation pour être acceptés dans la société. Les sociétés secrètes jouent un rôle important dans l'histoire, influençant et créant des événements politiques, sociaux et culturels.

Les sociétés secrètes se déguisent habilement en utilisant des noms respectables et des organisations de façade qui semblent bienveillantes ou neutres. En se présentant comme des corporations, des groupes de réflexion, des conseils de sages, ou même des associations philanthropiques, elles détournent l'attention de leur véritable nature et de leurs activités. Le grand public reste largement ignorant de la véritable nature de ces organisations parce qu'elles semblent s'engager dans des activités légitimes et même nobles. Cette perception les protège des critiques et leur permet de fonctionner sans attirer une attention indésirable.

En réalité, ces organisations sont souvent des groupes initiatiques, c'est-à-dire qu'elles suivent un processus d'initiation où les nouveaux membres sont progressivement introduits à des niveaux de connaissance et de secrets plus profonds. Ce processus d'initiation crée un sentiment d'exclusivité et de loyauté parmi les membres. Elles forment un vaste réseau de systèmes ésotériques et occultes basés sur des connaissances cachées, des rituels et des symboles. Ces systèmes sont conçus pour conférer pouvoir et influence à ceux qui possèdent les connaissances secrètes, et ils sont souvent jalousement gardés.

Ces sociétés secrètes modernes s'inspirent de traditions anciennes telles que l'hermétisme, qui implique l'étude de principes mystiques et alchimiques ; les rituels de mort et de résurrection, qui symbolisent la transformation et la renaissance ; le parrainage des adeptes, qui favorise la loyauté et le mentorat ; la fraternité et la solidarité, qui créent des liens forts entre les membres.

Cependant, les sociétés secrètes contemporaines possèdent des ressources et des moyens qui dépassent largement ceux disponibles à leurs prédécesseurs. Les avancées en matière de technologie, de communication, de finance et de connectivité globale ont considérablement amplifié leur pouvoir et leur influence. Elles peuvent coordonner des activités à l'échelle mondiale, influencer les systèmes politiques et économiques, et exercer un pouvoir occulte significatif. Ainsi, les sociétés secrètes masquent leur véritable nature en se cachant derrière des appellations respectables. En réalité, ces organisations fonctionnent comme des réseaux initiatiques ésotériques et occultes, inspirés par des traditions antiques mais dotés de moyens modernes qui leur confèrent un pouvoir et une influence considérables. La plupart des gens ignorent l'existence de ces sociétés et la portée de leur emprise.

Ces sociétés secrètes ne fonctionnent pas de manière isolée. Elles se regroupent en une sorte de consortium international, ce qui leur permet de partager des ressources, des informations et des stratégies pour atteindre des objectifs communs.

En se regroupant comme une entreprise, ces sociétés peuvent coordonner leurs efforts tout en conservant leurs spécialités. Chaque société secrète joue un rôle spécifique dans le réseau global, ce qui leur permet de fonctionner de manière plus efficace et structurée. Chaque société secrète a une spécialité qui contribue au réseau global. Par exemple, une société peut se concentrer sur les finances et l'industrie, tandis qu'une autre peut se focaliser sur des pratiques ésotériques et spirituelles, et une autre encore peut avoir une influence politique.

La Franc-Maçonnerie, par exemple, peut choisir de montrer certaines de ses activités au grand public pour donner l'illusion de transparence. Cependant, cette action est souvent une stratégie de marketing pour attirer de nouveaux membres et maintenir une image publique positive, plutôt qu'un véritable désir de révéler toutes ses activités. La fascination pour les sociétés secrètes est limitée à un petit groupe de personnes qui sont conscientes de leur existence. Les sociétés secrètes tentent de vulgariser leur aspect extérieur pour répondre à cette fascination, tout en gardant leurs véritables intentions et activités cachées du grand public.

Les membres des sociétés secrètes participent à des rituels secrets et suivent des doctrines occultes. Ces pratiques sont strictement réservées aux initiés et sont tenues à l'écart des non-initiés [profanes]. Chaque membre doit prêter allégeance à la société secrète à laquelle il appartient. Cette allégeance renforce la cohésion et la loyauté au sein du groupe, assurant que les membres respectent les règles et les objectifs de la société.

L'état actuel du monde et de la planète peut révéler les conséquences des actions entreprises par des entités ou des groupes puissants mais dissimulés. Ces actions peuvent inclure des décisions politiques, économiques, environnementales, ou sociales. Les nombreux défis auxquels la planète est confrontée peuvent être le reflet des actions délibérées et coordonnées de groupes puissants. Les effets de ces actions peuvent être observés à travers divers indicateurs tels que les crises économiques, les conflits géopolitiques, les problèmes environnementaux et les inégalités sociales. Ces phénomènes ne sont pas apparus de manière isolée mais sont souvent le produit de décisions stratégiques à long terme prises par des entités influentes. Lorsqu'un acteur, qu'il s'agisse d'un individu, d'une organisation ou d'un groupe, parvient à rester dissimulé à l'opinion publique, ses actions peuvent avoir une portée plus étendue et des effets plus durables. La discrétion permet d'éviter les oppositions et les critiques publiques, facilitant ainsi la mise en œuvre de stratégies à long terme. Ainsi, lorsqu'une entité comme une société secrète agit dans l'ombre, elle peut exercer une influence sans susciter de résistance ou de controverse immédiate. L'absence de visibilité publique permet de mettre en place des stratégies de longue haleine avec moins de surveillance et de critique.

Les actions dissimulées ont souvent une portée plus vaste et des effets plus durables car elles ne sont pas entravées par l'opinion publique ou les contre-mesures immédiates. Les politiques et les décisions mises en œuvre sans l'examen public peuvent ainsi transformer profondément les structures économiques, politiques et sociales sur le long terme.

La dissimulation permet également à ces acteurs de coordonner leurs actions à l'abri des regards, augmentant ainsi l'efficacité et l'impact de leurs interventions. Leur influence peut ainsi s'exercer de manière plus subtile mais durable sur divers aspects de la société.

Si plusieurs crises et changements apparaissent liés, cela peut suggérer qu'ils résultent de plans concertés par des groupes opérant discrètement. Leurs actions visent souvent à remodeler le monde selon leurs intérêts et visions. Bien que de telles idées puissent renforcer le constat des évènements qui surviennent, il est indéniable que l'opacité et la coordination peuvent accroître la capacité d'influence de ces entités. L'observation de l'état actuel du monde peut indiquer les résultats d'actions coordonnées par des entités puissantes et dissimulées. Plus ces acteurs demeurent invisibles, plus leurs actions peuvent avoir un impact large et durable. La dissimulation leur permet d'exercer une influence discrète mais significative sur les affaires mondiales.

De nombreuses sociétés secrètes opèrent avec une telle assurance de leur pouvoir et de leur influence qu'elles ne ressentent pas le besoin de dissimuler leur existence. Leur influence perçue ou réelle leur confère un sentiment de sécurité, les rendant moins soucieuses de la transparence.

Certaines organisations, comme la Franc-Maçonnerie, adoptent une approche de type « *iceberg* », où une partie de leurs activités est visible et accessible au public, telles que leurs bureaux, leurs efforts de recrutement, et certaines de leurs cérémonies. Toutefois, une grande partie de leurs activités et objectifs reste cachée sous la surface, réservée aux membres initiés. Cette dualité permet à ces organisations de maintenir une façade de transparence tout en gardant leurs véritables intentions et opérations secrètes.

D'autres groupes, comme la *Commission Trilatérale*, les *B'nai B'rith*, ou le *Bilderberg Group*, sont beaucoup plus opaques. Leurs réunions et décisions se font souvent en coulisses, loin de l'œil public, renforçant le mystère et les spéculations autour de leurs activités. Leur opacité alimente souvent la méfiance, car l'œil averti perçoit ces organisations comme ayant un pouvoir et une influence disproportionnés sans contrôle ou supervision transparente.

Des organisations plus récentes et encore moins connues existent, opérant avec une discrétion accrue. Leur relative obscurité les rend encore plus difficiles à étudier ou à comprendre. Ces groupes peuvent tirer parti des avancées technologiques et des nouvelles méthodes de communication pour maintenir leur invisibilité et exercer leur influence sans éveiller les soupçons[161].

Lorsque les actions de différentes sociétés secrètes semblent alignées et coordonnées, cela suggère qu'il existe un point central de direction. Cette homogénéité pourrait être le signe d'une planification et d'une supervision centralisées, plutôt que le fruit du hasard. L'existence d'une organisation suprême qui supervise et contrôle toutes les autres sociétés secrètes est une réalité terrifiante. Cette entité aurait le

---

[161] J. BORDIOT, « Une main cachée dirige », Edit. La Librairie Française, Paris, 1974.

pouvoir d'organiser des réunions extraordinaires et de donner des directives à toutes les sociétés secrètes sous son contrôle. Elle jouerait un rôle de chef d'orchestre, assurant la cohérence des actions de chaque société.

Le fonctionnement interne de cette organisation suprême reste inconnu du grand public, ce qui ajoute à son mystère. Ce manque de transparence rend difficile la compréhension de ses objectifs, de ses méthodes, et de ses membres, ce qui alimente son efficacité. Cette opacité et ce secret contribuent à la perception d'un pouvoir centralisé et potentiellement immense. Le fait que cette organisation puisse coordonner les actions de nombreuses sociétés secrètes renforce l'idée qu'elle détient un pouvoir significatif et une influence étendue. Les sociétés secrètes sont, par définition, conçues pour rester hors de la vue du public. Cela signifie que la majorité des gens ne sont même pas conscients de leur existence. Ces organisations ne se font pas connaître par des moyens conventionnels comme les médias ou les publications publiques. L'accès aux informations sur ces sociétés est souvent limité à un cercle restreint d'individus, généralement les membres eux-mêmes et ceux jugés dignes d'être initiés. Le fonctionnement de ces sociétés secrètes est opaque. Même pour les chercheurs et les personnes intéressées par le pouvoir et l'influence, obtenir des informations précises est extrêmement difficile. Les activités de ces organisations ne sont pas documentées de manière accessible, et leurs réunions, décisions et stratégies sont gardées secrètes.

Les objectifs réels de ces sociétés peuvent être beaucoup plus complexes et nuancés que ce qui est apparent en surface. Seules quelques personnes au sommet de la hiérarchie connaissent les véritables intentions et plans. Les membres de ces sociétés secrètes maintiennent généralement leur appartenance clandestine. Cela les protège de l'exposition publique et des éventuelles répercussions. Les informations sur les membres sont étroitement contrôlées et souvent dissimulées. Ces sociétés secrètes mettent en place des stratégies spécifiques pour garder leurs activités cachées. Cela peut inclure des communications codées, des lieux de réunion discrets, et des structures organisationnelles complexes conçues pour éviter toute divulgation. Elles contrôlent strictement la diffusion des informations, ne permettant qu'à un nombre très limité de personnes d'accéder aux détails sensibles.

Les fuites d'informations sont sévèrement sanctionnées pour maintenir l'intégrité de leur secret. Parfois, les sociétés secrètes créent des organisations de façade ou des activités publiques innocentes pour détourner l'attention de leurs véritables opérations et objectifs. Cette analyse met en lumière la manière dont les sociétés secrètes fonctionnent pour rester hors de la vue du public. Leur nature même repose sur la dissimulation et le secret, ce qui rend leur existence, leurs objectifs et leurs membres largement inconnus du grand public. Elles utilisent des stratégies délibérées pour contrôler l'information et préserver leur opacité, renforçant ainsi leur mystère et leur influence.

Benjamin Disraeli[162] [1804-1881] ajoute : « *Le monde est gouverné par de tout autre personnage que ne se l'imaginent ceux dont l'œil ne plonge pas dans les coulisses*[163]. »

Walther Rathenau [1867-1922][164] écrivait: « *Trois cents hommes, dont chacun connaît tous les autres, gouvernent les destinées du continent européen et choisissent leurs successeurs dans leur entourage.* »

Enfin, plus près de nous, un autre protagoniste et non des moindres, David Rockefeller déclare : « *Quelque chose doit remplacer les gouvernements, et le pouvoir privé me semble l'entité adéquate pour le faire*[165] ».

Les sociétés secrètes peuvent jouer un rôle significatif dans les processus politiques et ont la capacité d'influencer des

---

[162] B. DISRAELI [1804-1881] comte de Beaconsfield. Homme d'État britannique d'origine juive, B. Disraeli se fait connaître en tant qu'écrivain [« Vivian Grey [1827] » - « Sybil, or The Two Nations [1846] »]. Puis il s'oriente vers l'action politique et devient Premier Ministre en 1868. Il est l'un des pères fondateurs de l'impérialisme britannique [*colonialisme*] et l'un des promoteurs du Sionisme politique. La reine Victoria [1819-1901] lui doit d'être devenue, en 1876, impératrice des Indes. Une plaque appliquée à Westminster sur le vœu du Parlement célèbre la mémoire du fondateur véritable de l'esprit conservateur britannique contemporain.

[163] B. DISRAELI, « Coningsby or the New Generation », Edit. H. Colburn, London, 1844.

[164] W. RATHENAU, « *Wiener Freie Presse* du 24 décembre 1912 ». W. RATHENAU a été un affairiste et un homme d'État allemand. D'abord ingénieur, puis magnat de l'industrie [*Konzern Allgemeine Elektrizitäts Gesellschaft* [A.E.G.], il mena une vie intellectuelle très active, participant à la rédaction de la revue *Die Zukunft*.

[165] D. ROCKEFELLER, « *Newsweek International* - 1er février 1999 »

aspects clés de la gouvernance d'un pays. Elles peuvent orchestrer l'élection de chefs d'État, influencer la composition des gouvernements et déterminer l'orientation politique des nations en soutenant des partis ou des idéologies spécifiques. Ce degré d'influence politique peut avoir des répercussions profondes sur la direction et les politiques de ces pays.

Les sociétés secrètes peuvent être impliquées dans l'établissement de systèmes politiques et économiques qui façonnent les structures et les règles de pouvoir d'une nation. Cela peut inclure la promotion du capitalisme, du socialisme, ou d'autres modèles économiques et politiques. Elles peuvent jouer un rôle dans la formation de systèmes sociaux et culturels qui déterminent les normes et les valeurs et les pratiques d'une société.

Les sociétés secrètes peuvent choisir de soutenir ou de s'opposer à des régimes politiques spécifiques en fonction de leurs intérêts. Elles peuvent aider à maintenir des régimes en place en fournissant un soutien politique, économique ou militaire, ou elles peuvent orchestrer le renversement de dirigeants en encourageant des révolutions ou des coups d'État pour remplacer les dirigeants en place. Dans de nombreux cas, elles interviennent pour installer des régimes favorables à leurs intérêts. Les sociétés secrètes peuvent être des catalyseurs de changement en promouvant des réformes ou des doctrines innovantes souvent sous le couvert du progrès. Par exemple, elles peuvent encourager l'adoption du libéralisme économique ou d'autres idées progressistes qui transforment les politiques et les pratiques sociales. Leur capacité à influencer les politiques publiques leur permet de façonner l'avenir des sociétés selon leurs propres visions et intérêts.

Les sociétés secrètes manipulent les médias pour contrôler l'information diffusée au public. Elles peuvent diffuser de la désinformation, censurer les nouvelles indésirables, et orienter les récits médiatiques [diffusion de fausses informations, censure] pour promouvoir leurs agendas. Cette manipulation de l'information permet de façonner les perceptions et les opinions publiques, influençant ainsi les attitudes et les comportements des masses. En saturant les médias avec des contenus triviaux ou de divertissement sans substance, elles détournent l'attention du public des questions importantes et réduire la capacité critique des individus. Cela facilite le contrôle et la manipulation de la population.

Les sociétés secrètes peuvent également mettre en place des programmes sociaux, sanitaires, éducatifs et culturels pour influencer les comportements et les attitudes de la société. Ces programmes peuvent servir à gagner la confiance et le soutien du public, tout en promouvant des agendas cachés. Par exemple, ils peuvent financer des initiatives éducatives qui favorisent des idéologies spécifiques ou des programmes sociaux qui renforcent leur influence.

Ce qui est mis en évidence, ici, est la diversité des actions entreprises par les sociétés secrètes pour influencer les structures politiques, économiques et sociales des nations. De l'élection des dirigeants à la manipulation des médias et à la promotion de réformes, ces actions sont menées de manière dissimulée, permettant à ces sociétés d'exercer une influence profonde et durable sur le monde. Leurs stratégies complexes et coordonnées leur permettent de façonner l'avenir selon leurs propres intérêts et visions.

Les doctrines occultes [magiques et hermétiques] ont des origines diverses, souvent attribuées à des figures historiques spécifiques, à des penseurs et religieux anciens tels que des mystiques, des philosophes ou des magiciens. Ces individus ont développé des systèmes de croyances ésotériques qui cherchent à révéler des vérités cachées sur l'univers, l'esprit et le divin. Les véritables concepteurs de ces doctrines ont souvent été des figures influentes, dont les idées ont traversé les âges et continuent d'inspirer des pratiques mystiques et ésotériques aujourd'hui. Aborder leurs doctrines implique de comprendre ces concepteurs et de se pencher sur leurs intentions et motivations. Souvent, ils cherchaient à transcender les connaissances ordinaires et à accéder à une connaissance supérieure, qu'ils croyaient inaccessible par les moyens traditionnels de la religion.

Les différentes religions et systèmes de croyances officielles du monde ont des vues souvent opposées sur les pratiques occultes et magiques. Chacune a ses propres interprétations, attitudes et ses propres raisons théologiques, philosophiques et culturelles pour soutenir ou rejeter ces pratiques de l'occultisme. Le Judaïsme et le Christianisme, par exemple, tendent à s'opposer aux pratiques occultes comme contraires à la volonté divine. Elles mettent souvent en garde contre les dangers spirituels associés à ces pratiques.

Dans des systèmes de croyances comme l'Animisme et le Bouddhisme, les pratiques magiques peuvent être intégrées de manière plus fluide dans les rituels quotidiens et les traditions spirituelles. Par exemple, l'animisme voit les esprits et les forces naturelles comme des éléments intégrés de la vie, tandis que le bouddhisme peut inclure des pratiques de méditation et de visualisation considérées comme magiques.

Dans les traditions religieuses telles que l'Hindouisme et le Brahmanisme, elles incluent souvent des éléments de magie et d'ésotérisme dans leurs rituels et leurs textes sacrés. Elles peuvent voir ces pratiques comme une partie intégrante de la quête spirituelle et de la compréhension de l'univers. Les mantras, les rituels tantriques et les pratiques de yoga peuvent être considérés comme des formes de magie.

Quant à l'Islam, il condamne les pratiques occultes, les considérant souvent comme des déviations de la foi correcte et des dangers pour l'être.

Il existe une complexité et une diversité d'attitudes de croyances officielles envers les doctrines occultes, magiques et hermétiques. En les explorant, on doit également comprendre les intentions et les origines de leurs concepteurs et de leurs motifs. De plus, les religions et systèmes de croyances du monde réagissent différemment à ces pratiques.

DOCTRINE[166]	FONDATEUR HYPOTHETIQUE	PERIODE
Alchimie[167]	Théophile [XIIe siècle]	XIIe s.
	Paracelse[168] [1493-1541]	XVIe s.
	Valentin Weigel [1533-1588]	XVIIe s.
	Jacob Boehme [1575-1624]	XVIIe s.
Animisme[169]	Diverses traditions	Préhistoire[170]
Ansarieh	Ibn Noçair	Moyen-Âge
Astrologie	Babylone, Egypte, Perse	Antiquité
Bâbisme	Mirza Ali Mohamed [1820-1850]	1848
Béhaïsme [ou Bahaisme]	Mirza Hussayn Ali [1871-1892]	1863
Bogomilisme	Bogomil	Xe s.
Bouddhisme	Gautama	Antiquité
Brahmanisme	Inde d'après des Vedas	V-VIe s.
Caïnite	Secte chrétienne [Caïn fils d'Adam]	Ier s.
Çaktisme	Inde	Antiquité

---

[166] J. MARQUES-RIVIERE, « Histoire des doctrines ésotériques », Edit. Payot, Paris, 1971.

[167] L'*Alchimie* tire son nom de l'arabe *al-Kimiya*. *Al-Kimiya* est la Science, la *Chimie*, fondée par Jabir Ibn-Hayyan [le *Geber* latin ; 721-815]. Cette Science incompréhensible dans la Chrétienté fut accueillie et cultivée ainsi en Occident à partir du XIIe siècle sous la forme d'un art occulte nommée *Alchimie*.

[168] Le médecin suisse T. Bombast von Hohenheim dit *Paracelse* [1493-1541] a joué un rôle important dans l'essor de l'*Alchimie* en Occident. Pour échapper au bûcher de l'Inquisition très vivace en Suisse, celle-ci encourage Paracelse à faire un geste symbolique en brûlant ses livres en signe d'allégeance à l'égard de l'orthodoxie catholique qui le soupçonne de sorcellerie par les pratiques de l'alchimie.

[169] Le terme *animisme* a été créé par E.B. Tylor en 1871.

[170] *Préhistoire*. Période de l'histoire de l'Humanité avant l'apparition de l'écriture.

Catharisme	Nicétas, moine grec XIIe s.	XIIe s.
Catholicisme Christianisme	Jésus-Christ[171]	Antiquité
	Marcion de Sinope	140
	Irénée	175-199
	Tatien	IIe siècle
	Eusèbe de Césarée	315-320
Confucianisme	Confucius	IVe s. av. J-C
Druidisme	Tradition celtique	Antiquité
Existentialisme	S.A. Kierkegaard [1813-1855]	1848
Franc-Maçonnerie	Moyen-Age	1717[172]
Hassidisme	Baal Shem Tov [1700-1760]	1750
Hermétisme[173]	Hermès Trismégiste	Ier s. av. J-C

[171] E. ROYSTON PIKE, « Dictionnaire des Religions », Edit. PUF, Paris, 1954.

Selon la définition communément admise, le « *Christianisme est la Foi chrétienne, religion fondée par Jésus-Christ et reposant sur lui* », d'où sa représentation dans ce tableau. Mais il est bien entendu que le personnage de *Jésus-Christ*, dont les caractéristiques ont été imaginées par ceux-là mêmes qui ont établis le Christianisme. Se conférer à : NAS E. BOUTAMMINA, « Jésus fils de Marie ou Hiyça ibn Māryām ? », Edit. BoD, Paris [France], décembre 2010.

[172] La *Franc-Maçonnerie* s'est développée surtout à partir de 1717, mais ses origines sont en fait beaucoup plus lointaines [corporations de constructeurs, alchimistes, Rose-Croix, etc.].

[173] *Hermétisme*. Ignoré de la langue classique, qui usait uniquement de l'adjectif *hermétique* pour définir ce qui avait rapport au grand œuvre alchimique, le terme *hermétisme* est un néologisme de la fin du XIXe siècle, au contenu équivoque, tout comme les mots *ésotérisme* et *occultisme*, dont il est souvent synonyme. Il désigne ici les doctrines propres aux ouvrages qui circulèrent sous le nom d'Hermès Trismégiste. Ces écrits, dont les plus anciens remontent à l'époque hellénistique et les plus récents au Moyen-Âge, se présentaient, comme ceux du dieu égyptien Thot, que les Grecs

	Ibn Sabhin [1216-1270]		XIe s.
Hindouisme	Traditions d'Inde		Antiquité
Illuminatisme [« Illuminati »]	Adam Weishaupt [1748-1830]		1776
	Adolf von Knigge [1752-1796]		1780
Illuminisme	Maître Eckhart [1260-1327]		XIIIe s.
	Johann Tauler [m. 1361]		XIIIe s.
	Nicolas de Cues [1401-1464]		XIVe s.
Ismaélisme	Qarmathe	Hamdan Qarmat	878
	Druze	Al-Darazi	1017
	Assassin	Hassan ibn-Sabbah	1124
	Hâfiziyya	Al-Hâfiz	1130
	Moustahliyya	Al-Moustahli	1094[174]
	Nizariyya	Nizar	1094
Jaïnisme	Mahavira		VIe s. av. J-C
Judaïsme	Moïse		Antiquité
Kabbale	Sefer Yetzirah	Rabbin Akiba	Ier s.
	Sefer ha-Zohar	Siméon ben Jochaï	
Lamaïsme	Padma Sambhava		VIIe s.
Luciférisme	Diverses traditions		Antiquité
Mandéisme	Jean le Baptiste		IIIe s.
Manichéisme	Mani [216-277]		242
Marcionisme	Marcion de Sinope [v. 100-v. 165]		144
Mazdéisme	Zarathoustra [660-583 ? av. J.C.]		Ve s. av. J-C
Messianisme	Diverses mouvements religieux		Antiquité

identifièrent à Hermès, et s'étendaient à toutes les branches de la connaissance : astrologie, « *guérison* », magie, alchimie, philosophie, théologie.

[174] À la mort d'al-Moustansir, en 1094, la succession à l'imamat fut revendiquée par ses fils Nizar et Al-Moustahli, ce qui provoqua la scission de la communauté en deux branches rivales, la Moustahliyya et la Nizariyya.

Mormonisme	Joseph Smith [1805-1844]		1830
Nihilisme	Friedrich Nietzsche [1844-1900]		XIXe s.
Occultisme	Diverses traditions		XIXe s.
Panthéisme	Égyptien	Aucun	Préhistoire Antiquité
	Chinois		
	Grec		
	Mésopotamie		
	Mexicain		
	Nordique		
	Perse		
	Romain		
Paulinisme	C. de Mananalis [VIIe siècle]		660
Rosicrucianisme	C. Rosenkreutz [XIVe siècle]		1420
Satanisme	Diverses traditions		Moyen-Âge
Shamanisme	Diverses traditions		Antiquité
Shintoïsme	Diverses traditions		Antiquité
Sikhisme	Baba Nanak [1469-1538]		1538
Soufisme [s]		Dhou an-Noun [856]	IXe/Xe s.
		Al-Hallaj	
		Al-Sarraj, al-Kalabadhi, Soulami	
		A.S. ibn Abi Khayr [1047]	
	Malamatiyya [hommes du blâme]	?	IXe s.
	Mawlawi [Derviche tourneur]	J.D. Roumi [1273]	XIIIe s.

	Rifahiyya [derviches hurleurs]	A. ar-Rifahi [1182]	XIIIe s.
	Gnosticisme, monisme ontologique et théologal, ésotérisme	Ibn-Arabi	XIIIe s.
	Marabouts	Diverses traditions Maghreb - Afrique	XVIIIe s.
	Senoussi	M. Ben Ali Senoussi	XIXe s.
	Bektachi	Haji Bektash Veli	XIIIe s.
	Koubrawi	A.B. Al-Kawkabani	XIIIe s.
	Shisti	A.B. Al-Shadhili	XIIIe s.
	Sfavides	Abou Yakoub Yusuf	XIIIe s.
	Nihmatoullahi	N.E. Al-Jerrahi	XVe s.
	Naqshbandi	Naqshband Bukhari	XIVe s.
	Bedawiyya	Al-Badawi	XIIIe s.
Surréalisme	André Breton [1896-1966]		XXe s.
Tantrisme	Traditions de l'Inde		Antiquité
Taoïsme	Lao Tseu [VIè s. av. J.C.]		VIe s. av. J-C
Théosophie contemporaine	H.P. Blavatsky [1831-1891]		XIXe s.
Yazidisme [Yazidi]	Adi ibn Moussafir [m. 1155]		XIe s.
Zoroastrisme	Zarathustra [660-583 ? av. J.C.]		VIe s. av. J-C

Conclusion

Tout au long de ce livre, nous avons entrepris une exploration passionnante du monde des Jinn, des créatures mystérieuses et puissantes qui occupent une place unique dans l'imaginaire collectif et hantent les récits mythologiques et religieux. Cette odyssée nous a permis de chercher à comprendre qui sont réellement les Jinn. Ceci nous a conduit à examiner en profondeur les origines, les caractéristiques et les interactions de ces êtres énigmatiques qui influencent notre Univers perceptible à la lumière de la Science moderne.

Certains Jinn, particulièrement les Shayatin, dont Iblis est l'archétype, ont pour but de détourner les Humains de la Voie divine. Leur mission est de semer le Désordre, de susciter la rébellion contre l'Ordre divin et d'encourager les comportements immoraux. Ces entités exploitent les faiblesses humaines et utilisent leur capacité à influencer les pensées et les actions humaines pour provoquer la corruption spirituelle et écarter les individus du droit chemin.

À travers les âges, diverses pratiques occultes ont été développées pour tenter de communiquer avec les Jinn. Pour les humains qui cherchent à entrer en contact avec ces entités, diverses pratiques occultes et ésotériques ont été imaginées. Les rituels, les incantations et les talismans sont autant de moyens utilisés pour invoquer ou tenter de contrôler les Jinn.

Toutefois, ces pratiques sont entourées de risques et de mystères, leur efficacité est largement questionnée et reste une question de conviction. L'efficacité des pratiques occultes dépend beaucoup de la croyance personnelle. Ceux qui y croient peuvent en percevoir des avantages, tandis que les sceptiques ne verront probablement aucun effet. Tout dépend finalement des convictions de chacun.

En regardant au-delà des croyances traditionnelles, nous avons tenté de comprendre les Jinn d'un point de vue moderne en explorant des hypothèses et établis des postulats scientifiques pour expliquer l'existence et les caractéristiques des Jinn. En les concevant comme des entités plasmatiques interagissant avec les champs électromagnétiques, nous avons ouvert de nouvelles perspectives sur leur existence et leur influence possible. Les théories modernes sur le plasma et les interactions électromagnétiques offrent une nouvelle perspective, tentant de relier l'imperceptible au perceptible, le mystique au rationnel.

Il est essentiel de noter que la véritable réalité des Jinn a été déformée ou inventée par les légendes et les contes populaires, leur attribuant des caractéristiques qui s'éloignent de celles décrites dans la Révélation coranique. Ce livre a cherché à rétablir cette réalité en conciliant les enseignements divins avec les perspectives scientifiques contemporaines.

Les Jinn continuent de jouer un rôle significatif dans les pratiques ésotériques et culturelles. Leur influence traverse les âges, laissant une empreinte indélébile sur les rites religieux, les récits populaires et les doctrines occultes. Cette exploration a révélé combien les Jinn, aux différentes appellations [*Démon, Diable, Esprit,* etc.], sont ancrés dans l'imaginaire collectif, façonnant les croyances et les pratiques spirituelles à travers les cultures du monde.

Ce livre vous a permis de découvrir ce qu'est réellement un Jinn, démêlant tradition et science, mythe et réalité. En espérant que cette quête de connaissance offre une compréhension plus riche de ces entités extraordinaires et a éveillé une curiosité pour poursuivre cette exploration. La quête de vérité ne s'arrête jamais, et pour ceux qui souhaitent aller plus loin.

Index alphabétique

K

L

M

Q

R

U

Table des matières